Michaela Koschak

Hitze, Flut und Tigermücke

Für alle, denen unser Planet wichtig ist –
die sich für guten Klimaschutz engagieren und die unseren
Kindern eine lebenswerte Welt hinterlassen wollen

Michaela Koschak

Hitze, Flut und Tigermücke

(Fast) alles zum Klimawandel

FREIBURG · BASEL · WIEN

www.herder.de

Satz: Daniel Förster
Herstellung: GGP Media GmbH, Pößneck

Printed in Germany

ISBN Print 978-3-451-39671-7
ISBN E-Book (EPUB) 978-3-451-83171-3

Inhalt

Warum es dieses Buch auf alle Fälle geben muss
mit einem Interview mit Sven Plöger

Bücher über den Klimawandel gibt es mittlerweile etliche – warum nun noch eins? Das fragt sich sicher der eine oder andere unter Ihnen. Da gibt es eine ganz klare Antwort: Weil das Thema eines der wichtigsten unserer Generation ist und bleiben wird und weil ich glaube, dass wir alle gemeinsam neu Laufen lernen sollten. Das hört sich vielleicht erst einmal ein wenig komisch an, aber ich glaube, das trifft es ganz gut.

Wenn wir geboren werden, haben wir natürliche Reflexe wie beispielsweise das Atmen, Weinen oder Nahrung-zu-uns-Nehmen. Aber das Laufen müssen wir erlernen, das schauen wir uns von unseren Eltern ab, sie sind geduldig und nehmen uns an die Hand und bringen es uns Stück für Stück bei. Bei dem einen geht es schneller, bei dem anderen dauert es etwas länger – aber letztendlich lernen wir alle das Laufen. Und im Laufe des Lebens verändern wir unseren Laufstil, mal zum Vorteil, mal aber auch zum Nachteil.

Was meine ich damit und was hat das Ganze jetzt mit einem neuen Klimawandelbuch zu tun?

Unsere Welt ändert sich gerade massiv, nicht nur das Corona-Virus und der Krieg in der Ukraine haben dabei ihren Anteil, sondern vor allem auch der Klimawandel. Vor 30 Jahren gab es auch mal kräftige Gewitter, extreme Sturmtiefs und sehr heiße

Sommer – aber das waren die Ausnahmen. Klimaforscher haben schon damals vor extremem Wetter in einigen Jahrzehnten gewarnt, wenn wir die Treibhausgase, die wir Menschen in die Atmosphäre pusten, nicht reduzieren. Damals waren die Auswirkungen des menschengemachten Klimawandels weit weg, trafen, wenn dann, hauptsächlich Entwicklungsländer. Wir hier in Deutschland haben davon kaum etwas gespürt.

Aber das hat sich geändert und das haben, glaube ich, mittlerweile auch viele Menschen erkannt. Der Klimawandel ist da, wir spüren ihn nun auch hier in Deutschland mehr und mehr. Es gibt Wochen, da überschlagen sich die Hiobsbotschaften von Waldbränden, Hitzewellen, neuen Rekordtemperaturen, Dürren, bislang unbekannten Schädlingen und Trinkwasserknappheit. Der Klimawandel greift jetzt auch in unseren Alltag ein, er verändert unser Leben. Und wenn wir nicht jetzt und alle gemeinsam – das heißt die Politik, die Wirtschaft und jeder Einzelne – wirklich anpacken und unseren Lebensstil ändern, fürchte ich, zerstören wir wunderbare Teile unseres schönen Planeten Erde.

Und nun komme ich wieder zum Neu-Laufen-Lernen: Wir haben uns in den letzten Jahrzehnten einen ziemlich trampligen, schludrigen Laufstil angewöhnt. Wir alle wollen schnell vorankommen, gefühlt hat niemand mehr Zeit, und da geht man gern auch mal einfach los, ohne nach rechts und links zu schauen und vor allem ohne zu gucken, was man gerade kaputtgetrampelt hat. Wir sollten lernen, wieder anders durch die Welt zu gehen, nicht immer höher, schneller, weiter – sondern der Natur gegenüber respektvoll, ehrfürchtig und bescheiden sein. Vorsichtig einen Schritt vor den anderen setzen und das Ganze überlegt und mit Bedacht.

Damit meine ich nicht, dass wir auf sehr viel verzichten und zum Leben der Jäger und Sammler zurückkehren sollen, vielmehr müssen sich unser Denken und unsere Herangehensweise gegenüber so vielen Dingen dringend ändern.

Etliches können wir dabei auch von unseren Eltern und Großeltern lernen, die zum Teil sehr bescheiden und nicht so verschwenderisch gelebt haben. Beispielsweise haben meine Eltern quasi nie Essen weggeworfen. Aber unsere Gesellschaft ist durch so viele Einflüsse zu einer Wegwerfgesellschaft geworden. Wir haben von allem zu viel, brauchen wenig Rücksicht zu nehmen, gefühlt gibt es alles immer und überall.

Aber so kann es nicht weitergehen, bei diesem Lebensstil vor allem in den Industrieländern verbrauchen wir zu viel Energie, Ressourcen und Wasser, wir produzieren zu viel Müll und machen unsere wunderbare Natur kaputt.

Aber es ist noch nicht zu spät, wir können es noch schaffen, und ich habe das Gefühl, es gibt auch gerade einen Ruck in der Gesellschaft. Die Bereitschaft und Offenheit gegenüber einer umweltfreundlichen, ökologischen Lebensweise werden in so vielen Teilen der Gesellschaft immer größer. Dieses Buch möchte diesen Effekt verstärken und ermutigen, zuversichtlich, aber mit klarem Ziel in die Zukunft zu sehen.

Wenn ich Ihnen sage, Sie sollen am Abend dicke Socken anziehen, obwohl September ist, schauen Sie mich sicher komisch an und denken sich: Warum sagt sie das, gestern waren doch noch sommerliche 25 Grad Celsius. Aber wenn ich Ihnen vorher erkläre: Gestern hatten wir noch Südwestwind, und damit erreichte uns aus dem Mittelmeer noch einmal in diesem Jahr extrem warme Luft. Heute allerdings dreht zum Abend hin der Wind auf Nord und bringt das erste Mal wirklich kalte polare Luftmassen zu uns, sodass die Temperaturen rasch in den einstelligen Bereich rutschen – dann verstehen Sie, was ich meine, und holen beruhigt Ihre warmen Socken aus dem Schrank.

So in etwa möchte ich das hier im Buch auch mit dem komplexen, teils sehr komplizierten Thema Klimawandel handhaben: Wenn Sie verstehen, warum was wie passiert, wird Ihnen eine

Umstellung Ihrer Gewohnheiten nicht schwerfallen. Das empfinde ich selbst jedenfalls immer wieder so. Wir können nicht von jetzt auf gleich alles ändern. Ich mag bei vielen Entscheidungen in meinem Leben den goldenen Mittelweg, und den können wir zusammen gehen. Etwas weniger von allem, ein etwas einfacherer und reduzierter Lebensstil würde uns allen ganz gut zu Gesicht stehen. Und es tut auch noch unserer Seele gut und lässt uns besser und gesünder leben. Selten wird das auf Kosten des Genießens gehen, das finde ich sehr, sehr wichtig. Dinge einfach anders angehen, anders machen, von einer anderen Seite betrachten ist gar nicht so schwer.

Wenn wir das alle machen und vor allem die Politik die Rahmenbedingungen dafür vorgibt und in der Wirtschaft nicht nur klimaneutrale Leuchttürme zu finden sind, sondern eine allgemeine Umstellung auf ökologisches Produzieren Normalität wird, dann sind wir auf einem guten Weg.

Auch Sven Plöger steckt den Kopf nicht in den Sand, er ist ein sehr guter Freund von mir, wir kennen uns schon unglaubliche 25 Jahre. Mit ihm habe ich mich getroffen und über die Idee des Buchs geredet. Seit Jahrzehnten beschäftigt er sich mit der Klimakrise, und schon sehr lange versucht er beharrlich und ausdauernd, auf seine wunderbare Art Dinge zu erklären und das Thema in die Welt zu rufen.

Sven, du füllst seit Jahren große Hallen, die Menschen lieben deine Vorträge über das Klima – was denkst du, sind wir wirklich weiter als beispielsweise vor zehn Jahren?

Auf alle Fälle, es ist so schön zu sehen, wie sich immer mehr Menschen für das Thema interessieren. Dabei ist spannend, dass die Menschen immer jünger werden, die meinen Vorträgen lauschen, das freut mich sehr. Zudem stelle ich fest, dass immer häufiger Anfragen von großen Firmen kommen. Die Führungsriege dieser Unternehmen möchte Unterstützung, um ihren Mitarbeitern Nachhaltigkeit und Klimaneutralität näherzubringen. Für mich ist das ein Schritt genau in die richtige Richtung, denn vor allem in der Wirtschaft liegt ein großer Hebel, um Emissionen einzusparen. Wenn sich nun große Unternehmen professionelle Hilfe holen, um ihre Arbeitsweise und ihre Firmenmentalität zu ändern, bin ich gern dabei. Aber auch kleinere und mittelständische Betriebe, Familienunternehmen laden mich ein: Der in Rente gehende Chef möchte seinen Enkeln ein klimafreundliches Unternehmen hinterlassen, und auch dieses Bewusstsein gibt mir Hoffnung! Global gesehen besteht das große Problem, dass jedes Land mit anderen Voraussetzungen und Zielen beim Thema Klimaschutz ins Rennen geht und die Kompromissfindung somit sehr schwierig ist, darum sind wir in Summe immer noch viel zu langsam.

Welches Thema liegt dir besonders am Herzen?

Vor allem unsere Gesellschaft liegt mir sehr am Herzen, und deshalb spreche ich neben aktuellem Wissen über den Klimawandel immer mehr über gesellschaftspolitische Themen. Durch meine Vorträge, Dokumentationen und auch den Wetterbericht im Fernsehen habe ich einen regen Austausch mit den Menschen und konnte dabei sehr viel darüber lernen, was sie bei dieser Jahrhundertaufgabe bewegt – im Großen wie im Kleinen. Deshalb nehmen Gedanken dazu einen breiten Raum ein. Trotzdem bleibt im Mittelpunkt eines Vortrags eines Diplom-Meteorologen natürlich die Wissensvermittlung. Wo stehen wir? Das will ich ungeschönt vermitteln. Klarmachen, dass der Klimawandel und unser Umgang damit die Jahrhundertaufgabe schlechthin ist. Diese

Krise wird alle anderen obsolet machen, wenn wir sie ignorieren oder nur halbherzig handeln. Ich will ein Gefühl für Naturwissenschaft und für die Größenordnung von Zahlen vermitteln. Dass 3 Grad globale Erwärmung nicht »ein bisschen« ist, sondern schlicht den Lebensraum von ganz vielen Menschen, Pflanzen und Tieren zerstört – auch bei uns vor der Haustür. Wer jetzt denkt, ich will die Apokalypse verkünden, weit gefehlt. »Bauchlandung« ja, um das Thema ernst zu nehmen und sich nicht die Welt schönzureden. Aber der zweite Teil des Vortrags ist immer der Ausblick auf Chancen, das Mutmachen, Leuchtturmprojekte zeigen, Start-ups nennen, auf Menschen mit tollen Ideen hinweisen, die oft schon umgesetzt wurden. Ich möchte, dass die Leute nach Hause gehen, mit Nachbarn und Freunden darüber diskutieren. Deren Gespräche müssen gegenseitig motivieren und Lust machen, etwas zu tun. Eine schwierige Situation einfach nur tatenlos zu beklagen, genügt einfach nicht. Ich will dazu beitragen, dass wir davon Abstand nehmen!

Aber was macht dir vor allem Sorge?

Das ist eine schwierige Frage, über die ich schon lange Zeit intensiv nachdenke. Ich bin mir heute nicht mehr sicher, ob oder wie sehr wir Menschen überhaupt dazu in der Lage sind, mit so einem komplexen, globalen und weit in die Zukunft reichenden Problem umgehen zu können. Schon seit 40 Jahren sprechen Klimaforscher darüber, dass es nicht gut ist, weiter so viel CO_2 in die Atmosphäre zu bringen. Lange Zeit wurde das komplett ignoriert, mittlerweile ist das Problem bei vielen angekommen, weil wir heute spüren, dass die damaligen Vorhersagen eintreffen. Aber zwischen darüber reden, gute Vorsätze formulieren und der stringenten Umsetzung mit entsprechendem Handeln liegen Welten – das passt bisher nicht zusammen. Wir behaupten von uns, die intelligentesten Lebewesen auf diesem Planeten zu sein, und zerstören wissentlich die Lebensgrundlagen der Welt, in der wir leben. Das ist schwer zu begreifen.

Aber wie machen wir den Menschen Mut? Was machen wir denn schon ziemlich gut?

Eine ganze Menge: In Europa sanken in den letzten drei Jahrzehnten die Emissionen um ein Drittel, das hört man kaum in den Medien, aber das haben wir geschafft, und das ist toll. Aber dennoch wird insgesamt sowohl in Deutschland als auch global gesehen politisch zu wenig und zu langsam umgesetzt, um die von allen gewollte Klimaneutralität durchzusetzen. Um hier besser zu werden, brauchen wir die richtigen politischen Rahmenbedingungen, um Planbarkeit zu haben. Aber wir sollten vor allem daran anknüpfen, Vorzeigeformate so oft es geht zu kopieren. Es gibt schließlich jede Menge Start-up-Unternehmen, Leuchtturmprojekte und gute Ansätze.

Hast du schon einmal etwas von dem Australier Tony Rinaudo gehört? Ihm wurde der Alternative Nobelpreis verliehen und zu Recht. Mit mühsamer, jahrelanger Arbeit hat er eine wüstenähnliche Landschaft beispielsweise in Äthiopien in fruchtbares Ackerland verwandelt. Er hat Kleinbauern in Afrika angeleitet, Bäume zu schützen und nicht als Feuerholz und Futter für die Viehwirtschaft zu sehen. Mit seiner Hilfe haben viele Afrikaner ihre Heimat wieder ergrünen lassen, so gibt es hier weniger Dürre, bessere Ernten und sauberes Wasser. Zudem wurden Ernteüberschüsse verkauft, und von dem Geld konnte die Schulbildung der Kinder verbessert werden. Eine kleine nachhaltige Welt ist mit Tonys Hilfe entstanden. Sein Ansatz ist, dass in den zerstörten Wäldern das unterirdische Wurzelwerk fortlebt und wiederbelebt werden kann, wenn man die nachwachsenden Triebe schützt. Diese Art von Entwicklungshilfe ist traumhaft, sie kostet wenig – die Idee ist Gold wert und ich finde, das macht Mut, oder?

In der Wissenschaft passiert in den letzten Jahrzehnten eine Menge. Warum kommt das bei vielen Menschen nicht an? Und wird aus der Forschung deiner Meinung nach schon viel umgesetzt?

Ja, am Wissen scheitert es nicht. Ständig gibt es neue Erkenntnisse in der Forschung, und das Verstehen von vielen Prozessen geht stetig voran. Doch ich höre immer den Satz: Forscher sollen forschen und Politiker sollen entscheiden, wie man als Gesellschaft angesichts der gewonnenen Erkenntnisse handelt. Aber ich glaube, dass Wissenschaftler, also die Menschen mit dem größten inhaltlichen Sachverstand auf ihrem Gebiet, sich mehr an politischen Debatten beteiligen sollten. Sie müssen sich besonders dann Gehör verschaffen, wenn erkennbar wird, dass die getroffenen Entscheidungen eben nicht genügen, um die für uns alle so wichtigen Ziele zu erreichen. Das gehört aus meiner Sicht zur wissenschaftlichen Verantwortung. Man darf sich nicht hinter dem Dogma »der Forscher forscht nur« verstecken oder sich dort von anderen verstecken lassen.

Da hast du quasi meine nächste Frage schon fast beantwortet, denn ich finde, die Politik sollte mehr Rahmenbedingungen vorgeben – unsere Gesellschaft schafft vieles nicht allein. Wenn es mehr Klimaregeln gäbe, würde es vieles leichter machen?

Am Ende brauchen wir Regeln, denn wir sehen aktuell weltweit, was mit unserer Umwelt passiert, wenn wir keine oder viel zu wenige haben. Aber wer erlässt die Regeln? In einem Land mit freiheitlich demokratischer Grundordnung, in dem wir Gott sei

Dank leben, braucht es dafür Mehrheiten. Es muss debattiert und darum gerungen werden. Aber das müssen wir zeitlich begrenzen, denn in der Klimakrise spielt die Zeit ständig gegen uns. Wir können nicht einfach mal 50 Jahre überlegen. Ich würde mir wünschen, dass wir da besser und schneller werden, denn mit der Alternative »ordnungspolitische Regeln und Verbote« nimmt man Menschen nicht unbedingt mit. Aber weil »gar nichts tun« ja nun mal keine Probleme löst, müsste ein Schiedsrichter irgendwann wohl abpfeifen. Wenn bis dahin kein Ergebnis erzielt wird, gibt es eben ein Verbot schädlicher Handlungen. So konsequent wie in den Niederlanden zum Beispiel: Der niederländische Ministerpräsident Mark Rutte führte von heute auf morgen ein Tempolimit von 100 km/h auf allen Autobahnen ein. Er spricht selbst von einer »beschissenen Maßnahme, aber sie senkt die Emissionen und ist unumgänglich«. Das könnten wir uns abgucken und nachmachen.

Aber kannst du dir vorstellen, dass das einer in Deutschland macht?

Im Moment fällt es mir schwer. Wir schaffen es ja noch nicht mal, ein Schild »130 km/h« aufzustellen und damit sofort eine von vielen Maßnahmen einzuführen, die uns wieder einen Schritt weiterbringt – schließlich gibt es nun mal nicht »die eine Maßnahme«, die all unsere Probleme auf einen Schlag löst. Und noch etwas Grundsätzliches: Deutschland war immer ein Land voller Erfinder, Made in Germany ist immer noch weltweit geschätzt. Wir sollten daran anknüpfen und uns auf uns und unsere Fähigkeiten konzentrieren: Nicht, während man selber nicht besser handelt, anklagend auf andere schauen und damit begründen, warum man auch nichts zu tun gedenkt. Sondern wir sollten an uns glauben!

Wie ein Sportler, der Lust drauf hat, einen Wettkampf zu gewinnen. Er schaut auf sein Rennen und misst sich dabei mit anderen. So sollten wir es beim Klimaschutz machen: Versuchen, die besten zu sein und damit andere motivieren, das auch sein zu wollen! Sonst wird es uns nicht gelingen, unsere Welt enkelfähig zu machen!

Weise Worte und tiefsinnige Gedanken, die uns Sven Plöger mit auf den Weg gibt. Dann legen wir mal los und tauchen tiefer in unseren Planeten mit all seinen Schönheiten und verletzlichen Seiten ein.

Dabei möchte ich hier der Transparenz wegen klarstellen, dass dieses Buch nicht den Anspruch einer wissenschaftlichen Abhandlung erheben will. In der heutigen digitalen Welt findet man überall zu allem Informationen, aber welchen wissenschaftlichen Background sie haben, wird oft nicht immer kenntlich gemacht. Deshalb an dieser Stelle: In diesem Buch gibt es keine Fake-News. Ich habe mich nur seriöser Quellen bedient und Fakten zusammengetragen und gebündelt. Aber vor allem geht es mir darum, das aktuelle Wissen, das es zum Klimawandel gibt, zu interpretieren – es für jeden, der nicht so tief in der Materie steckt, zu übersetzen. Ich möchte uns alle wachrütteln, endlich muss etwas passieren – wir müssen schleunigst unseren Lebensstil ändern und an unseren Gewohnheiten arbeiten. Wir haben nur diese eine Erde, und das soll uns allen bewusst werden.

In diesem Sinne: Lassen Sie uns loslegen.

Was ist der Klimawandel?

Wer kennt sie nicht, die Klimaskeptiker? Es ist ein Thema, bei dem man sich leicht die Finger verbrennen kann, aber der Klimawandel ist sehr komplex und schwierig. Wenn man nicht eine ganze Menge Wissen hat, ist es sehr schwer einzuschätzen, was da gehauen und gestochen wird. Und deshalb möchte ich hier in Kurzform mal das »Große Ganze« in Light-Version erklären:

Die meisten von Ihnen haben, wenn vom Klimawandel die Rede ist, wahrscheinlich die menschengemachte, anthropogene Erderwärmung vor Augen, und das passt auch sehr gut. Seit der Industrialisierung hat sich unser Klima durch Treibhausgase, die wir Menschen in die Atmosphäre bringen, deutlich verändert. Vor allem ist das Verbrennen von fossilen Brennstoffen wie Kohle, Gas und Öl schuld daran. Aber das ist nicht das Einzige, wir dürfen nicht unter den Tisch fallen lassen, dass es schon immer in der Erdgeschichte Klimaschwankungen gab und gibt.

Unsere Erde ist rund 4,6 Milliarden Jahre alt, und das Klima hat sich in dieser Zeit immer wieder geändert. Verantwortlich dafür war nicht nur der Mensch, es gab und gibt auch natürliche Ursachen. Dazu gehören externe Verursacher wie die Sonnen- und Vulkanaktivitäten, die Plattentektonik, die Bahnänderung der Erde um die Sonne und die Zusammensetzung unserer Atmosphäre. Außerdem gibt es noch interne Ursachen für Klimaänderungen, denn man kann die Atmosphäre, in der das Wetter entsteht, nicht isoliert betrachten. Es ist ein komplexes System, in dem es ständig Wechselwirkungen zwischen der Atmosphäre und den Ozeanen sowie den Eis- und Landflächen gibt.

Allerdings veränderte sich das Klima auf der Erde durch die natürlichen Ursachen in einem ganz anderen Tempo, in einem naturgetreueren Tempo als im Moment und in anderen Dimensionen. Beispielsweise verursacht eine größere Sonnenaktivität alle elf Jahre (die sogenannte Sonnenflecken) in etwa einen globalen Temperaturanstieg von rund 0,1 bis 0,2 Grad Celsius. In Phasen geringer Sonnenaktivität sinken die Temperaturen um ähnliche Werte wieder.

Die Erde ein Eisklotz

Vielen bekannt ist sicher die »Kleine Eiszeit« von Anfang des 15. Jahrhunderts bis in das 19. Jahrhundert hinein, in der es auffällig viele Phasen geringer Sonnenaktivität gab. In Europa wurde es dadurch extrem kalt, Ernteausfällen und Hungersnöte waren die Folge. Allerdings ist weiterhin umstritten, wie groß der Einfluss der geringeren Sonnenaktivität tatsächlich war, denn zeitgleich kam es zu vielen heftigen Vulkanausbrüchen, die natürlich auch ihren Einfluss auf das Klima hatten.

Wirklich andere Temperaturen gab es in Europa aber in der letzten Eiszeit. Sie setzte vor etwa 115 000 Jahren ein, hatte ihren Höhepunkt vor etwa 21 000 Jahren und ging vor etwa 10 000 Jahren zu Ende. Die globale Durchschnittstemperatur lag etwa sechs Grad unter der heutigen. Gewaltige Eisschilde bedeckten Europa, die teils drei Kilometer dick waren. Es war so viel Eis auf den Kontinenten gebunden, dass der Meeresspiegel etwa 130 Meter tiefer lag als heute. Da herrschte also ein ganz anderes Klima bei uns. Aber Sie sehen schon, diese Eiszeit dauerte etwa 100 000 Jahre – das sind andere Zeitskalen.

Seit dem Zeitraum von 1880 bis jetzt sind die Temperaturen global im Schnitt um etwa 1,2 Grad Celsius gestiegen, aber das waren rund 150 und nicht 100 000 Jahre!

98 Prozent der Wissenschaftler sind sich einig, dass wir Menschen für die Erderwärmung seit der vorindustriellen Zeit mitverantwortlich sind. Sicher spielen auch natürliche Parameter eine Rolle, aber der Hauptgrund für den enormen Temperaturanstieg in so kurzer Zeit sind vor allem Treibhausgase, die aus der Verbrennung von fossilen Brennstoffen und durch das Abholzen von Wäldern in die Atmosphäre gelangten.

Aber wissen Sie was? An sich sind diese Treibhausgase in unserer Atmosphäre gar nicht nur schlimm, denn wir brauchen sie, allerdings in der richtigen Konzentration. Hier geht es jetzt um den »natürlichen Treibhauseffekt«, der ausgesprochen wichtig für ein Leben auf unserer Erde ist. Ohne ihn lägen die Temperaturen nämlich bei minus 18 Grad Celsius – wir wären ein Tiefkühlschrank.

Einige Spurengase wie Wasserdampf, Kohlendioxid und Methan müssen sich in unserer Atmosphäre befinden, denn sie speichern das Sonnenlicht. Ein Teil der Wärmestrahlung, die von der Sonne auf die Erde gelangt, wird so nämlich nicht direkt ins Weltall wieder zurückgeworfen, sondern sie wird zum Glück gespeichert. Durch diesen »natürlichen Treibhauseffekt« haben wir im Durchschnitt eine globale Temperatur von 15 Grad Celsius.

Das Für und Wider zum CO_2

Aber seit etwa 150 Jahren sorgen wir Menschen dafür, dass die Konzentration von Kohlendioxid (CO_2) in der Atmosphäre kontinuierlich steigt.

Auch da gab es schon immer Schwankungen, große Schwankungen sogar. 2022 betrug laut der Nationalen Ozean- und Atmosphärenbehörde der USA (NOAA) der CO_2-Gehalt der Atmosphäre 417 Teile pro eine Million Luftteile, kurz ppm. Das war in der Erdgeschichte auch schon einmal anders: Zum Beispiel lag die CO_2-Konzentration in den letzten 420 Millionen Jahren zeitweise bei über 2000 ppm, in anderen Periode betrug der Wert nur 100 ppm. Die Gründe für solche Schwankungen sind unterschiedlich: Erdplatten verschieben sich und verändern die Erdoberfläche, teils wird der Atmosphäre Kohlendioxid entzogen. Auf der anderen Seite steigt die CO_2-Konzentration durch viele Vulkane, die es auf unserer Erde gibt. Enorme Massen kalkhaltiger Gesteine, die aus den Ozeanen herausgehoben wurden und an der Erdoberfläche verwitterten, setzten riesige Mengen von Kohlendioxid frei.

Es gibt also immer ein Auf und Ab bei der Menge des Kohlendioxids in der Atmosphäre.

Vor rund 300 Millionen Jahren entstand zudem eine gigantische CO_2-Senke. Riesige Urwälder versanken für Jahrmillionen in sumpfigen Böden, und mit ihnen verschwand das in den Bäumen gespeicherte Kohlendioxid. Die Folge war, dass der CO_2-Gehalt von 1000 ppm auf 100 ppm zurückging. Wussten Sie eigentlich, dass aus genau diesen versunkenen Urwäldern die Kohle, das Erdöl und das Erdgas entstand, das wir Menschen seit Jahrzehnten als hauptsächliche Energiequelle nutzen und damit das damals gespeicherte Kohlendioxid nun wieder in die Atmosphäre bringen?

In den letzten 800 000 Jahren hat sich der CO_2-Gehalt in der Atmosphäre jedoch kaum verändert, dies belegen Eisbohrkerne aus der Antarktis. Bis zum Anfang der Industrialisierung lag der Wert um 290 ppm herum, erst in den letzten 150 Jahren ist wieder etwas passiert – und zwar sehr viel: Der Kohlendioxidgehalt in der Atmosphäre ist in extrem kurzer Zeit stark angestiegen, nämlich um 130 ppm auf 417 ppm. Sehen Sie sich mal das Verhältnis 800 000 Jahre zu 150 Jahren an – unglaublich! Dieser Wert war übrigens das letzte Mal vor drei Millionen Jahren so hoch.

Schauen wir uns dieses Kohlendioxid nun mal ein bisschen genauer an. Was ist eigentlich der Unterschied zwischen Kohlenstoff und Kohlendioxid? Kohlendioxid hat die chemische Summenformel CO_2 und entsteht, wenn sich ein Kohlenstoffatom mit zwei Sauerstoffatomen verbindet. Das passiert zum Beispiel bei der Verbrennung von Kohle. Dort verbindet sich der Luftsauerstoff mit dem Kohlenstoff aus der Kohle, und es entsteht das geruchlose, farblose Treibhausgas Kohlendioxid, was Sonnenenergie speichern kann. An sich kein schlechtes Gas, wenn es in der richtigen Konzentration auftritt.

Kohlenstoff-Kreislauf

In der Natur ist immer alles im Fluss. So auch beim Kohlenstoff, es gibt einen natürlichen Kohlenstoff-Kreislauf, ein ständiges Geben und Nehmen zwischen Atmosphäre, Land und Ozean.

Organismen brauchen Energie zum Leben. Dafür betreiben Pflanzen Fotosynthese, das heißt, sie wandeln Wasser, Sonnenlicht und CO_2 in Zucker um, wobei Sauerstoff als Nebenprodukt entsteht. Dabei wird der Atmosphäre CO_2 entzogen. Wir Menschen, Pflanzen und Tiere atmen und produzieren dadurch wieder Kohlendioxid, das in die Atmosphäre gelangt. Viel Kohlendioxid wird also in Pflanzen gebunden. Am Ende ihres Lebenszyklus werden die Pflanzen dann durch Zersetzung von Bakterien und Insekten zu Biomasse, es entsteht zwar CO_2, aber ein Großteil dieses Kohlenstoffs wird im Erdboden gespeichert. In den Ozeanen passiert Ähnliches, wobei die Ozeane über 50-mal mehr Kohlenstoff aufnehmen als die Atmosphäre. Hier wird das CO_2 chemisch umgesetzt und gespeichert. Damit wirken die Ozeane als Kohlenstoffsenke. Etwa 30 Prozent des Kohlendioxids sind permanent im Erdboden und in den Meeren gebunden.

Nun kommt der Mensch ins Spiel und bringt diesen natürlichen Kreislauf durcheinander. Durch das Verbrennen von Kohle, Erdöl und Erdgas gelangt gebundener Kohlenstoff auf unnatürliche Weise in die Atmosphäre, und damit steigt dort der Anteil des Treibhausgases und verursacht eine unnatürliche Erderwärmung. Sie sehen, das ist nicht unkompliziert und ziemlich komplex. Somit sollte man sich wirklich auf das Thema einlassen, bevor man darüber urteilt. Ja, es gibt auch natürliche Ursachen für den Klimawandel, aber die Erderwärmung in den letzten 150 Jahren ist hauptsächlich vom Menschen gemacht, und das hat radikale Folgen für Natur und Mensch.

Wussten Sie schon, wie viele Prominente sich aktiv für den Klimaschutz einsetzen? Hier eine kleine Auswahl: Hannes Jaenicke, die Punkrockband Die Ärzte, Arnold Schwarzenegger, Heike Makatsch, Cosma Shiva Hagen, Lucas Reiber und Judith Holofernes.

Warum ist der Klimawandel so gefährlich?

Das Problem ist: Kohlendioxid in der Atmosphäre ist träge, das beutetet, es hält sich dort sehr lange und wird nur sehr langsam abgebaut. Wissenschaftler sind sich uneinig, aber man geht davon aus, dass nach etwa 1000 Jahren noch rund 15 bis 40 Prozent des CO_2 in der Atmosphäre übrig sind. Das bedeutet: Mit dem Kohlendioxid, das wir jetzt in die Atmosphäre pusten, müssen sich noch unsere Enkel, Urenkel und Ururenkel herumschlagen. Derzeit stoßen wir Menschen jährlich etwa 35 Millionen Tonnen Kohlendioxid aus, damit steigen die Temperaturen weltweit in einer gefährlichen Geschwindigkeit. Hinzu kommen die anderen Treibhausgase wie Methan und Lachgas, die zum Teil noch viel klimawirksamer sind als Kohlendioxid. Auch sie verursachen eine Erderwärmung mit entsprechenden Folgen. Diese Gase sind zwar nicht so langlebig wie CO_2 – Methan zum Beispiel zerfällt etwa nach neun Jahren wieder –, aber dennoch haben sie einen enormen Einfluss auf unsere Atmosphäre und auf unser Klima. Auch sie dürfen wir nicht vernachlässigen und sollten sie eindämmen.

Wir müssen diesen Temperaturanstieg verlangsamen, am besten stoppen. Aber wenn das so einfach ginge! 1992 sprach man auf der UN-Klimakonferenz erstmalig über globalen Klimaschutz. Auf dem Pariser Klimagipfel 2015 wurde das 1,5-Grad-Ziel aufgestellt. 195 Staaten haben sich geeinigt, die Erderwärmung bis 2100 auf 1,5 Grad zu begrenzen. Mittlerweile, acht Jahre später, gab es noch so einige Klimakonferenzen, und inzwischen ist den meisten Wissenschaftlern klar, das 1,5-Grad-Ziel ist nahezu unerreichbar, man spricht gegenwärtig davon, »deutlich unter 2 Grad« zu bleiben. Aber auch für diese 2 Grad muss es sehr schnell klugen Klimaschutz weltweit geben, und dabei zählt jedes einzelne Zehntel Grad. Aber leider sieht es danach ganz und gar nicht aus. Das könnte dramatische Folgen haben. Experten warnen vor sogenannten Kipppunkten. Das sind Entwicklungen, die, einmal angestoßen, nicht mehr zu bremsen wären und unser Erdsystem grundlegend verändern könnten, sie sind unumkehrbar, irreversibel. Dazu gehören zum Beispiel das Abschmelzen der Eisschilde und Gletscher, die Zerstörung des Regenwalds und der Tundra, das Tauen der Permafrostböden, das Absterben der Korallenriffe oder das Erlahmen des Golfstroms.

Klar ist, wir müssen unbedingt verhindern, dass es zu diesem Kipppunkten kommt. Denn wenn einmal ein Kipppunkt erreicht ist, geraten komplette Ökosysteme aus dem Ruder, Teufelskreise können entstehen, die weitere schwerwiegende Folgen auf unserem Planeten mit sich bringen würden. Wir müssen ernsthaft etwas beim Klimaschutz tun, unsere Lebensart in so vielen Bereichen ändern.

Klar ist auch, wir können den Klimawandel nicht rückgängig machen. Wir müssen mit dem leben, was wir jetzt schon angerichtet haben, und uns anpassen. Dabei wird Klimaschutz immer günstiger und lebensrettender sein als der Wiederaufbau nach Klimakatastrophen. Auf extremeres Wetter, längere Dürren, häufigere Hitzeperioden, weniger Winter und teils stärkere Stürme müssen wir uns jetzt schon einrichten. Das hört sich alles sehr nach Schwarzmalerei an. Und: Ja, die Fakten stehen nicht gut. Aber ich finde, Aufgeben ist keine Option, und alle zusammen schaffen wir das, vor allem mit der Vorstellung, dass das Leben auch ohne »höher, schneller, weiter« schön sein kann.

In diesem Kapitel kam viel das Wort »natürlich« vor, und genau an der Natur sollten wir uns orientieren und von ihr lernen. Die Natur als Vorbild nehmen für unseren zukünftigen Lebensstil, das täte uns allen sehr, sehr gut.

Wussten Sie schon, wie viele Prominente sich für den Klimaschutz einsetzen? Ende August 2022 haben sich 30 Prominente und Führungspersönlichkeiten in der Wochenzeitung Die Zeit *für mehr Klimaschutz starkgemacht und die Regierung zu mehr Engagement aufgefordert. Sie wünschten sich dabei zum Teil mehr Regeln, mehr Verbote. »Ich würde mir sehr gerne von Robert Habeck was verbieten lassen«, sagt etwa Moderatorin Barbara Schöneberger. »Ich finde, wir brauchen strenge Verbote, denn jeder kann fast alles anders machen, wenn die anderen es auch tun müssen.« Auch Ballermann-Star Ikke Hüftgelenk, Influencerin Aminata Belli, Bestsellerautor Frank Schätzing oder SPD-Politikerin Gesine Schwan haben ihr klares Statement abgegeben.*

Das Ewige Eis – wie lange ist es noch ewig?

Das Ewige Eis, das sagt man im Deutschen so, und wer schon mal nach Amerika geflogen ist, hat davon auch eine Vorstellung, denn wenn man über Grönland fliegt, sieht man eine Wüste in Weiß. Wohin das Auge schaut, es ist einfach alles voller Eisberge, Schnee, Schnee und nochmals Schnee. Aber leider sieht es sowohl für den Nord- als auch für den Südpol gar nicht gut aus, denn hier macht sich die Erderwärmung noch deutlich stärker bemerkbar als an vielen anderen Orten auf der Welt. In den letzten 50 Jahren erwärmte sich die Antarktische Halbinsel im Jahresmittel um 2,6 Grad Celsius, in Spitzbergen stieg die mittlere Jahrestemperatur um 4,0 Grad Celsius – das ist besorgniserregend. Ich habe mich mit einigen Wissenschaftlern getroffen, die mit dem Forschungsschiff Polarstern sowohl in Grönland als auch in der Westantarktis unterwegs waren, und ihre Sorgenfalten sind tief. Es gibt große Unterschiede zwischen Grönland und der Antarktis, aber beides ist extrem wichtig für unser komplettes Erdsystem und wird indirekt auch das Wetter bei uns vor der Haustür beeinflussen.

Die Antarktis

Starten wir mit der Antarktis: Hier ist es nicht nur kalt, hier ist es richtig kalt, und die Forscher haben immer nur wenige Monate

Zeit, um Messdaten aufzunehmen, weil die Temperaturen einfach so eisig sind, dass man es nicht aushält. Vor allem friert das Forschungsschiff ein. Anhand von Messungen und dank guter Modellierungen haben die Forscher aber herausgefunden – diese Zahl ist unfassbar: Der Meeresspiegel würde weltweit um 58 Meter steigen, wenn die Antarktis komplett abschmelzen würde. Jetzt denken Sie sich: Das wird doch nie passieren – die wollen uns nur Angst einjagen. Das würde ich gern bestätigen, aber in intensiven Gesprächen mit den Wissenschaftlern wurde auch mir klar, dass es bei der derzeitigen Entwicklung der Treibhausgasemissionen und der damit verbundenen Erderwärmung nur eine Frage der Zeit sein wird und nicht eine Frage, ob es überhaupt passiert. Das hört sich jetzt sehr dramatisch an, und ich kann Sie beruhigen, es wird nicht morgen und auch nicht in 100 Jahren passieren, aber es tut sich eine Menge am Südpol, und so einiges wissen wir noch nicht einmal.

Klar ist, sowohl die Luft- als auch die Ozeantemperaturen steigen stetig deutlich an, dadurch schmelzen die Eisschelfe, die um die Antarktis herumschwimmen. Sie allein sorgen für keinen direkten Meeresspiegelanstieg, denn sie sind wie Eiswürfel im Wasserglas, sie schwimmen. Wenn sie schmelzen, ist nicht mehr Wasser im Glas. Aber es geht um das Inlandeis in der Antarktis. Die Gletscher und Schelfe am Rand stützen und schützen das Inlandeis vor dem Schmelzen. Wenn nun die Gletscher schmelzen und anfangen zu fließen, lösen sie sich irgendwann und stabilisieren nicht mehr. Und dann ist es so, als würde man einen Stöpsel aus dem Abfluss der Badewanne ziehen. Sie können sich vorstellen, dass dann, wenn das ganze Inlandeis verschwindet, natürlich der Meeresspiegel steigt, denn das Eis muss ja irgendwohin. Dabei schmelzen die Gletscher in der Antarktis wegen der tiefen Temperaturen quasi von unten. Durch höhere Wassertemperaturen und Strömungen entstehen unter den dicken Eisschichten so etwas wie Wasserfälle, und die bringen eine Menge Eis ins Rutschen. Und so schmilzt das so kompakt wirkende Eis. Der Vorgang verstärkt sich im Lauf der Zeit und ist dann nicht mehr aufzuhalten. Vor allem ist er irreversibel, das war auch für die Wissenschaftler ernüchternd: Die Temperaturen müssten deutlich tiefer liegen als vor 100 Jahren, um Eis wieder fest werden zu lassen. Im August 2022 kam eine Studie in der Fachzeitschrift *Nature Geoscience* zum Thwaites-Gletscher heraus. Gemeinsam mit dem Pine-Island-Gletscher hält er das noch viel größere westantarktische Eisschild davon ab, ins Meer zu fließen. Diese beiden Gletscher übernehmen eine entscheidend Bremsfunktion für extrem viel Inlandeis. Und allein der Thwaites-Gletscher hat eine unglaubliche Größe: 192 000 Quadratkilometer, das ist die zweifache Fläche von Österreich. Messungen haben ergeben, dass er sich schneller zurückziehen könnte als bisher gedacht, wenn er sich nämlich von einem Meeresrücken löst. Das passierte in den letzten 200 Jahren schon einmal. Daraufhin zog sich das Schelfeis doppelt so schnell zurück, jährlich um 2,1 Kilometer, doppelt so schnell wie in den vergangenen zehn Jahren.

»Der Thwaites hält sich nur noch mit den Fingernägeln fest«, sagt der Meeresgeophysiker und Mitherausgeber der Studie Robert Larter. Wenn sich beide Gletscher lösen, hätte das einen globalen Meeresspiegelanstieg von etwa einem Meter zur Folge. Vor allem die Westantarktis ist von den hohen Temperaturen betroffen. Zur Ostantarktis gibt es noch nicht viele Messungen, die Lage ist hier weniger eindeutig, wie die Forscher zugeben müssen. Doch auch hier gibt es einen Eisverlust, und auch wenn man immer wieder hört, dass es in der Antarktis teils heftiger schneit als früher, kompensiert dieser Schneezuwachs den Eisverlust nicht.

Grönland

Schauen wir nun nach Grönland und in die Arktis. Hier steigen die Temperaturen ja noch schneller, im Winter liegen die Werte mittlerweile 5 Grad Celsius höher als noch vor 30 Jahren. Die Gletscher werden kleiner, das Eis schmilzt, und viele Fjorde samt der Barentssee sind eisfrei. Das hat zwar für den Schiffsverkehr einige Vorteile, ansonsten aber sollten bei allen die Alarmglocken läuten. Das Eis zieht sich hier rapide zurück und wird immer dünner, was auch Folgen auf das Wetter in Europa hat. Dazu gleich mehr. Schauen wir uns erst mal das Eis Grönlands genauer an: Auch hier gibt es mit rund 1,8 Millionen Quadratkilometern riesige Flächen Eis. Grönland verliert die größte Menge an Eis an der Oberfläche, das ist etwa die Hälfte. Hier schmilzt das Eis von oben und fließt ab. Die andere Hälfte des Eises verliert Grönland durch sogenanntes Kalben. Riesige Stücke des Gletschers brechen ab und fallen ins Meer. Nach dem sechsten Weltklimabericht verlor Grönland zwischen 1992 bis 2020 rund 4890 Milliarden Tonnen an Eis und hat damit einen globalen Meeresspiegelanstieg von rund 13,5 Millimeter verursacht. Würde allerdings Grönland komplett abschmelzen, hätte das einen unvorstellbaren Meeresspiegelanstieg von sieben Metern weltweit zur Folge. Das hätte fatale Konsequenzen: Viele Küstenbereiche würden unter Wasser stehen. Es könnte häufiger zu Sturmfluten kommen, das Grundwasser könnte versalzen, und sogar der Golfstrom könnte langsamer werden.

Arktis

Nun müssen wir aber auch noch über die Arktis sprechen, und hier sieht es nicht anders aus. Wie in der Antarktis, in der Prozesse entstehen, die sich selbst verstärken und zu einem Teufelskreis werden, gilt das auch für die Arktis: Eis ist weiß und reflektiert das Sonnenlicht, es kommt zu keiner Erwärmung. Nun schmelzen Unmengen an Eis, und wo früher weiße Flächen waren, ist jetzt dunkler Ozean, der das Sonnenlicht aufnimmt. Das Wasser wird also wärmer und wärmer, und das führt dazu, dass das Eis noch schneller schmilzt. Forscher des Max-Planck-Instituts gehen aufgrund verschiedener Klimaszenarien davon aus, dass die Arktis noch vor dem Jahre 2050 im Sommer komplett eisfrei sein wird. Die Wissenschaft spricht von den Polarregionen als einem Frühwarnsystem für unseren Planeten – das macht mir große Sorge.

Nun kommen wir zu unserem Wetter in Deutschland, das zeitweise von der Arktis geprägt ist, nämlich vom sogenannten Polarwirbel. Haben Sie davon schon einmal gehört? Es handelt sich um einen kalten Wirbel über dem Nordpol, der am Boden über der Arktis ein Hochdruckgebiet verursacht, in der Höhe aber ein Tief. Am Rand dieses Wirbels befindet sich der Jetstream, ein Starkwindband in der Höhe, das für unser Wetter in Deutschland mitverantwortlich ist. Der Polarwirbel wird angetrieben durch die Temperaturunterschiede zwischen Äquator und Nordpol. Normalerweise ist diese Differenz vor allem im Winter sehr groß, sodass ein starker Polarwirbel existiert. Und der hat zur Folge, dass es bei uns meist westliche Winde gibt, die häufig überwiegend milde, teils nasse Winter bringen. Durch die Erderwärmung wird es vor allem im Winter am Nordpol wärmer, der Polarwirbel ist geschwächt, und das kann bei uns eine andere Windrichtung zur Folge haben. Der Wind könnte aus Nord und Ost kommen und wirkliche Hochwinterphasen in Deutschland bewirken, auch Kaltlufteinbrüche mit Schneefällen wären die Folge. Ja, Sie haben richtig gehört: Durch die Erderwärmung können bei uns die Winter zeitweise kälter und teils auch schneereicher werden – das widerspricht sich nicht.

Ich muss manchmal schmunzeln. Wenn es mal eine kalte Winterphase gibt, hört man immer wieder Stimmen, nun könne man ja eindeutig sehen, dass es den Klimawandel gar nicht gebe – aber das stimmt einfach nicht. Finnische und japanische Forscher haben herausgefunden, dass es sogar im Norden Europas und Asiens vor allem im Herbst mehr Schnee geben wird. Diese Entwicklung ist durch Messdaten der letzten 40 Jahre schon belegt. Der Grund dafür leuchtet ein: An den Polen schreitet die Erderwärmung schneller voran als anderswo auf der Welt.

Das betrifft nicht nur die Landflächen, sondern beispielsweise auch den Arktischen Ozean. Im Herbst ist er noch eisfrei, weswegen über ihm viel Feuchtigkeit verdunstet. Mit den Windsystemen gelangt diese Feuchtigkeit in den Norden Europas und Asiens und verursacht in Kombination mit polarer Luft häufigere Schneefälle. Genau das wurde von japanischen Klimamodellen berechnet und konnte dank finnischer Messdaten bewiesen werden. Klimawandel heißt also nicht immer nur wärmeres, sondern auch extremeres Wetter. Unser Wetter- und Klimasystem ist so komplex, dass auch scheinbar widersprüchliche Phänomene auftreten, die aber für uns Meteorologen und die Wissenschaft vollkommen logisch sind. Das heißt jetzt dennoch nicht, dass jeder Winter bei uns eisig kalt und schneereich sein wird, nein, ganz und gar nicht. Aber es schließt auch keine extremen Wintereinbrüche aus.

Neben den meteorologischen Aspekten und dem Steigen des Meeresspiegels leidet natürlich auch die Natur unter diesem krassen Eisschwund am Nord- und Südpol. Und dabei meine ich nicht nur die Eisbären, nein, unzählige andere Tiere und Pflanzen sind davon betroffen. Sie können sich weder zeitlich noch räumlich umorientieren und anpassen und sind vom Aussterben bedroht, so beispielsweise der Polarfuchs, Schneehühner, das Pazifische Walross oder der Weißwal. An Nord- und Südpol sieht es, obwohl ich sonst immer Optimistin bin, gar nicht gut aus. Schauen wir uns die anderen Gletscher mal genauer an.

Wussten Sie, dass Prinz Harry schon mal am Nordpol war, um ein Projekt zum Schutz des Eises an unseren Polen zu unterstützen?

Gebirgsgletscher – wie viel ist schon verloren?

Viele von Ihnen haben sicher schon einmal Gletscher in den Alpen oder anderen Gebirgen gesehen. Ich persönlich liebe die Berge, vor allem die schneebedeckten. Und besonders die Gletscher haben für mich mit ihren besonderen Farben etwas Magisches. Viele Eis- und Schneegiganten gab es bisher in den Alpen. Aber wie an den Polen schmelzen sie in den Alpen und auch in allen anderen Hochgebirgen. Auf den ersten Blick schmelzen sie so langsam, dass wir Menschen es kaum wahrnehmen, aber sie schmelzen unaufhaltsam, und mittlerweile kann man es auch sehen. In den Alpen gab es 2022 wieder neue Rekorde: Die Zugspitze und der Sonnblick in Österreich, beide etwa 3000 Meter hoch, sind im Juli erstmals schneefrei gewesen. Das ist seit 1938 so früh noch nie passiert. 2022 war der Sommer, in dem in kürzester Zeit sehr viele Gletscher so viel Eis verloren haben wie noch nie. Teils sind sie komplett wegschmolzen, das gab es seit Beginn der Wetteraufzeichnungen noch nicht. Mittlerweile wurde einigen Gipfeln der Gletscherstatus aberkannt. Auch im Himalaya und in Südamerika werden die Gletscher immer kleiner, das Eis schmilzt in Rekordgeschwindigkeit. Vor allem in den letzten Jahren hat sich diese Gletscherschmelze beschleunigt. Durch Auswertungen von hochaufgelösten Satellitenbildern gehen Wissenschaftler davon aus, dass in den letzten 20 Jahren jährlich weltweit gesehen 200 bis 300 Gigatonnen Eis verloren gegangen sind. Das ist schwer vorstellbar, aber glauben Sie mir, das ist beängstigend viel. Dabei schmelzen die Gletscher nicht überall gleich schnell, es gibt sogar Regionen, wo das Eis wächst, aber insgesamt nehmen unsere eisbedeckten Flächen auf der Erde ab. Nach dem Fachmagazin *Nature* sind besonders die Gletscher der Alpen, Islands und Alaskas betroffen. Und die Wissenschaft geht leider mittlerweile davon aus, dass sich die Entwicklung in den nächsten Jahren fortsetzen und sogar noch beschleunigen wird.

Aber warum schmelzen die Gletscher eigentlich? Im Sommer ist es auch auf einem Gletscher teils so warm, dass er an Masse verliert. Normalerweise können die Schneefälle im Winter das wieder ausgleichen. Wenn mehr Schnee fällt, als im Sommer geschmolzen ist, nimmt der Gletscher zu. Dabei übernimmt der Neuschnee noch eine andere wichtige Funktion: Er schützt, weil er weiß ist, das Gletschereis vor der wärmenden Sonne.

Weiße Oberflächen haben das beste Albedo (Rückstrahlvermögen) und reflektieren das Sonnenlicht besonders gut. So kommt es zu keiner Erwärmung. Wenn es nun aber im Winter weniger Schnee gibt, liegt das Gletschereis ungeschützt in der Sonne und schmilzt. Dann kommt in den Alpen noch immer häufiger Saharastaub dazu, der die Farbe des Schnees verändert, sodass er nicht mehr so viel Sonnenlicht reflektiert, sondern absorbiert. Weitere Gründe für die Gletscherschmelze sind zunehmende Temperaturen auch in den Bergregionen und immer weniger werdende Niederschläge in den Sommermonaten.

Also wieder ein Teufelskreis, den wir bitter zu spüren bekommen. Der Abtauprozess der Gletscher nimmt beängstigende Ausmaße an. Gletscher sind extrem wichtig für uns, sie sind die größten Süßwasserspeicher und nach den Ozeanen auch die größten Wasserspeicher überhaupt. Kommt es zur Gletscherschmelze, fließt das bisher in den Gletschern gebundene Wasser ins Meer und steht nicht mehr als Trinkwasser zur Verfügung. Langfristig droht weltweit gesehen eine Trinkwasserknappheit, denn drei Viertel aller Süßwasserreserven sind im Gletschereis gebunden. Das Schmelzen der Gletscher verursacht zudem auch einen Meeresspiegelanstieg. Und vor allem in Bergregionen wie den Alpen dienen Gletscher als Wasserspeicher, die den Wasserstand in Flüssen und Seen beeinflussen. Unsere großen europäischen Flüsse wie der Rhein oder die Rhone haben hier ihre Quellen. Aber auch viele andere Flüsse und Bäche speisen ihr Wasser aus den Gletschern. Wenn diese zurückgehen, trocknen Flüsse mehr und mehr aus. Auch Stauseen, die von Gletschereis gespeist werden, bieten kein sicheres Wasserreservoir mehr für die Alpenregion. Für die Natur und die Menschen in den Bergen ist das ein großer Verlust.

Andererseits kann das Schmelzen des Eises auch zu Überschwemmungen führen. Beispielsweise sind im Himalaja in der Vergangenheit immer wieder Gletscherseen über die Ufer getreten. Wenn hier noch mehr Eis schmilzt, kann es zu Überflutungen kommen. Allerdings nur vorübergehend, langfristig gesehen wird Wasser fehlen, das vor allem für die Landwirtschaft benötigt wird. Hungersnöte im bevölkerungsreichsten Kontinent Asien wären die Folgen.

Auch das Landschaftsbild verändert sich durch tauende Gletscher. Statt vegetationsreicher Gletschertäler gibt es öde Gesteinswüsten, ohne Wasser. Bisher versorgten Schmelzwasser und Bäche Pflanzen und Tiere, ohne Wasser verschwinden sie mehr und mehr.

Und auch die Geologie verändert sich mit dem Klimawandel: Bisher gaben die gefrorenen Böden Stabilität, das ändert sich nun, teils entstehen Gletscherspalten. Immer häufiger kommt es zu Erdrutschen, Schlamm- und Gesteinslawinen sowie Murenabgängen. Wir haben es im Sommer 2022 in den Dolomiten gesehen, solche Ereignisse sind für uns Menschen extrem gefährlich.

Unfälle und Unglücke von Bergwanderern werden sich häufen. Viele Bergführer vermeiden mittlerweile deshalb aus Vorsicht bestimmte Gipfel. Durch die Gletscherschmelze kommt viel Geröll zum Vorschein, das ins Rutschen geraten kann. Aber auch die Stabilität von Berghütten und Skiliften ist gefährdet. Denn Baustatiker sind bislang davon ausgegangen, dass der Boden dauerhaft gefroren ist, und genau das ist nun nicht mehr gewährleistet.

Das Ewige Eis wird also nicht ewig halten. Wissenschaftler haben mir gesagt, sie könnten überhaupt noch nicht sagen, wann welche Horrorszenarien eintreten werden, ob in zehn, 100 oder 1000 Jahren. Klar ist: Jedes Zehntel Grad Erderwärmung, das wir verhindern können, ist Gold wert, denn das Abschmelzen des Eises verläuft nicht linear, sondern beschleunigt sich mit jedem Zehntel Grad Erwärmung. Es liegt also in unserer Hand, wie lang wir das Ewige Eis noch auf unserem Planeten haben werden.

Wussten Sie schon, das Reinhold Messners Tochter auf Fridays-for-Future-Demos geht? Auch er selbst findet die Proteste der Jugend gut und hofft, dass sie etwas bewirken.

Werden Hurrikans stärker?

Um diese Frage beantworten zu können, müssen wir tiefer in unsere Ozeane eintauchen. Fangen wir mal ganz vorne an: Unser Planet ist zu 70 Prozent mit Wasser bedeckt, das sind unglaubliche 361 Millionen Quadratkilometer. Die einzelnen Ozeane Pazifik, Atlantik und Indischer Ozean sind durch Meeresströmungen miteinander verbunden und stellen ein gewaltiges eigenes Ökosystem dar. Aber verändern sich eigentlich auch unsere Ozeane durch den Klimawandel? Dieser Frage wollen wir in diesem Kapitel nachgehen, und da gibt es einige verschiedene Aspekte zu beleuchten. Schauen wir erst mal auf das Salz in unseren Meeren.

Salzgehalt der Meere

97 Prozent des Wassers auf der Erde ist Salzwasser, dabei ist der Salzgehalt sehr unterschiedlich: im Mittelmeer liegt er etwa bei drei Prozent, im Toten Meer dagegen bei etwa 30 Prozent. Wo viel Wasser verdunstet, ist der Salzgehalt höher, zudem ist entscheidend, wie viele Flüsse ins Meer fließen, sie bringen Süßwasser und verdünnen so das salzige Meereswasser.

Das Salz der Meere stammt eigentlich vom Festland. Über Jahrmillionen wurden Gebirge gefaltet und wieder abgetragen. Das Gestein verwitterte und wurde zersetzt, dabei löste sich Salz heraus. Über die Flüsse gelangte es in unsere Meere. Deren Salzgehalt ändert sich durch den Klimawandel, aber um das zu verstehen, müssen wir uns erst mal den Wasserkreislauf anschauen.

Wasserkreislauf

Das Meer ist nämlich mit dem Festland durch den Wasserkreislauf verbunden, man kann beides nicht getrennt voneinander betrachten. Und wie Sie schon im vorherigen Kapitel gemerkt haben, liebt die Natur Kreisläufe. Alles ist im Fluss und gleicht sich auf natürliche Art und Weise irgendwie immer wieder aus. Und das ist auch gut so – die Natur liebt das Gleichgewicht.

Beim Wasserkreislauf funktioniert es so: Wasser verdunstet aus dem Ozean in die Atmosphäre, dort bilden sich Wolken, die sich dann teils über dem Land, teils über dem Meer wieder abregnen, oder es schneit. Über die Flüsse und das Grundwasser gelangt das Wasser wieder in die Ozeane.

Dabei verdunstet über dem Äquator mehr Wasser als über den Polen, weil es hier wärmer ist. Somit ist das Wasser in warmen Regionen salzhaltiger. Mit dem Wind und der Corioliskraft (das ist die Trägheitskraft, die durch die Drehung der Erde entsteht) transportieren Strömungen das warme Wasser vom Äquator zu den Polen und das kalte Wasser hin zum Äquator. Zu diesen horizontalen Meeresströmungen gehört der Golfstrom, aber auch der Nordpazifikwirbel, der Labradorstrom oder der Kanarenstrom. Außerdem gibt es noch einen zweiten Kreislauf innerhalb des Meeres: das globale Förderband, das quasi die großen Meeresströmungen wie den Golfstrom antreibt. Dabei müssen Sie wissen, dass Wasser je nach Salzgehalt und Temperatur eine unterschiedlich hohe Dichte hat. Das kalte salzige Wasser sinkt ab, weil es schwerer ist. Gigantische Mengen Wasser werden auf diese Weise in unseren Meeren umgewälzt, und so kommen die Meeresströmungen in Gang. Dabei wird salzhaltiges Wasser aus warmen Regionen Richtung Pol transportiert, hier kühlt es ab und sinkt in die Tiefe, von dort strömt es zurück zum Äquator – so entsteht die sogenannte thermohaline Zirkulation. Sie treibt auch horizontale Meeresströmungen wie den Golfstrom an. Wie Sie merken, hat dieser Kreislauf aus Meeresströmungen und Wärmeaustausch eine extrem wichtige Funktion für das Klima der Erde und ist hochkomplex.

Forscher haben herausgefunden, dass sich die Schichtung in den Ozeanen verändert hat, sie ist stabiler geworden. Vor allem in den oberen 200 Metern hat das Wasser weniger Dynamik. Daran ist mal wieder die globale Erwärmung schuld, denn sie sorgt dafür, dass die Temperaturen an der Wasseroberfläche deutlich zunehmen, wodurch der natürliche Wasserkreislauf im Meer durcheinandergebracht wird. Auch der Salzgehalt im Wasser spielt dabei in einigen Regionen eine Rolle.

Wenn beispielsweise viel grönländisches Eis schmilzt, kommt hier mehr Süßwasser ins Meer und der Salzgehalt und damit auch die Dichte gehen zurück. Das hat zur Folge, dass das Wasser langsamer und weniger absinkt – der Kreislauf stockt. Wenn weniger Wärme in die Tiefe gelangt, erhöht sich die Oberflächenwassertemperatur, mehr Wasser verdunstet, und der Klimawandel wird weiter angeheizt – es ist ein sich selbst verstärkendes System. Hinzu kommt, dass wärmere Ozeane weniger Kohlendioxid aufnehmen – auch das verstärkt den Klimawandel weiter.

Was sind die Folgen? Der Wasserkreislauf gerät außer Takt, und unser Wetter wird extremer. Wenn es wärmer wird, verdunstet mehr Wasser in die Atmosphäre, aber auch die Atmosphäre ist ja wärmer und kann mehr Wasserdampf aufnehmen. Das bedeutet mehr Energie in der Atmosphäre, was eine stärkere Wolkenbildung zur Folge haben kann, die teils extremeres Wetter und auch Unwetter bringt. Durch die Erderwärmung verändert sich also die Verteilung der Niederschläge auf der Welt. In einigen

Regionen regnet es häufiger, in anderen Gegenden kommt fast gar nichts mehr an Regen herunter. Und auch wenn man es eigentlich nicht erwartet, regnet es dadurch nicht mehr über den Meeren. Der Grund dafür liegt erneut im Salz des Wassers, denn das sorgt dafür, dass sich in der Atmosphäre hier weniger Wasserdampf ansiedelt als über Süßwasser. Aber was bedeuten höhere Wassertemperaturen eigentlich für tropische Wirbelstürme, die sich über den Ozeanen bilden?

Werden Hurrikans häufiger?

Diese gigantischen Stürme brauchen mindestens 26 Grad warmes Wasser, um entstehen zu können. Sie bilden sich immer über dem Meer und können dann Richtung Land ziehen und hier für sehr hohe Windgeschwindigkeiten und Regenmengen sowie Sturmfluten und entsprechend große Verwüstungen sorgen. Sie nehmen riesige Flächen ein und bewegen sich sehr langsam. Diese tropischen Wirbelstürme haben unterschiedliche Namen: Im westlichen Atlantik und östlichen Pazifik heißen sie Hurrikans, im Indischen Ozean bezeichnet man sie als Zyklone, vor Australien als Willy-Willys und im westlichen Pazifik nennt man sie Taifune.

Ob diese Stürme durch den menschengemachten Klimawandel zunehmen, ist auch für Forscher schwer einzuschätzen. Der Grund dafür liegt in den Beobachtungsdaten. Von der Temperatur und von Niederschlägen gibt es langjährige Messreihen, aber für den Wind, vor allem über den Meeren, sind die Aufzeichnungen sehr rar. So haben hochaufgelöste Modelle zu wenig Input, um gute Vorhersagen zu leisten. Zudem finden diese Ereignisse recht selten statt, sodass die natürlichen Schwankungen des Klimas einen größeren Einfluss haben. Klar ist: Durch das Ansteigen der Oberflächenwassertemperaturen erweitern sich die Regionen, über denen sich diese Monsterstürme entwickeln können. Ob sich die Häufigkeit der Stürme erhöht, ist dem Einfluss des Klimawandels nur schwer zuzuordnen.

Wissenschaftler haben mithilfe von Studien herausgefunden, dass tropische Wirbelstürme langsamer ziehen als früher. In den 1970er Jahren ging ihnen nach ca. 17 Stunden die Kraft aus. Heute können sie etwa doppelt so lange andauern, hat Attributionsforscherin Friederike Otto mit ihrem Team herausgefunden.

Das hat leider zur Folge, dass noch höhere Regenmengen im Zusammenhang mit den tropischen Wirbelstürmen fallen können. In Kombination mit dem steigenden Meeresspiegel werden die Schäden durch diese Stürme samt Sturmfluten größer. Gute Vorwarnungen und richtiges Handeln kann auf alle Fälle Leben retten.

Wussten Sie schon, dass sich der Milliardär Richard Branson 2017, als Hurrikan Irma wütete, einer der schlimmsten Wirbelstürme in der Karibik bisher, geweigert hat, seine Insel zu verlassen? Zum Glück ist nichts passiert, aber eine Vorbildfunktion hat er damit nicht eingenommen.

Trockenes Land – der Landwirtschaft macht die Dürre sehr zu schaffen

Hätten wir keine Landwirtschaft, würden wir großen Hunger leiden. Wissen Sie eigentlich, seit wann es Agrarwirtschaft gibt? Bereits vor 23 000 Jahren haben die Menschen mit dem Anbau von Getreide herumexperimentiert, aber wirklichen Ackerbau gibt es seit etwa 12 000 Jahren. Die Jäger und Sammler wurden sesshaft und begannen, Pflanzen anzubauen. Schon immer ist die Landwirtschaft extrem vom Wetter abhängig, das war auch bereits vor dem menschengemachten Klimawandel so. Bauern beobachten deshalb den Himmel sehr genau und kennen sich damit auf alle Fälle besser aus als viele Stadtmenschen.

Bleiben Bauernregeln weiterhin Bauernregeln?

Schon seit Jahrhunderten gibt es unzählige Bauernregeln, die aber aus wissenschaftlicher Sicht nicht immer Hand und Fuß haben. Vor allem sind viele dieser Bauernregeln sehr regional, und deshalb kann man sie nicht verallgemeinern. Dass das Wetter an der Nordsee ein grundverschiedenes als das in Bayern ist, wird jedem klar sein. Es gibt aber so einige Singularitäten wie die Eisheiligen, die Schafskälte, den Siebenschläfer oder das Weihnachtstauwetter, die eine ganz gute Trefferquote haben. Aber ändern sich diese Bauernregeln eigentlich auch durch die Klimakrise? Ja, man kann sagen, sie verändern sich.

Nehmen wir die Schafskälte, das ist ein später Kaltlufteinbruch im Juni, der den bereits geschorenen Schafen gefährlich werden kann. Er trat von 1921 bis 1990 in 73 Prozent der Jahre auf. In den letzten 30 Jahren lag die Wahrscheinlichkeit nur noch bei rund 33 Prozent.

Anders sieht es beim Siebenschläfer aus, diese Bauernregel entscheidet über den Sommer. Das Wetter von Ende Juni soll sieben Wochen stabil bleiben. Durch die gregorianische Kalenderreform 1582, aufgrund derer uns zehn Tage verloren gegangen sind, muss man aber auf den Zeitraum vom 5. bis 10. Juli schauen. Bisher lag die Trefferquote für den Siebenschläfer im Süden Deutschlands bei 70 Prozent. In den letzten 30 Jahren hat sich die Wahrscheinlichkeit, man mag es kaum glauben, sogar auf 73 Prozent erhöht. Der Grund dafür liegt in den generell stabileren Wetterlagen. Wenn sich Hochdruckeinfluss einmal durchgesetzt hat, bleibt es häufig über Wochen hinweg bei diesem Wetter, siehe den Sommer 2018, 2019 und 2022. Bauernregeln gibt es also weiterhin, aber sie verschieben sich und sind anders zu bewerten.

Gerade die Landwirtschaft ist sehr wetterabhängig, vor allem Bauern leiden unter Extremwetter wie Dürren, aber in der Landwirtschaft entstehen auch viele Treibhausgase. Nach dem Bundesinformationszentrum Landwirtschaft gehen ca. 13 Prozent der Treibhausgasemissionen in Deutschland auf die Landwirtschaft und landwirtschaftlich genutzte Böden zurück. Besonders die Methanemissionen der Tierhaltung sind hier erwähnenswert. Auch Lachgas- sowie CO_2-Emissionen aus landwirtschaftlich genutzten, mit Stickstoff gedüngten Böden übernehmen einen großen Teil. Gehen wir zunächst genauer auf das Methan ein.

Methan – Verursacher sind meist Kühe und Rinder

Neben Kohlendioxid gibt es noch andere klimawirksame Treibhausgase, zum Beispiel Methan (CH_4). Ebenso wie CO_2 ist es farb- und geruchlos, aber 25-mal klimaschädlicher als Kohlendioxid. Zudem gibt es bei Methan einen weiteren Effekt: Durch chemische Reaktionen entsteht in der Stratosphäre Wasserdampf – dieser verstärkt den Treibhauseffekt zusätzlich. Das sind die Gründe, warum Methan trotz wesentlich geringerer Menge in der Atmosphäre etwa zu einem Fünftel zur Erderwärmung beiträgt. Das meiste Methan, nämlich 77 Prozent, entsteht in der Landwirtschaft durch die Haltung von Wiederkäuern wie Kühen, Rindern, aber auch Schafen und Ziegen. Man nennt das in der Fachsprache: »eruktieren«. Das bedeutet, dass bei bestimmten Prozessen im Körper bei diesen Tieren Methan entsteht, das entweicht. Umgangssprachlich gesagt rülpsen und furzen diese Tiere, was das Zeug hält. Am schlimmsten sind dabei die Milchkühe, man geht davon aus, dass sie 300 bis 500 Liter Methan pro Tag ausstoßen. Das bedeutet: Im Minutentakt dringt aus irgendeiner Öffnung einer Kuh Methan. Wiederkäuer übernehmen damit global die Rolle als größte Quelle für Methan. Knapp 20 Prozent Methan stammen in der Landwirtschaft aus dem Düngemanagement und rund vier Prozent aus der Lagerung von Gärresten.

Aber hier mal eine gute Nachricht: Seit 1990 hat sich der Methanausstoß in Deutschland um 60 Prozent verringert. Warum das? Es hat nur bedingt mit unseren Rindern und Kühen zu tun. Immerhin wurden deren Bestände in den letzten Jahrzehnten deutlich reduziert, vor allem aber liegt der Grund in der Einsparung in der Abfallwirtschaft und Kohleförderung – immerhin ein Lichtblick!

Aber wie sieht es mit anderen Treibhausgasen bei den Bauern aus?

Lachgas

Distickstoffoxid (N_2O), allgemein bekannt als Lachgas, ist fast 300-mal klimaschädlicher als CO_2. Viel Lachgas entsteht in der Industrie, hier konnte aber durch jede Menge Optimierungen der Ausstoß deutlich reduziert werden, sodass mittlerweile in Deutschland der größte Anteil auf die Landwirtschaft entfällt. Hier sind Düngemittel und die Tierhaltung die Hauptverursacher. Lachgas entsteht, wenn Stickstoff im Boden umgesetzt wird. Wenn man beim Füttern und Düngen weniger Stickstoff einsetzen würde, wäre das ein entscheidender Hebel, die Lachgasemissionen zu reduzieren.

Kohlendioxid

Das können Sie jetzt wahrscheinlich gar nicht glauben, aber nur 4,4 Prozent der Treibhausgasemissionen in der Landwirtschaft fallen auf CO_2. Denn nur durch die Verwendung von Harnstoffdünger und bei der Kalkung von Böden entsteht Kohlendioxid. Allerdings muss man dazusagen, dass die Nutzung von Traktoren und anderen schweren Geräten auf den Feldern nicht dazugerechnet wird, das zählt zum Energiesektor.

Global wird in den Böden fünfmal mehr Kohlenstoff als in Pflanzen gespeichert – sie sind also eine geniale Kohlenstoffsenke. Substanzen werden im Boden auf- und abgebaut, somit ist die Freisetzung und Aufnahme von Treibhausgasen in einem dynamischen Gleichgewicht – wie so oft in der Natur. Nun kommt der Mensch ins Spiel: Er hat Unmengen an Moorböden entwässert, um sie ackerbaulich zu nutzen. Mehr zu den Mooren erfahren Sie später in einem eigenen Kapitel.

Ideen zur Treibhausgaseinsparung in der Landwirtschaft

Vor allem der Stickstoffeinsatz in der Landwirtschaft muss deutlich reduziert werden. Die landwirtschaftlichen Maschinen sollten energieschonender betrieben werden, und es muss eine grundlegende Umstrukturierung im Agrarsektor vollzogen werden. Das bedeutet: Monokulturen, wie wir sie bisher häufig auf Feldern sehen, darf es nicht mehr geben. Es soll auf Ökolandbau mit einer höheren Humuserhaltung und Humusaufbau umgestellt werden. Es darf mehr Dauergrünflächen geben, und Moorböden müssen besser geschützt werden. Das hört sich alles logisch an, aber die Umsetzung ist nicht so leicht.

Durch das extremere Wetter haben die Bauern in den letzten Jahren häufiger Einbußen erlitten und leben teils am Existenzminimum. Wie sollen sie nun auch noch ökologischer arbeiten? Ohne Hilfen vom Staat geht das kaum, aber woher soll das Geld kommen?

Schauen wir uns mal den Humus ein bisschen genauer an. Das ist etwas wirklich Tolles, denn Humus kann viel: Er speichert jede Menge Kohlenstoff, macht die Böden fruchtbarer und sorgt somit für höhere Ertragssicherheit. Das Wasserspeichervermögen der Böden erhöht sich um ein Vielfaches, zudem verringert sich die Erosionsanfälligkeit. In Kombination mit Zwischenfruchtanbau, einer neuen Fruchtfolgegestaltung, Umstellung des Düngers und Ausprobieren neuer Getreidearten, die weniger Wasser benötigen, kann sich der Ertrag auf unseren Feldern wieder deutlich erhöhen. Zum Beispiel könnte man Weizen, Hirse, Buchweizen oder Amaranth beimengen, wodurch vermehrte Dürreperioden besser überstanden würden. Auch Kichererbsen und Linsen vertragen Hitze und längere Trockenphasen recht gut, allerdings muss man schauen, ob die Maschinen der

Landwirte dafür geeignet sind. Zudem passiert in der Forschung schon viel: Züchter versuchen, einigen Pflanzen längere und stärkere Wurzeln zu verpassen, sodass sie besser an das Wasser im Boden herankommen.

Die Erderwärmung hat immerhin auch Vorteile für die Landwirtschaft: Das Frühjahr beginnt eher, und der Winter lässt häufig länger auf sich warten. Außerdem gibt es weniger Frosttage im Jahr. So können die Felder zum Teil öfter bestellt und beispielsweise Gemüseernten mehrmals eingefahren werden. Weitere Vorteile sind, dass Winterraps weniger Dünger braucht und Mais auch weiter nördlich angebaut werden kann.

Leider freuen sich die Obstbauern nicht über diese Verschiebung der Jahreszeiten, denn die Obstbäume blühen früher. Fast jedes Jahr kommt es aber noch einmal vor, dass es einen Kaltlufteinbruch gibt, der dann die Blüten erfrieren lässt – die Frostschäden sind erheblich. Frostschutzberegnung ist dagegen eine sehr effektiver Schutz, aber das ist extrem kostenintensiv.

Durch die Erderwärmung kommt es immer häufiger zu Extremwettererscheinungen wie Hagel, Starkregen oder Dürre, auch die Hitzetage nehmen in Deutschland zu – das bedeutet für viele Pflanzen Stress: Vor allem Obst und Weinreben bekommen häufiger Sonnenbrand, auch die Qualität und Quantität von Getreidesorten nehmen ab. Ein weiteres Problem stellt der Borkenkäfer dar. Er liebt die Wärme und richtet besonders in der Forstwirtschaft, wie wir alle in so vielen Wäldern Deutschlands sehen, großen Schaden an. Entsprechender Schutz davor ist extrem teuer und aufwendig.

Sie sehen, auch das Thema Landwirtschaft und Klimakrise ist ein weites Feld, das wir längst noch nicht vollständig beleuchtet haben. Hier muss viel passieren, aber es gibt Lösungen, die Forschung ist schon sehr weit. Eine recht einfache Möglichkeit, wie jeder von uns etwas tun kann, möchte ich an dieser Stelle erwähnen: Essen Sie weniger Fleisch. Dadurch brauchen wir weniger Weidefläche und weniger Futter für die Tiere. Diese Ackerflächen könnten für Getreide und Gemüse genutzt werden, und wir könnten wieder mehr Moorflächen in Deutschland vernässen. So speichern wir viel Kohlenstoff, was ein extrem effektiver Klimaschutz wäre und vor allem Flora und Fauna guttun würde. Die Natur kommt mit diesem außergewöhnlich schnellen Temperaturanstieg am wenigstens klar, ihr könnten wir damit etwas Gutes tun. Ich möchte Sie jetzt nicht zum Vegetarier bekehren, aber haben Sie schon mal etwas vom Flexiganer gehört? In einem der nächsten Kapitel gibt es mehr dazu.

Widmen wir uns doch nun nochmal kurz den Weinbauern – sind sie Gewinner der Klimakrise?

Rotwein in Deutschland auf dem Vormarsch?

Am Ende des extrem sonnigen Sommers 2022 habe ich einen Weinbauern besucht und interviewt. Es war äußerst interessant und vor allem lecker. Ich bin eine absolute Genießerin und gebe zu, früher haben mir deutsche Weine nicht so gut geschmeckt, sie waren nicht fruchtig genug und mir zum Teil viel zu trocken. Das hat sich in den letzten Jahren geändert. Sowohl Weine aus der Pfalz als auch von der Mosel, aus Baden und auch aus dem Saale-Unstrut-Anbaugebiet, dem sehr nördlichen Weinanbaugebiet Deutschlands, schmecken mittlerweile einfach köstlich. Klar gibt es da auch von Jahr zu Jahr Unterschiede, aber unsere Weine haben sich gemausert. Ein fantastischer Weinbauer erklärte mir, warum.

Natürlich hat die Sonne ihr Mitwirken – zu viel davon ist zwar nicht gut, da können die Trauben Sonnenbrand bekommen, aber durch mehr Sonnenschein verlieren die Weine an Säure und werden fruchtiger. Höhere Temperaturen sind von Vorteil, allerdings brauchen auch Weinreben genug Wasser, und das ist zunehmend ein Problem, vor allem ein teures und zeitintensives Problem. Sehr häufig gibt es mittlerweile Bewässerungssysteme, die aber in den Weinbergen aufwendig sind, was ihr Verlegen und ihre Wartung angeht, zudem müssen sie meistens per Hand an- und wieder abgestellt werden. Auch mit Schädlingen und Frühfrösten haben Winzer zu kämpfen. Dennoch sind die Weine der letzten Jahrzehnte keine schlechten und haben auf der ganzen Welt an Ansehen gewonnen. Zudem verlagern sich unsere Weinanbaugebiete immer mehr in den Norden, auch auf Rügen und in Niedersachsen sieht man mittlerweile kleine Weinhänge und motivierte Winzer.

Noch etwas haben mir verschiedenste Winzer verraten: Auch wenn es in Deutschland wärmer und sonniger wird – überwiegend wird es Weißwein aus deutschen Gefilden geben, beim Rotwein sind die Franzosen, Italiener, Spanier und Kalifornier einfach besser.

Wussten Sie schon: Auch Michelle Obama buddelt im Garten und baut ihr eigenes Gemüse an, sie ist quasi eine kleine Landwirtin. Gemüse aus eigenem Anbau schmeckt richtig gut und entspannt. So geht es nicht nur Michelle Obama, auch ich hole mir Energie aus unserem Garten.

Lebensmittelverschwendung – ein komplett unterschätztes Thema

Ich weiß ja nicht, wie Sie erzogen wurden – aber meine Eltern waren, was Lebensmittel anging, sehr streng und meine Großeltern noch viel mehr. Allerdings kann man das auch verstehen, wenn man in Kriegs- und Nachkriegszeiten gelebt hat. Die meisten unserer Kinder in Deutschland können sich das gar nicht mehr vorstellen, nicht immer alles an Essen und Trinken zu bekommen, wonach ihnen gerade ist. Es geht in diesem Kapitel also um Lebensmittelverschwendung, und das wird ein trauriges Kapitel.

Globalisierung

Einerseits ist es toll, wie sich unsere Gesellschaft entwickelt hat, wie uns Technikentwicklung und Automatisierung in der Industrie das Leben leichter gemacht haben. Auch die Globalisierung hat sicher einige Vorteile, die weltweite Wirtschaft wächst, der globale Handel verbessert den materiellen Wohlstand vieler Menschen, und neue Arbeitsplätze werden geschaffen. Es gibt mehr Mobilität bei Gütern und Personen. Kulturen können zusammenwachsen, und dieser Völkeraustausch bereichert die Gesellschaft. Die Idee, den Wohlstand besser unter den verschiedenen Ländern zu verteilen und mehr Wohlstand in den Entwicklungs- und

Schwellenländern zu schaffen, ist gut, aber tatsächlich umgesetzt wurde und wird sie nicht.

Die Globalisierung bringt auch zahlreiche Nachteile: Durch internationale Verflechtungen entstehen mehr Probleme und Krisen. Vor allem in Billiglohnländern kommt es zu einer starken, teils unmenschlichen Ausbeutung von Arbeitskräften. Der globale Wettbewerb verschärft sich – nur die Stärksten können sich durchsetzen. Die internationale Kriminalität nimmt zu, und vor allem kommt es zu stärkerer Umweltbelastung durch wachsende Mobilität.

Deutschland

Durch unseren Wohlstand und die Globalisierung leben wir in Deutschland in einer Konsum- und Wegwerfgesellschaft. Das geht vor allem auf Kosten von Natur und Umwelt. Nach Angaben des Bundesernährungsministeriums werden jedes Jahr allein in Deutschland über elf Millionen Tonnen Lebensmittel weggeworfen, das entspricht etwa 75 Kilogramm pro Einwohner.

Mehr als die Hälfte dieser Lebensmittel, die einfach weggeworfen werden, stammen aus privaten Haushalten. Das Schlimme dabei ist, dass das meiste davon noch genießbar wäre. Wenn das Mindesthaltbarkeitsdatum abgelaufen ist, werfen viele die Ware sofort weg, ohne nachzudenken und genauer hinzuschauen. Wir haben ja von allem genug. Die Wertschätzung, das Bewusstsein unseren Lebensmitteln gegenüber ist bei vielen verlorengegangen. Nicht jeder macht sich Gedanken darüber, woher beispielsweise das Hähnchenfleisch im Supermarkt kommt und warum es so günstig ist. Sowohl bei der Herstellung als auch beim Entsorgen nicht gegessener Lebensmittel sind Energie und Wasser nötig, es werden also wertvolle Ressourcen verschwendet.

Aber jeder in der Wertschöpfungskette unserer Nahrungsmittel, angefangen beim Landwirt bis hin zu uns Verbrauchern, kann helfen, Lebensmittelabfälle zu vermeiden. Bis zum Jahr 2030 hat sich Deutschland gegenüber den Vereinten Nationen verpflichtet, die Lebensmittelverschwendung zu halbieren. Das ist viel Arbeit, aber es gibt auch viel Potenzial und wird uns allen guttun.

Schauen wir zunächst auf die Erzeugung und Verarbeitung: 1,6 Tonnen jährlich und damit 15 Prozent der elf Millionen Tonnen Lebensmittelmüll gehen auf dieses Konto. Sowohl in der Landwirtschaft als auch bei der Herstellung von Nahrungsmitteln wird vieles unnötig verschwendet. Häufig spielen nichtige Gründe eine Rolle, beispielsweise, dass Gemüse nicht perfekt gewachsen ist.

Schauen wir auf den Handel: Hier verschwenden wir sieben Prozent. So werden etwa in Supermärkten oder Bäckereien zum Feierabend oft große Mengen nicht verkaufter, leicht verderblicher Produkte aussortiert. Auch beim Transport landen beschädigte Lebensmittel in der Tonne. Einen recht großen Anteil haben Restaurants, Kantinen und andere Großküchen. Hier entstehen knapp zwei Tonnen, weitere 19 Prozent von Lebensmittelabfällen, vor allem, weil sich viele mehr auf den Teller tun, als sie essen. Zudem bleiben tagtäglich große Mengen Lebensmittel in Essensausgaben von Schulen, Kindertagesstätten und Universitäten sowie im Lager liegen.

Kommen wir zum größten Anteil, und das sind wir selbst, denn in unseren privaten Haushalten werfen wir 59 Prozent und damit 6,5 Millionen Tonnen Lebensmittel jährlich weg.

Was können wir tun?

Eine Menge können wir tun, und eigentlich ist es nicht schwer. Und das meiste davon wissen wir auch, machen es uns nur nicht bewusst:

- Was halten Sie davon, einen Einkauf vernünftig zu planen und vor allem nicht hungrig einkaufen zu gehen?
- Meine Familie hat den Luxus eines kühlen Kellers, dort lagern Äpfel, Kartoffeln, aber auch Nudeln, Reis, Öle, Mehl und Couscous, so verlängert sich die Haltbarkeit. Alternativ geht auch ein dunkles Regal. Bananen, Orangen und Zitronen mögen Zimmertemperatur. Ins Gemüsefach im Kühlschrank gehören Gemüse und Obst, aber bitte ohne Plastikverpackung – so welkt es nicht, und es entsteht kein Kondenswasser. Noch besser ist natürlich, unverpackte Ware zu kaufen. Das spart Plastik.
- Salat und frische Kräuter kann man zusätzlich in ein leicht feuchtes Geschirrtuch einwickeln und dann ins Gemüsefach packen. So bleibt beides länger frisch und schimmelt nicht.
- Bei Paprika scheiden sich die Geister. Immer wieder liest man, sie halten sich im Regal besser, ich tue sie ins Gemüsefach und habe damit sehr gute Erfahrung gemacht.
- Machen Sie mit Ihren Kindern ein Spiel: Wer findet die krummste Gurke und die hässlichste Banane? Häufig landen das nicht ganz so ansehnliche Obst und Gemüse im Abfall.
- Kaufen Sie nicht automatisch die XXL-Packung, weil sie günstiger ist – überlegen Sie genau, ob Sie die auch wirklich verwenden und aufbrauchen.
- Gehen Sie saisonal und regional einkaufen – da freut man sich auf die Erdbeer-, Spargel-, Maronen- und Kürbiszeit mal richtig, weil man es nur selten isst.
- Überlegen Sie bewusst, wie viel tierische Produkte in Ihrem Einkaufswagen landen.
- Warum essen Sie den Strunk vom Brokkoli nicht mit, er schmeckt kleingeschnitten genauso gut wie die Röschen

und ist ebenfalls gesund und essbar – auch so kann Abfall gespart werden.

- Essen Sie langsam und hören Sie auf Ihren Bauch, machen Sie erst mal kleinere Portionen auf den Teller und holen Sie sich lieber einen Nachschlag – manchmal isst man mehr, als man müsste. Auch morgen ist noch ein Tag, an dem Essen aufgewärmt werden könnte, man muss nicht alles aufessen.
- Packen Sie Reste ein und nehmen Sie sie mit, vor allem in Restaurants oder auf Feiern.
- Ich liebe selbstgemachte Marmeladen und Apfelmus – machen Sie Lebensmittel selber länger haltbar. Auch Eintöpfe in der kalten Jahreszeit tun das, so haben Sie für mehrere Tage vorgekocht.
- Resteessen: Unsere Familie liebt sie, und ehrlich gesagt, gibt es diese Essen bei uns fast jeden dritten Tag, denn auch von den Resten bleibt etwas übrig. Natürlich muss man genau überlegen, was wie lange haltbar ist, aber meistens schmecken selbst kreierte Mahlzeiten besonders lecker, und man kommt mal auf andere Ideen, welche Lebensmittel zusammenpassen.
- Reste einfrieren, aufgewärmt schmecken einige Essen noch viel besser.
- Backen Sie Ihr Brot selbst, ich mache das seit Jahren, und meine Familie liebt die verschiedenen Kreationen, die dabei entstehen – zudem duftet es zu Hause wie in einer Bäckerei.
- Auch Joghurt kann man selber machen, das geht mittlerweile in modernen Backöfen wie auch mit einem Joghurt-Maker.
- Gemeinsam mit der Familie in der Küche stehen, köcheln und backen, das ist etwas Wunderbares. Man macht etwas

als Familie zusammen, und auch die Kinder lernen Lebensmittel wieder wertzuschätzen. Sie merken vielleicht ein bisschen mehr, wie viel Arbeit, Zeit und Energie in unserem Essen steckt, und ich glaube, genau das ist der richtige Ansatz, weniger Lebensmittel zu verschwenden.

- Verstehen Sie das Mindesthaltbarkeitsdatum richtig – das ist nicht unbedingt das Verfallsdatum. Benutzen Sie Ihre Nase und die Augen und Ihren Verstand. Klar ist Schimmel auf Lebensmitteln ein Alarmsignal, aber wenn der Joghurt noch völlig okay aussieht und das Datum von gestern draufsteht, kann man ihn dennoch bedenkenlos essen.
- Checken Sie regelmäßig Ihren Kühlschrank und auch den Vorratsschrank. Wenn Lebensmittel in Kürze ablaufen, sollte man über eine Änderung des Essensplans der Woche nachdenken und vielleicht noch einmal umswitchen.
- Nutzen Sie alle Dinge, die Sie kaufen, abgesehen von Lebensmitteln, so lang wie möglich oder reparieren Sie sie. Löcher in Socken oder ein Schräubchen im Zirkel der Kinder – vieles kann man länger nutzen, nicht alles muss gleich weggeworfen und neu gekauft werden. Es ist eindeutig nachhaltiger, als ein Produkt gleich zu ersetzen, auch wenn das neue ökologisch ist.
- Haben Sie schon einmal etwas von Foodsharing gehört? Erkundigen Sie sich mal in Ihrer Umgebung. Vor allem in Städten entstehen immer mehr Anlaufstellen, in denen Essen abgegeben werden kann. Das lohnt sich nach Familienfeiern, wo viel übergeblieben ist, oder bevor man in den Urlaub fährt. Wir praktizieren das schon lange mit Nachbarn und Freunden – alles, was noch im Kühlschrank ist, kann der Blumengießdienst mitnehmen und essen.
- Zudem gibt es online einige hilfreiche Apps, die uns Ideen liefern, die Lebensmittelverschwendung einzudämmen.

Bewusst Lebensmittel einkaufen und lagern, und wenn mal etwas übrig bleibt, kann man es vielleicht sogar für einen guten sozialen Zweck spenden und ein bisschen Zeit dafür opfern.

Für Bedürftige etwas tun

Es ist unglaublich und macht mich extrem traurig: 13 Millionen Menschen in Deutschland leben am Existenzminimum, das bedeutet, sie haben gerade mal 60 Prozent des durchschnittlichen Einkommens. Mit ihnen über nachhaltiges Konsumieren zu reden, ist eine Farce. Und ich verstehe die Wut und das Unverständnis dieser Menschen, wenn es um die Klimakrise geht. Gerade im Sommer leiden sozial Schwächere mit am meisten, denn sie haben keine Klimaanlage und keinen Pool im Garten.

Von ihnen kann man auch nicht erwarten, dass sie klimafreundlich leben – sie überleben häufig gerade mal. Es ist Aufgabe der Gesellschaft, diesen Teil der Bevölkerung aufzufangen und mitzuziehen. Aber wissen Sie, was auch ich erst in einem Gespräch mit einem Bedürftigen verstanden habe? Das Neun-Euro-Ticket war für sozial Schwächere mehr als nur einfach günstig S-Bahn und Regionalzug fahren – es war ein Stück Freiheit: Endlich kamen sie mal raus aus ihrem Kiez und konnten ein Picknick auf den Elbwiesen machen, wohin sie sonst nie gekommen wären. Außerdem fühlten sich die sozial Schwächsten ein bisschen mehr zur Gesellschaft gehörig. Ich habe Gänsehaut bekommen, als ich das hörte.

Die Schere zwischen Reich und Arm öffnet sich in Deutschland immer weiter, das schweißt uns als Gesellschaft sicher nicht zusammen. Unter diesen Voraussetzungen gemeinsam die große Transformation zu einer ökofreundlichen Welt zu schaffen, wird, glaube ich, schwer. Wir sollten versuchen, wieder mehr zusammenzurücken und uns gegenseitig zu helfen, in Corona-Zeiten hat das zum Teil ja auch ganz gut geklappt.

Jeder von uns kann etwas tun, wenn er möchte. Bei den vielen Tafeln, die es in allen größeren Städten gibt, wird immer Hilfe gebraucht, dort kann man sich engagieren. Ich koche mit meinem Mann, der Koch ist, mehrmals im Jahr für solche Tafeln. Es ist unsere Art zu spenden. Wir kaufen die Lebensmittel ein, investieren einige Stunden Zeit und Arbeit, aber machen an diesem Tag etwa 200 Menschen glücklich. Das Essen ausgeben, miteinander reden – es tut so gut zu helfen. Die Leute, teils auch Flüchtlinge aus der Ukraine, sind dankbar. Ich kann mir vorstellen, dass es vielen Menschen sicher nicht leichtfällt, Hilfe anzunehmen, sich einzugestehen, dass man es allein nicht schafft. Ja, jeder kann, wenn er dazu in der Lage ist, umweltfreundlicher leben und konsumieren, aber anderen helfen und etwas für die Gesellschaft zu tun, ist auch eine Art Klimaschutz, die, glaube, ich extrem unterschätzt wird.

Neben unserem eigenen Tun ist es schön zu sehen, dass zunehmend große Supermärkte Lebensmittel für Bedürftige spenden, und das sollte noch viel mehr passieren. Außerdem miteinander reden, um noch mehr Essen vor dem Wegwerfen zu bewahren. Es ist eine Frage des Willens und der Zusammenarbeit – da kann noch viel passieren und damit würden wir einen großen Schritt weiterkommen.

Blick über den Tellerrand

Den meisten Menschen in Deutschland geht es wirklich gut, wenn wir einmal über den Tellerrand schauen. Die Vereinten Nationen gehen davon aus, dass global gesehen täglich immer noch im Durchschnitt etwa 13 700 Kinder sterben, bevor sie ihr sechstes Lebensjahr erreichen, das sind jedes Jahr über fünf Millionen Kinder, und das müsste so nicht sein. Zum Vergleich: In Deutschland leben knapp vier Millionen ein- bis fünfjährige Mädchen und Jungen.

Ich finde das erschreckend, unglaublich und unfassbar, wenn man im Hinterkopf hat, wie viele Lebensmittel täglich weggeworfen werden. Eine gute Nachricht gibt es: Immerhin hat sich die Kindersterblichkeit seit 1990 mehr als halbiert, aber dennoch hungert rund ein Sechstel der Erdbevölkerung, und das, obwohl eigentlich weltweit gesehen genügend Lebensmittel produziert werden, um die ganze Welt zu ernähren. Es ist eine Frage der Verteilung, weltweit und innerhalb unserer Gesellschaften.

Entwicklungshilfe ist Klimaschutz

Deshalb möchte ich an dieser Stelle noch einen für mich sehr wichtigen Punkt ansprechen, der vielen vielleicht nicht klar ist: Die Klimakrise ist ein globales Problem und muss gemeinsam gelöst werden. Immer noch wächst die Weltbevölkerung, am 15. November 2022 wurde laut Weltbevölkerungsbericht des Bevölkerungsfonds der Vereinten Nationen erstmals die Acht-Milliarden-Marke geknackt, aber die Ressourcen werden knapper. Das passt nicht zusammen, und viele Menschen auf dieser Erde haben kein schönes Leben. Die Entwicklungsländer leiden am meisten unter den Folgen des Klimawandels, beispielsweise Pakistan mit den heftigen Überschwemmungen 2022 und jahrzehntelanger Dürren in Teilen Afrikas.

Es muss gerechter auf dieser Welt zugehen, Entschädigungsfonds der Industrieländer, wie auf der COP27 beschlossen, sind ein Anfang, müssen aber auch umgesetzt werden. Nachhaltige Entwicklungshilfe vor Ort muss ausgebaut werden und eine viel größere Bedeutung bekommen, sonst wächst uns der Bevölkerungszuwachs in Kombination mit den Auswirkungen des Klimawandels über den Kopf und ist weder zu handeln noch zu bezahlen.

Es muss für ausreichend Nahrung gesorgt werden, die Trinkwasser- und Sanitärversorgung in den Entwicklungsländern sollte dringend verbessert werden, in Gesundheitssysteme muss investiert werden. Aber auch sehr einfache und kostengünstige vorbeugende Maßnahmen wie Moskitonetze als Malariaschutz, Kondome sowie Impfungen, um gefährliche Krankheiten wie Polio, Masern oder Tetanus zu vermeiden, sollte es viel mehr geben.

Eigentlich ist für alle auf der Welt genug zu essen da, auch genug Trinkwasser und Energie – es scheitert am Gerechtigkeitssinn, an guter Kommunikation und an der Umsetzung von Abmachungen. Bildung in Entwicklungsländern ist extrem wichtig, auch das ist ein großer Hebel, der eine Menge bewirken kann.

Ein neues Schulfach

Zurück nach Deutschland. Auch da sollte meiner Meinung nach Bildung einen größeren Stellenwert bekommen. Das deutsche Schulsystem ist unter Eltern umstritten, aber im weltweiten Vergleich hat die deutsche Ausbildung einen guten Stand. Ich sehe es bei meinem eigenen Kindern: Sie lernen viel, in einigen Fächern geht es ganz schön ins Detail, die Allgemeinbildung ist gut, aber eigentlich gibt es viel zu viel Druck und Konkurrenz, und vor allem die Noten sind das Entscheidende. Wertschätzung, Respekt, Streiten lernen, als Gemeinschaft funktionieren, das wird an den wenigsten Schulen vermittelt.

Es hapert an so einigen Stellen: Kommunikation und die Klimakrise kommen meiner Meinung nach viel zu kurz. Klimawandel sollte mehr Raum in der Schule bekommen, das fordern auch viele Wissenschaftler. In Italien wurde solch ein Schulfach eingeführt, auch in neuseeländischen Schulen ist das Thema sehr präsent. In Deutschland passiert das ganz langsam: Die »Schule im Aufbruch« versucht immer mehr Fuß zu fassen. Magret Rasfeld ist hier Vorreiterin und versucht mit aller Kraft und einem wachsenden Team, eine Bildungsreform in Deutschland voranzubringen. Auch ich engagiere mich seit Ende 2022 dafür und versuche, in einer Schule in der Umgebung gemeinsam mit der Direktorin einen »Frei Day« an einer Grundschule einzuführen. Jeden Freitag werden in vier teils praktischen Unterrichtsstunden den Kindern die 17 Nachhaltigkeitsziele der UN vermittelt. Was ist wirklich wichtig im Leben? Was bedeutet Armut, Wassermangel, Zerstörung von Wäldern? Und vor allem: Was können wir tun?

Es liegen viele Stolpersteine auf dem langen Weg dahin, unser Bildungssystem wieder zeitgerecht zu bekommen, aber man sieht am Strahlen der Kinderaugen, wie es ankommt und wie selbstbewusst sie werden, wie gern sie wieder zur Schule gehen. Und ich glaube, das kann ein großer Hebel zu einer klimaneutralen Welt sein, denn nicht immer müssen die Kinder von den Eltern lernen – es geht auch andersherum. Die Eltern sind so stolz, wenn sie ihre Kleinen sehen, wie sie Aufführungen auf dem Marktplatz machen, einen Wochenmarkt organisieren oder Bienenhotels bauen. Und so denken auch Erwachsene auf einmal durch ihre Kinder mehr über klimafreundliches Leben nach und ändern ihre Gewohnheiten. Die Arbeit mit den Kindern ist so bereichernd und erfüllend, ich freue mich immer sehr auf die Freitage.

Dennoch wird es in Deutschland, wo Bildung Ländersache ist, eine ganz schön lange Zeit dauern, einen »Frei Day« oder ein neues Schulfach »Glück und Klimawandel« einzuführen, in dem es um unsere Gesellschaft, um Klimaneutralität, um Ernährung, die Energiewende, um unser Benehmen, eine gute Streitkultur und

Glück gehen sollte. In diesem Fach muss viel geredet werden, unsere Kinder sollten kommunizieren lernen und auch eine Vorstellung davon bekommen, was sie nach der Schule machen wollen.

Mir ist klar, gutes Personal ist überall knapp – vor allem in der Lehrerschaft –, und jetzt sollen sie sich auch noch so weiterbilden, um das leisten zu können. Aber es gibt sie auch hier schon, die Leuchttürme: Klimaschulen. Dort beschäftigen sich Kinder in Projekten, Ganztagsangeboten oder auch an einem Tag in der Woche (dem Frei Day) mit den Themen Klima, Nachhaltigkeit und Klimaschutz. Ganz praktisch wird Müll gesammelt, es werden Bienenhotels gebaut, Wildblumenwiesen gesät, die 17 Nachhaltigkeitsziele der Vereinten Nationen besprochen, kleine Klimakonferenzen veranstaltet. Es gibt so viel zu tun und zu lernen, und da kann, da sollte man schon früh anfangen und vor allem das Potenzial und die Offenheit unser Kinder nutzen und prägen.

Ich glaube, das wäre wichtig und würde unsere Gesellschaft in die richtige Richtung schubsen.

Wussten Sie schon, dass sich Uschi Glas mit ihrem Mann seit Jahren gegen Hunger in Schulen engagiert? Wer nicht gut gefrühstückt hat, kann nicht vernünftig lernen – das ist ihr wichtig, und das finde ich gut! Und auch Hugh Jackman packt als freiwilliger Erntehelfer auf einer Farm mit an, wo Gemüse für bedürftige Familien angebaut wird.

Fleisch und Klimaschutz – sollen wir jetzt alle verzichten?

Das wird ein schwieriges Kapitel, denn ich möchte Sie hier nicht zum Vegetarier oder Veganer bekehren. Wenn Sie das selber nicht wollen, werde ich es ganz sicher nicht schaffen – das liegt eindeutig in Ihrer Hand, aber ich möchte sehr gern Ihr Bewusstsein schärfen.

Viele von Ihnen können sich sicher eine Welt ohne Fleisch nicht vorstellen. Bei Fisch ist es etwas anders – da kenne ich so einige, denen das nicht so wichtig ist. Aber in den meisten Familien gehören Fleisch, Wurst & Co. einfach dazu, und das ist eine Selbstverständlichkeit, an der schwer zu rütteln ist.

Ich war vor Kurzem auf einer Klimakommunikationskonferenz, wo wir uns darüber austauschten, was wir tun müssen, um möglichst vielen Menschen klarzumachen, dass sich in unserer Gesellschaft grundlegend etwas ändern muss. Wie wir bis Ende des Jahrhunderts wenigstens das Zwei-Grad-Ziel erreichen und eine klimaneutrale Welt um uns herum hinbekommen. Wenn wir das nicht schaffen, wird unsere Erde nicht mehr lebenswert sein, auch wenn man sich das jetzt noch nicht vorstellen kann. Um dieses Ziel zu erreichen, empfehlen uns Psychologen, dass wir als Klimabotschafter Sie als Leser zum Träumen bringen sollen. Sie sind sich einig: Wenn wir Bilder einer schönen, sauberen, ökologischen Welt malen, welche dazu anregt, genau dort leben zu wollen, dann haben wir eine Chance, unser Leben grundlegend geändert zu bekommen.

Aber mal ehrlich, können Sie sich eine Welt ohne Fleisch vorstellen? Viele von Ihnen wahrscheinlich eher nicht. Seit wir klein waren, gab es Fleisch, die Älteren unter Ihnen kennen sogar noch die Zeit des Hungerns nach dem Krieg. Wenn man da was Fleischhaltiges zu essen bekam, war das nahrhaft und hat deutlich länger sattgehalten als eine dünne Gemüsebrühe. Das sitzt tief in uns drin und ist nicht so schnell abzustellen, ich kann Sie da verstehen.

Kommt hinzu, dass es extrem schwer ist, Gewohnheiten zu ändern. Sie strukturieren unseren Alltag, gerade wenn es mal stressig wird. Wenn wir unsicher werden, versuchen wir aus Situationen herauszukommen, indem wir auf gewohnte Abläufe zurückgreifen, und das ist auch ganz menschlich. In vielen Lebensbereichen sind Gewohnheiten eine gute Stütze. Über viele Gewohnheiten wie beispielsweise Zähneputzen denken wir nicht einmal mehr nach. Aber es gibt auch Gewohnheiten, die uns nicht guttun – sogenannte Marotten, und Sie wissen wahrscheinlich selbst, wie schwer es ist, solche Marotten loszuwerden.

Ich möchte »Fleisch essen« jetzt nicht als Marotte an sich bezeichnen, aber weniger Fleisch, dann natürlich Biofleisch, ganz bewusst und mit viel Genuss zu essen, wäre besser, sowohl gesundheitlich betrachtet wie auch für das Klima, also ein doppelter Gewinn.

Unser Fleischverzehr im Moment

Wir Deutschen haben 2021 im Schnitt 55 Kilogramm Fleisch pro Kopf und Jahr verzehrt. Die gute Nachricht ist: Das ist schon deutlich weniger als in den Jahren davor. Aber nach Empfehlung der Deutschen Gesellschaft für Ernährung sollten es maximal 300 bis 600 Gramm pro Woche sein, und das wären in etwa aufs Jahr gerechnet zwischen 16 und 31 Kilogramm.

Auch in der deutschen Landwirtschaft spielen Tiere eine sehr große Rolle, 60 Prozent der Erträge kamen 2020 aus der Tierhaltung. Zwar geht der Bestand an Nutztieren in Deutschland seit Jahren zurück – beispielsweise sank die Zahl der Schweine von 2010 bis 2020 um rund fünf Prozent –, ein Blick auf die Schlachtzahlen Deutschlands zeigt aber, dass von 2010 bis 2020 die Fleischproduktion bei Rind- und Schweinefleisch etwa gleich geblieben und die Menge an erzeugtem Geflügelfleisch sogar deutlich gestiegen ist.

Viele denken, wenn sie Hühnerfleisch essen, ist das vielleicht etwas klimafreundlicher und vor allem gesünder, der Fettanteil ist geringer, und es hat weniger Kalorien. Aber Studien zeigen, dass regelmäßiger Fleischkonsum allgemein nicht gesundheitsfördernd ist, er kann Krebs begünstigen. Vor allem Darmkrebs sowie Prostata- und Bauchspeicheldrüsenkrebs werden durch Pökeln und Räuchern von Fleisch wahrscheinlicher. Außerdem kann es zu Blutdrucksteigerung kommen, und auch Diabetikern soll ein hoher Fleischkonsum nicht guttun, da die Nitrite und Nitrate, die es besonders in Wurstwaren gibt, den Insulinhaushalt des Körpers stören. Rheumatiker sollten vor allem von Schweinefleisch die Finger lassen, da der hohe Gehalt an Arachidonsäure, einer Fettsäure, Gelenkschmerzen verstärkt.

Aber lassen Sie uns auch mal etwas Positives sagen: Fleisch und Wurstwaren sind nicht nur schlecht, sie enthalten Vitamine, Eiweiße und Mineralstoffe wie Eisen, die für den Körper wichtig sind. Ob Fleischverzicht für Kinder gut oder schlecht ist, dazu gibt es noch nicht ausreichend Studien. Klar ist: Kinder sollten nicht komplett auf tierische Produkte verzichten, Milchprodukte sind wichtig für sie – aber Mineralstoffe, Proteine und Vitamine aus Fleischwaren können wir wunderbar durch anderen leckere Lebensmittel ersetzen – dazu aber später mehr.

Ich war erstaunt, dass Studien herausgefunden haben, wie groß der Hebel Fleischkonsum bei den Emissionen wirklich ist. Forscher der Universität Lancaster gehen davon aus, dass der Verzicht auf Fleisch die Emissionen aus Nahrungsmitteln um unglaubliche 35 Prozent verringern kann. Denn man darf nicht nur das Fleisch allein betrachten. Rinder und Kühe brauchen Weideland, teils werden dafür Regenwälder geopfert. Außerdem müssen Felder für die Futterpflanzen bereitgestellt werden, die dann für andere Nahrungsmittel nicht genutzt werden können. Ein weiterer Aspekt ist, dass Rinder und Kühe Wiederkäuer sind und Methan, ein Treibhausgas, erzeugen und aus den Exkrementen der Tiere Lachgas entweicht, das auch klimaschädigend wirkt. Außerdem müssen die Tiere noch geschlachtet, verarbeitet werden und zu uns kommen, bevor wir ein Stück Fleisch essen können – auch dort entstehen Emissionen.

Weniger Fleisch zu essen, kann den Ausstoß von Treibhausgasen also deutlich senken. Das sollten sich vor allem Menschen in den Industrieländern vornehmen, denn wir essen doppelt so viel Fleisch wie der globale Durchschnitt – wir Deutschen sind da also nicht allein.

Wussten Sie schon, wie viele Promis auf Fleisch verzichten? Die Liste wäre lang, aber Gisele Bündchen möchte ich hier erwähnen. Ihr Motto lautet: »Essen ist eines der mächtigsten Werkzeuge, um unser Immunsystem zu stärken. Ich glaube fest an das alte Sprichwort: ›Lass Essen deine Medizin sein.‹«

Ist Fisch eine Alternative?

Dass der Klimawandel eine große Herausforderung für unsere Meere ist, haben wir schon festgestellt. Aber wie weit belastet das die weltweite Fischerei?

Fisch ist gesund, enthält etliche Proteine und ist für viele Menschen auf der Welt eine der Nahrungsgrundlagen. Außerdem haben Fische und Meeresfrüchte eine deutlich bessere Treibhausgasbilanz als Fleisch. Zwischen ein und fünf Kilogramm Kohlendioxidemissionen werden pro Kilo Fisch aufgewendet. Bei einem Kilo Fleisch sind es zwischen 50 und 750 Kilogramm CO_2 – das ist schon ein gewaltiger Unterschied. Fisch essen ist also auf alle Fälle nachhaltiger, als Fleisch zu verzehren.

Aber welchen Fisch soll ich essen, und wie geht es den Fischen im Meer bei der zunehmenden Erderwärmung? Natürlich erwärmen sich auch die Ozeane, vielen Fischpopulationen wird es in ihrem bisherigen Zuhause zu warm, und sie wandern in kältere Gebiete ab. Dadurch gibt es weniger Fangmöglichkeiten in den Tropen, aber dafür mehr Fischarten in höheren Breitengraden wie dem Nordatlantik und dem Nordpazifik. Wissenschaftler gehen davon aus, dass bis zum Jahr 2050 40 Prozent weniger Fische in tropischen Meeren zu finden sind.

In wärmerem Wasser nimmt zudem der Sauerstoffgehalt ab, er ist hier schlechter lösbar. Da in wärmerem Wasser der Sauerstoffbedarf bei Fischen und anderen Meereslebewesen steigt, heißt das, dass weitere Fische abwandern oder nicht mehr so gut wachsen und kleiner bleiben. Außerdem versauern unsere Meere mehr und mehr. Warmes Wasser nimmt weniger CO_2 auf als kälteres Wasser, und somit können uns die wärmeren Ozeane nicht mehr so gut helfen, Kohlendioxid zu speichern. Bisher lagerten hier 20 bis 30 Prozent der menschengemachten CO_2-Emissionen.

Ein Versauern der Meere bedeutet, dass im Wasser gelöstes CO_2 zu Kohlensäure reagiert. Diese Säure sorgt dafür, dass sich Kalk auflöst, was kalkschalenbildenden Organismen wie Korallen, Muscheln und Meeresschnecken schadet. Diese Lebewesen sind der Anfang vieler Nahrungsketten im Ozean – das Ökosystem Wasser ist also allein schon durch die Erwärmung der Meere und deren Folgen stark gestört, und wie schlecht es um Korallenriffe steht, haben Sie sicher schon einmal gehört. Dazu mehr in einem anderen Kapitel, in dem es um Biodiversität geht.

Der Mensch stört das Ökosystem Ozean zusätzlich. Durch das Anwachsen der Erdbevölkerung steigt auch der Bedarf an Nahrung, unter anderem an Fisch. Etwa 400 Millionen Menschen sind bei ihrer Ernährung auf Fisch angewiesen. Die Fischerei plündert die Meere, und deren Reichtum ist nicht unerschöpflich. Damit auch in Zukunft noch Fische in unseren Meeren schwimmen, muss eigentlich im Großen ein radikaler Rückgang des Fischfangs umgesetzt werden, das hat auch mit Artenschutz zu tun.

Ein Drittel der kommerziell genutzten Fischbestände gelten nach dem World Wide Fund For Nature (WWF) als überfischt und 60 Prozent als maximal genutzt (Stand: Juli 2018). Im Mittelmeer sieht es noch katastrophaler aus. Hier werden jährlich rund 1,5 Millionen Tonnen Fisch herausgeholt. Das heißt, bis zu 80 Prozent der Fischbestände sind hier überfischt – im Schwarzen Meer soll es ähnlich aussehen. Jedoch können die Forscher durch fehlende Zustandsbeschreibungen der Meere schwer verlässliche Zahlen angeben.

Vielleicht können Aquakulturen in Fischfarmen eine adäquate Antwort auf die Überfischung sein. Hier werden Fische und Meeresorganismen gezielt gezüchtet. Hört sich erst einmal gut an, aber die Ökosysteme wie Binnengewässer und Küstenregionen sind eh schon aus dem Gleichgewicht – und nun noch künstlich angelegte Fischfarmen? Das birgt Risiken, dennoch setzt man weltweit immer mehr auf diese Fischbewirtschaftung.

Laut dem Bund für Umwelt und Naturschutz (BUND) stammen heutzutage global etwa 82 Millionen Tonnen Fische, Krebse und Muscheln aus dem Aquakulturbetrieb, das ist die Hälfte von dem, was allgemein an Wasserlebewesen gegessen wird. Und auf Aquakulturen wird weltweit seit 20 Jahren exzessiv gesetzt, seither hat sich ihre Produktion fast verdreifacht. Zum größten Teil werden sie für den Verzehr genutzt, aber auch Kosmetika und Schmuck (beispielsweise Perlen) werden daraus produziert. Die Idee, damit die Meere zu schonen und nachhaltig Fische zu züchten, geht leider nicht auf, denn man braucht jede Menge Wildfische, um Fischmehl und Fischöl als Futter für Aquakulturen bereitzustellen. Wer es noch nicht wusste, Fischmehl wird häufig als Futtermittel in der Nutztierhaltung verwendet – somit hängen Fisch und Fleisch eng miteinander zusammen. Wer weniger Fleisch isst, schont Meere und Seen.

Trotz allem wird in der EU auch in Zukunft die Aquakultur laut BUND gefördert, um der Überfischung der Meere entgegenzuwirken. Außerdem will die Europäische Union unabhängiger gegenüber Importen aus Asien werden.

Schauen wir gezielt auf Deutschland: Hier findet man vor allem Karpfen und Forellen in der Teichwirtschaft sowie Miesmuscheln in der Nord- und Ostsee. Damit tut Deutschland den Meeren zwar theoretisch etwas Gutes, aber das Problem ist: Viele von uns wollen dennoch weiter Raubfische wie Lachs, Zander und Meerestiere essen, und die stammen hauptsächlich von weither:

Lachs beziehen wir vor allem aus Norwegen. Muscheln und Garnelen kommen entweder aus Süd- oder Mittelamerika oder Südostasien. Die Transportwege sind also sehr lang und verursachen jede Menge Emissionen.

Das große Problem bei den meisten Aquakulturen ist, dass Antibiotika eingesetzt werden. Es leben einfach zu viele Tiere auf engsten Raum, sodass Krankheiten vorprogrammiert sind. Und das tut weder den Tieren noch uns Menschen gut, denn auch wir nehmen auf diese Weise Medikamente zu uns, wenn auch nur in sehr geringen Mengen. Außerdem leidet auch die Wasserqualität, es belastet die Gewässer.

Einige große Lachsproduzenten in Norwegen gehen mittlerweile anders vor. Sie impfen ihre Fische. Das ist zwar aufwendige Handarbeit, und im Fisch selbst befindet sich dennoch ein Medikament, aber das Wasser wird nicht so stark belastet. Auch das Fischfutter ist nicht das natürlichste, hier wird immer wieder Ethoxyquin nachgewiesen. Dieser chemische Stoff, der der Futtermittelkonservierung dient, reichert sich im Fisch an. So bekommen auch wir Menschen minimale Mengen davon ab. Bisher gibt es allerdings dafür nur Grenzwerte beim Fleisch und nicht bei Fisch.

Jetzt sind Sie wahrscheinlich genauso hin- und hergerissen wie ich. Mit all diesen Informationen hat man mittlerweile sogar ein schlechtes Gewissen, Fisch zu essen, aber wollen Sie darauf ganz verzichten? Man kann sich an Bio- und das ASC-Siegel (Aquaculture Stewardship Council) halten. Sie sorgen für mehr Transparenz beispielsweise darüber, woher das Fischfutter stammt, und sie sollen nachhaltigere Fischzucht garantieren. Zudem muss eine bestimmte Wasserqualität nachgewiesen werden, und es dürfen sich nicht zu viele Fische in den Aquakulturen tummeln. Leider gibt es noch keine ausreichenden gesetzlich verankerten Regeln zum Einsatz von Antibiotika in der Fischzucht. Immerhin können Sie sich beim Biosiegel sicher sein, dass das Fischfutter keine

Hormone oder Medikamente enthält. Eine gute Wahl sind zudem definitiv regionale Zuchtbetriebe.

Was können wir tun?

Heimische Fische wie Karpfen, Forellen und Welse sollten bei uns häufiger auf dem Speiseplan stehen. Sie sind Pflanzen- oder Allesfresser und lassen sich so ohne Fischmehl aus Wildfischen großziehen. Kaufen Sie den heimischen Fisch am besten noch mit einem Umweltstandardsiegel – dann können Sie ihn guten Gewissens genießen.

Außerdem sollte auch Fisch als etwas Besonderes in unserer Ernährung gelten. Wenn wir alle bewusst auf naturverträgliche Lebensmittel aus dem Wasser achten und uns davon in Maßen ernähren, wäre das ein guter Schritt in die richtige Richtung.

Was machen wir aber mit dem Fleisch? Wie gesagt, ich möchte Sie nicht zum Vegetarier erziehen, das steht mir überhaupt nicht zu, aber haben Sie schon einmal etwas vom Flexiganer gehört? Weiter vorn im Buch hatten wir es ja, dass das mit dem Ändern der Gewohnheiten leichter gesagt als getan ist. Jeder von Ihnen, der schon einmal abnehmen wollte und eine Diät gemacht hat, weiß, wovon ich spreche.

Nicht immer konsequent bleiben und Rückfälle haben, nicht doch irgendwann den Kopf in den Sand stecken oder ganz schleichend wieder in alte Gewohnheiten fallen, ist ganz normal und menschlich. Ich glaube, wir sollten Nachsicht mit uns selbst haben und uns nicht zu viel vornehmen, dann sind wir nicht enttäuscht, wenn wir es nicht schaffen. Somit ist so ein Flexiganer eine wunderbare Möglichkeit, langsam und entspannt sich etwas klimafreundlicher und gleichzeitig gesünder zu ernähren. Außerdem ist das Gute: Es gibt individuelle Regeln, die Sie sich selber auferlegen. Das Ziel ist eine pflanzenbasierte Ernährung, Fleisch und Fisch sind aber kein Tabu. Allgemein sollten Sie auf tierische Produkte häufiger verzichten, beziehungsweise sie sehr bewusst zu sich nehmen. Also auch Milchprodukte, Joghurt und Käse mit tierischer Herkunft. Das ist die offizielle Definition eines Flexiganers: Man ernährt sich überwiegend vegan, darf aber ab und zu auch tierische Produkte zu sich nehmen.

Mein Tipp: Versuchen Sie es doch zunächst mit ein bis zwei Mal die Woche ohne Fisch und Fleisch – das ist schon eine Umstellung, aber eine softe, die machbar ist. Wenn Ihnen das leichtfällt, können Sie ja möglicherweise mal verschiedenste Milchsorten wie Hafer-, Soja-, Mandel-, Kokos-, Reis- oder Cashewnussmilch versuchen. Vielleicht schmeckt Ihnen eine davon im Kaffee oder Müsli. Ich finde, dabei neugierig und offen zu sein, aber nicht verkrampft und auf Krawall aus, einen sehr wichtigen Ansatz.

Meine Kinder haben alle veganen Milchsorten ausprobiert und kommen an keine so richtig heran, aber sie lieben Veggieburger und Spaghetti Bolognese mit Veggiehack. Das ist doch schon mal was. Ich habe es ihnen angeboten, sie nicht gezwungen. Sie wollten es von sich aus ändern, und deshalb bleiben sie auch dabei. Ich glaube, das ist ein entspannter Weg, den jeder einschlagen kann. Wenn das viele tun, dann haben wir schon viel erreicht.

Außerdem sollten Sie einfach ein paar vegane Produkte ausprobieren: Seitan, Sojafleisch, Tofu oder Fleischalternativen aus Hülsenfrüchten oder pflanzlichem Thunfisch – testen Sie es mal, vielleicht sagt Ihnen das eine oder andere zu. Allerdings muss ich hier ergänzen, dass diese Produkte derzeit nicht immer ganz günstig sind. Das ist sehr schade, denn wenn man eh auf sein Geld schauen muss, hat man sicher nicht den großen Drang, viel dafür auszugeben. Ich hoffe sehr, dass es bald einen Ruck in der Wirtschaft gibt, sodass sich jeder klimafreundliche Ernährung leisten kann.

Soll ich Ihnen nun noch ein Ziel nennen? In unserer Familie sprechen wir vom C-Ziel, ein Ziel, das quasi nicht zu erreichen ist: Wenn kein Deutscher mehr Fleisch und Milch verzehren würde, könnten wir auf 83 Prozent der landwirtschaftlichen Nutzflächen verzichten. Und das wäre ein riesiger Hebel im Klimaschutz, denn über die Hälfte aller Treibhausgase aus der Landwirtschaft gehen auf das Konto von tierischen Produkten wie Fleisch und Milch. Die nicht gebrauchten landwirtschaftlichen Nutzflächen könnten wir zu Feuchtgebieten renaturieren, dies würde noch zusätzlich Kohlendioxid speichert.

Wussten Sie schon, dass Schauspieler wie Katja Riemann und Benno Fürmann aus Protest gegen die Überfischung der Ostsee schon einmal von sich provokante, beeindruckende Nackt-Fotos gemacht haben?

Bienen in großen Schwierigkeiten

Der eine mag ihn, der andere nicht. Die meisten Kinder lieben ihn, weil er so schön süß ist. Und meine Oma hat immer gesagt, dass das »gesunder Zucker« ist. Es geht um das süße Gold, um Honig.

Warme Milch mit Honig soll ja ein Allheilmittel sein. Ich habe es als Kind häufig in der kalten Jahreszeit bekommen, wenn der Hals etwas kratzte, und bei mir hat es geholfen. Auch als Einschlafhilfe soll diese warme, süße Milch funktionieren. Aber wie so oft bei Hausmitteln, gibt es für die Kombination von Milch und Honig kaum Studien, die die Wirksamkeit eindeutig beweisen. Klar ist, beides wirkt antibakteriell, und es schmeckt.

Wir Deutschen hatten 2021 einen durchschnittlichen jährlichen Pro-Kopf-Honig-Verbrauch von 828 Gramm, das war seit dem Erhebungszeitraum 2007 noch nie so wenig. Hat das vielleicht mit der Corona-Pandemie zu tun, als wir seltener vor der Tür und damit weniger erkältet waren und besser geschlafen haben? Wer weiß …

Kleiner Bienensteckbrief

Klar ist, Bienen erzeugen den leckeren Honig, aber Bienen haben eine noch viel wesentlichere Bedeutung für unseren Planeten. Sie bestäuben Unmengen von Nutzpflanzen, ohne die viele von uns nicht mehr leben wollen. Und wieder ist es ein Kreislauf, den die Natur sich da ausgedacht hat: Bienen brauchen den Nektar der Pflanzen als Nahrung. Und die Pflanzen brauchen einen Bestäuber, um ihre Pollen zu verbreiten und sich so zu vermehren – es entsteht also eine Art Symbiose: Der eine kann nicht ohne den anderen.

Für uns Laien ist Biene gleich Biene – den Unterschied zur Wespe bekommen wir gerade mal hin. Aber weltweit gesehen gibt es 20 000 verschiedene Wildbienenarten, dazu gehören Hummeln, Pelz-, Zottel-, Sand- und Seidenbienen. An Honigbienenarten kennt man neun.

Wissen Sie eigentlich, wie viele Pflanzen von Insekten bestäubt werden müssen? Das sind wirklich viele. In den gemäßigten Breiten sind rund 80 Prozent aller Pflanzenarten auf Fremdbestäubung durch Insekten angewiesen. Wieder etwa 80 Prozent davon übernehmen Wild- und Honigbienen.

Lassen Sie uns erst einmal schauen, wer die Bienen eigentlich nicht braucht. Das sind sogenannte Windblüter. Da übernimmt der Wind den Bestäubungsprozess. Zu diesen Pflanzen gehören alle Nadelbäume und zahlreiche Laubbäume wie Eichen, Birken, Erlen, Pappeln oder Buchen.

Aber nun geht es schon los: Quasi alle Obstbäume sind abhängig von den Bienen, sämtliche Obst- und Gemüsearten wie Erdbeeren, Kirschen, Wassermelonen, Blaubeeren, Himbeeren, Kiwis, Sellerie, Broccoli, Spargel, Sojabohnen, Avocado, Nüsse, Kürbisse und Gurken. Aber auch verschiedenste Blumen wie Lavendel, sämtliche Kräuter, Kaffeepflanzen und Raps. Rund 800 verschiedene heimische Pflanzenarten müssen durch Bienen bestäubt werden, weshalb sie zu den nützlichsten und fleißigsten Insekten zählen. Dabei ist die Honigbiene am effektivsten: Fast 80 Prozent aller Nutz- und Wildpflanzen bestäubt die Westliche Honigbiene. Die restlichen 20 Prozent teilen sich Hummeln, Schmetterlinge und andere Wildbienenarten. Sie sind nicht so fix, haben dafür aber Spezialisierungen, und deshalb brauchen wir auch sie. Rotklee und Tomaten etwa können nur von Hummeln bestäubt werden. Dafür nutzen die Tierchen ihre Flugmuskeln, nur mit bestimmten Vibrationen werden Pollen herausgeschüttelt. Dabei sind Hummeln auf ihre Art fleißig, denn durch ihren dichten Pelz transportieren sie sehr viele Pollen auf einmal – manchmal schaffen sie mehr als die Honigbienen oder der Wind. Zudem sind Wildbienen wetterresistenter als Honigbienen. Wenn es draußen nass und kühl ist, verlassen die Honigbienen selten ihren Bienenstock, Wildbienenarten sind da besser angepasst.

Honigbienen sind nach dem Rind und dem Schwein das drittwichtigste Nutztier Deutschlands. Die Honigbiene sichert uns gute Ernten, eine unserer Hauptnahrungsmittelquellen, und sorgt für eine breite Artenvielfalt. Bienen sind wirklich fleißige Wesen. Nach einer Studie der Universität Hohenheim liegt die volkswirtschaftliche Leistung deutscher Bienenvölker im Jahr bei etwa 1,7 Milliarden Euro. So eine gute Bewertung haben wenige Unternehmen.

Bedrohung der Bienen

Um die Honigbiene steht es gar nicht so schlecht, darum kümmern sich in Deutschland etwa 152 000 Imker (Stand April 2022), aber den Wildbienen geht es nicht gut. Etwa die Hälfte aller Arten sind in Deutschland gefährdet und stehen auf der Roten Liste, teils sind sie schon ausgestorben oder stark bedroht. Der überwiegende Teil der Wildbienen lebt nicht in Staaten zusammen wie Honigbienen, sondern es sind Einzelgänger. Sie bauen ihre Nester selbständig und versorgen auch ihren Nachwuchs allein, dabei hat jede Art ganz besondere Ansprüche.

Dreiviertel aller Wildbienenarten bauen ihre Nester im Erdboden, in morschem Todholz oder in Fels- und Mauerspalten. Jede Art hat ihre Lieblingsnahrung und ihr Lieblingszuhause, und da liegt das Problem. Durch die riesigen landwirtschaftlich genutzten Flächen finden Bienen keine abwechslungsreiche Nahrung mehr, und den Wildbienen bleiben kaum Möglichkeiten, ihre Behausungen zu bauen. Zudem gewinnen Honigbienen eine unnatürliche Überhand und verdrängen die Wildbienen. Je mehr Honigbienen es in einem Einzugsgebiet gibt, desto weniger Wildbienen findet man dort.

Allgemein gilt: Wenn es durch Monokulturen immer eintöniger auf den Feldern wird, gibt es auch immer weniger Bienen. Und es kommt nicht nur bei uns, sondern weltweit zum Bienensterben, wobei damit immer das Wildbienensterben gemeint ist. Gründe sind neben der Monokultur-Landwirtschaft der Einsatz von Pestiziden. Honigbienen werden dadurch deutlich langsamer und Wildbienen können keine Nachkommen mehr zeugen. Durch das zunehmende Verbauen der Landschaft fehlen Wildbienen passende Unterschlupfmöglichkeiten.

Und nun kommt noch der Klimawandel dazu. Durch mildere Winter und ein früher beginnendes Frühjahr passen die Fortpflanzungszeiten nicht mehr mit den Blütezeiten der Bäume zusammen. Wenn die Nahrung der Bienen schon bereit steht, sind die Bienen noch nicht so weit – der natürliche Einklang der Natur ist gestört.

Außerdem haben Bienen mit Schädlingen zu kämpfen, die es früher nicht gab. Beispielsweise die Varroamilbe, sie ist ein Parasit und wahrscheinlich eine der größten Feinde der Bienen. Aus Asien wurde sie nach Europa eingeschleppt und führt bei europäischen Bienenarten zum Tode. 2022 haben Forscher der Martin-Luther-Universität in Halle/Saale einen neuen Virus entdeckt, der zum Bienensterben führt, weil dadurch die Flügel verkümmern.

Das Sterben von Bienenvölkern gab es schon immer, in Wellenbewegungen nahm die Bienenpopulation überall auf der Welt mal zu und mal ab, vor allem im Winter verlieren Imker häufig Bienenstöcke. Aber durch den Klimawandel und uns Menschen sinkt die Zahl der Bienen bedrohlich, vor allem viele Wildbienenarten sterben aus. Deshalb sollte eine Menge passieren, denn jedem dürfte klar sein: Ohne Bienen sieht unsere Welt, wie Albert Einstein schon feststellte, sehr traurig aus.

Was können wir tun?

Viel müssen wir tun, denn Einstein soll außerdem gesagt haben: »Wenn die Biene einmal von der Erde verschwindet, hat der Mensch nur noch vier Jahre zu leben. Keine Bienen mehr, keine Bestäubung mehr, keine Pflanzen mehr, keine Tiere mehr, keine Menschen mehr.« Ob Einstein das nun tatsächlich gesagt hat oder nicht – an dem Zitat ist viel dran.

Deswegen sollte Wildbienenschutz viel mehr in den öffentlichen Fokus kommen. Wildbienen sind gesetzlich geschützt und dürfen nicht gefangen oder beeinträchtigt werden. Nicht nur bei uns, sondern weltweit. Jedes Jahr gibt es einen Weltbienentag, am 20. Mai. Auf der ganzen Welt wird an diesem Tag über Bienen informiert und darauf aufmerksam gemacht, wie wichtig Bienenvölker für uns Menschen, aber auch für die Natur selbst sind. In Deutschland hat die Imkerei in den letzten Jahren deutlich zugenommen, und immer wieder sehen Sie Bienenhotels in den Vorgärten. Aber man kann noch viel mehr tun:

- Lassen Sie Wildblumenwiesen gedeihen, im Garten oder auch auf dem Balkon.
- Verwenden Sie keine Pestizide.

- Kaufen Sie Honig aus der Region und bevorzugen Sie bienenfreundliche Lebensmittel.
- Werden Sie Bienenpate.
- Reinigen Sie Honiggläser immer ordentlich, um Bienenkrankheiten zu stoppen.

Diese ganzen Tipps tun nicht weh und sind auch nicht unheimlich teuer – unseren kleinen fleißigen Bienchen zuliebe sollten wir da alle mithelfen, oder wollen Sie in einigen Jahrzehnten in der Zeitung eine Annonce sehen: Bestäuber gesucht, wie im Buch *Die Geschichte der Bienen* von Maja Lunde. Das Buch lohnt sich zu lesen, aber es macht auch Angst. Also lassen Sie uns schlauer sein.

Wussten Sie schon, wie viele Promis gerne imkern? George Washington, Morgan Freeman, Matt Damon, Sarah Wiener, Leonardo DiCaprio und Johann Wolfgang von Goethe – es gab und gibt viele berühmte Imker. Manche mögen gern Honig, andere die Entspannung beim Imkern.

Meeresschildkröten – wo sind sie hin?

Magische Momente

Ich möchte Ihnen eine Geschichte erzählen: Im letzten Sommer waren wir mit der Familie im Sommerurlaub bei einer griechischen Freundin auf dem Festland. Es war ein magischer Urlaub, denn jeden Abend waren wir voller Hoffnung, die Caretta caretta zu sehen. Einige Wochen bevor wir kamen, haben Freunde von uns, die dort auch regelmäßig Urlaub machen, bei ihrem Abendspaziergang am Strand eine riesige Wasserschildkröte aus dem Meer kommen sehen, die sich ein Nest für ihre Eier gebaut hat.

Sie konnten ihren Augen kaum trauen, aber es passierte. Die Schildkröte legte viele kleine, etwa tischtennisballgroße Eier ab, bedeckte sie mit Sand und krabbelte dann wieder ins Meer. Unsere griechische Freundin erzählte uns, das das Caretta-caretta-Schildkröten sind. Wenn sie mit 20 bis 30 Jahren geschlechtsreif werden, schwimmen sie tausende Kilometer durchs Meer, um an dem Strand, wo sie selbst geboren wurden, ihre Eier für Nachwuchs abzulegen. Nach ca. 60 Tagen schlüpfen dann kleine, etwa drei bis fünf Zentimeter große Schildkrötenbabys nachts bei Mondlicht und begeben sich ins Meer. Allerdings geht man davon aus, dass es von tausend kleinen Schildkröten etwa nur eine einzige schafft, erwachsen zu werden. Es gibt viele Bedrohungen: Für

Seevögel, Katzen, Hunde und für größere Fischen sind sie eine leichte Beute. Zudem leitet die Frischlinge künstliches Licht von Tavernen in die falsche Richtung, sodass sie nie im Meer ankommen und vertrocknen.

Eigentlich werden die Caretta caretta von der griechischen Regierung geschützt, das heißt, der Strandabschnitt, wo die Schildkröte ihr Nest gebaut hat, muss abgesperrt werden – bis die Schildkrötenbabys schlüpfen ist es Naturschutzgebiet. Leider, das haben uns Griechen berichtet, zerstören Strandbetreiber nachts diese Nester zum Teil, damit sie keine Einbußen durch weniger Publikum haben, obwohl darauf hohe Strafen stehen, aber sie befürchten, dass nun jedes Jahr hier wochenlang Teile ihres Strandes nicht mehr genutzt werden können, wegen der Schildkröten.

Also wir sind auf alle Fälle jeden Abend, wenn es dunkel wurde, zur abgesperrten Stelle gelaufen und haben gewartet, dass die Caretta caretta schlüpfen. Die Kinder waren sehr geduldig und vor allem in den letzten Abend, den wir dort hatten, setzen wir viel Hoffnung, denn es war eine Vollmondnacht. Ausgerüstet mit einer Flasche Wein für uns und ein paar Nüssen für die Kids schlugen wir mit einer Decke unser Beobachtungslager neben dem Nest auf, aber auch nach Stunden passierte nichts. Dennoch war es irgendwie ein ganz besonderer Urlaub, den uns die Meeresschildkröten schenkten, obwohl wir sie nicht sahen. Als kleines Trostpflaster haben wir in einem Fluss noch eine Schildkröte entdeckt und eine Landschildkröte von einer Straße gerettet, es war also dennoch ein wunderschöner Turtle-Urlaub.

Vom Aussterben bedroht

Warum erzähle ich Ihnen diese Geschichte? Weil die Caretta caretta eine von mittlerweile nur noch drei Meeresschildkröten im

Mittelmeer ist und auch sie vom Aussterben bedroht ist. Seit Jahrzehnten geht die Population der Meeresschildkröten deutlich zurück. Noch vor 200 Jahren tummelten sich Millionen von Schildkröten in unseren Meeren, aber ihr Bestand schrumpft extrem. Weltweit existieren nur noch sieben Arten – hauptsächlich findet man sie in tropischen und subtropischen Gewässern, und auch sie stehen auf der Roten Liste gefährdeter Arten. Verursacht haben das wir Menschen und der Klimawandel.

Obwohl seit 1979 der Handel mit Schildkröten verboten ist, erholt sich die Spezies nicht wieder. Das hat mehrere Gründe und ist sehr traurig, denn eigentlich hat es immer mit dem Menschen zu tun. Weiterhin werden Schildkröten illegal gejagt – man kann viel aus ihnen machen: Die Eier und das Fleisch kann man essen, aus dem Panzer können Schmuck und Brillen gefertigt werden, und auch die Haut findet Verwendung.

Aber auch Lärm in den Ozeanen und die Verschmutzungen im Meer durch chemische Verunreinigungen und herumtreibenden Plastikmüll lassen viele Tiere verenden. Sie haben Plastik im Magen und sterben. Auch sogenannte Geisternetze im Meer sind tödliche Fallen. Das sind herrenlose Fischernetze, die von den Fischern im Meer zurückgelassen werden.

Vor allem Quallen und Schwämme siedeln sich in diesen Geisternetzen an. Auf der Suche nach Nahrung bleiben die Meeresschildkröten dann hier hängen, verletzen sich und verenden. So geht es übrigens auch vielen anderen Meeresbewohnern.

Aber auch der Tourismus, durch Bebauung von Stränden oder wie oben von uns im Urlaub selbst erlebt, macht den Meeresschildkröten zu schaffen. Hinzu kommen durch den Klimawandel bedingt häufigere Sturmfluten und der steigende Meeresspiegel. Somit schwinden Nestareale.

Außerdem, und das finde ich sehr spannend, entscheidet die Temperatur im Nest während der Brutzeit, ob ein Männchen oder

Weibchen geboren wird. Steigen, auch durch den Klimawandel bedingt, die Temperaturen des Sandes, schlüpfen mehr Weibchen und es kommt zu einem Ungleichgewicht durch einen Mangel an Männchen.

Seit 150 Millionen Jahren gibt es Schildkröten schon und sie haben so einige Klimawandel in der Erdgeschichte miterlebt und konnten sich anpassen. Bei Meeresschildkröten ist dabei das Wetter, vor allem die Temperatur für die Eiablage, entscheidend, immer wieder kommt es vor, dass sie in kühlere Regionen abwandern. Aber durch die Geschwindigkeit des menschengemachten Klimawandels ist das heutzutage kaum noch möglich.

Mittlerweile gibt es weltweite Rettungsnetzwerke, die sich um verletzte Meeresschildkröten kümmern. Es bedarf jedoch großen Aufwands und viel Fachwissens, um die »Dinosaurier der Meere« wieder aufzupäppeln und deren Population zu stärken, denn wenn sie einmal ausgestorben sind, wird es sie nie wieder geben. Das ist insgesamt ein sehr großes und wichtiges Thema, nämlich die Biodiversität – dazu gibt es gleich im nächsten Kapitel mehr.

Wussten Sie schon, dass Hannes Jaenicke sich für Meeresschildkröten und das Essen von weniger Fleisch und Fisch einsetzt? Er ist insgesamt ein großes Vorbild in Sachen Klimaschutz und engagiert sich in vielen Projekten. Des weiteren hat Queen-Legende Brian May ein Parfüm zum Schutz von Wildtieren herausgebracht.

Was ist Biodiversität?

Immer wieder hört man das Wort in den Medien, aber so wirklich erklärt wird es selten. Dabei handelt es sich einfach gesagt um die Artenvielfalt auf unserem Planeten. Tiere und Pflanzen haben viele extrem wichtige Funktionen im Ökosystem der Erde, sie regulieren einiges. Vor allem liefern sie uns Nahrung, aber aus der Pflanzenwelt stammen auch viele Wirkstoffe für Arzneien. Ein Spaziergang in der Natur tut jedem von uns so gut, Pflanzen und Tiere sind Balsam für unsere Seele.

Die Vereinten Nationen definieren Biodiversität als die Vielfalt aller lebenden Organismen, Lebensräume und Ökosysteme auf dem Land, im Süßwasser, in den Ozeanen sowie in der Luft.

Wälder und Ozeane sind riesige Kohlenstoffsenken, saubere Luft, sauberes Wasser, fruchtbare Böden hängen mit unserer Artenvielfalt zusammen. Zudem lebt in der Natur alles in Kreisläufen und hängt voneinander ab. Fällt ein Baustein aus, hat das weitreichende Folgen. Sterben beispielsweise bestimmte Insekten aus, verlieren andere Organismen ihre Nahrungsgrundlage, und letztendlich wirkt sich das auch auf uns Menschen aus. Pflanzen werden nicht mehr bestäubt, weswegen uns zum Beispiel Obstsorten verloren gehen. Es ist also mal wieder eine komplexe Geschichte, wo eins das andere bedingt. Die biologische Vielfalt ist seit einigen Jahrzehnten extrem bedroht. Nach dem Biologen Josef Settele vom Helmholtz-Zentrum für Umweltforschung sterben täglich 150 Arten – Pflanzen oder Tiere – auf unserem Planeten aus, die nie mehr zurückkehren, was für eine furchteinflößende Zahl. Der Weltbiodiversitätsrat (IPBES) geht in seinem *Globalen Zustandsbericht zur Biodiversität* vom Mai 2019 davon aus, dass es in den nächsten Jahrzehnten weltweit gesehen einen weiteren Verlust von bis zu einer Million Arten geben wird.

Dabei sterben nicht nur unzählige Arten aus, auch werden es insgesamt von der Menge her auf der Erde immer weniger Tiere und Pflanzen. Allerdings ist hier das Monitoring für die Wissenschaftler sehr schwierig. Überhaupt herauszubekommen, welche Arten es gab, welche noch vorhanden sind und wie Arten wandern, ist extrem aufwendig und kompliziert. In Halle/Saale habe ich Prof. Dr. Helge Bruelheide getroffen. In einer Studie hat er mit vielen Kollegen anderer wissenschaftlicher Institute 7000 Flecken in Deutschland über Jahrzehnte hinweg analysiert. Immer wieder wurden ein mal ein Meter große Stücke Erde im Detail begutachtet und mit den Vorjahren verglichen. Dabei kam heraus, dass uns deutlich mehr Arten verloren gegangen sind als dazukamen.

Aber warum ist das eigentlich so? Wieder sind wir Menschen dafür verantwortlich. Wir haben fast überall auf der Welt die Natur tiefgreifend verändert, und das in sehr kurzer Zeit. Vor allem durch Versiegelung von Böden haben wir jede Menge natürliche Lebensräume zerstört. Zudem kommt es durch Umweltverschmutzung, Überfischen der Meere und intensive Land- und Forstwirtschaft zur Vernichtung von Lebensraum und der Artenvielfalt in kaum vorstellbaren Ausmaßen.

Lösungen

Drastische Maßnahmen müssen so bald wie möglich ergriffen werden, um noch möglichst viele Arten und Lebensräume zu retten, das sollte in unserem eigenen Interesse sein.

Ähnlich wie die Weltklimakonferenzen finden immer wieder UN-Artenschutzkonferenzen statt. Hier sollen weltweite Beschlüsse gefasst werden, um dem Artensterben entgegenzuwirken. Ziel war es im Dezember 2022 in Montreal, noch größere Flächen Land und Meer zu Schutzgebieten zu erklären, damit sich die Natur wieder erholen kann. Etwa ein Drittel des Planeten (sowohl Land- als auch Meeresflächen) sollen zu Schutzgebieten erklärt werden, sodass die Natur wieder Natur sein kann und sich erholt. Aber dieses Vorhaben geht natürlich mit einer Menge an Problemen einher: Einige Länder haben mehr Wildnis als andere, werden sie dafür entschädigt, mehr Schutzgebiete einzurichten? Ist überhaupt noch genug landwirtschaftliche Nutzfläche da, um die weiter wachsende Weltbevölkerung zu ernähren? Müssen indigene Völker ihr Zuhause verlassen, weil ihre Heimat zu Schutzgebieten erklärt wurde? Wie setzt man Meeresschutzgebiete in der Hochsee rechtlich um, wer ist dafür verantwortlich?

Mit am dramatischsten sieht es in unseren tropischen Regenwäldern aus, vor allem auf Sumatra und Borneo. Mit rund 25 000 Pflanzenarten sowie 380 Säugetierarten gab es hier auf kleinster Fläche die meiste Flora und Fauna auf unserem Planeten. Was ist davon noch geblieben? Das Abholzen der Regenwälder zerstörte jegliches Leben – unumkehrbar. Diesem Abholzen muss deshalb schnellstens ein Ende bereitet werden. Aber das ist gar nicht so einfach, die Verhältnisse vor Ort müssen beachtet werden. Die Menschen brauchen die Plantagen zum Überleben. Es muss eine kluge Umstrukturierung geben, sodass nachhaltiger Anbau möglich ist, aber dennoch wildlebende Arten weiter existieren können. Es darf nicht planlos einfach alles abgeholzt werden, was möglicherweise als Ackerland genutzt werden könnte, sondern es muss im Detail eine Planung geben, zusammen mit den Bauern. So kann man beispielsweise bewusst Korridore am Rand von Plantagen erhalten, sodass noch ein bisschen ursprünglicher Lebensraum bleibt. Zudem muss es ausreichend Subventionen geben, um Anreize zu schaffen, die Produktion umzugestalten.

Und auch wir Konsumenten in den Industrieländern können unseren Beitrag leisten und mehr Verantwortung übernehmen: Wenn wir zum Beispiel weniger Palmöl kaufen, sinkt die Nachfrage. Aber auch politisch muss viel passieren.

2022 gab es in Brasilien neue Abholzungsrekorde des tropischen Regenwaldes. So etwas darf heute, da wir wissen, wie wichtig der Regenwald für unser weltweites Klima ist, nicht mehr passieren. Die Vereinten Nationen haben dieses Ziel fest verankert, aber es muss mehr gehandelt werden. Und das sollte im Großen passieren, um den tropischen Regenwald und allgemein die Artenvielfalt zu retten. Und auch jeder von uns kann einen kleinen Beitrag leisten.

Entscheiden Sie sich, wenn Sie einen Garten haben, immer für eine Wiese, für etwas mehr Grün, statt für einen Steingarten. Lassen Sie möglichst viel naturbelassen und betonieren Sie so wenig wie möglich zu.

Wir haben Wildbeete im Garten, die von Weitem ungepflegt aussehen, aber in ihnen brummt und summt es ohne Ende, und wir ernten Gurken, Tomaten und haben viele Kräuter zum Kochen. Es muss nicht alles akkurat aussehen und mit einer Steinborte abgeschlossen sein. Bauen Sie Nisthilfen für Bienen oder Insektenhotels. Auch eine Hecke statt einem Zaun hilft der Artenvielfalt.

Ernähren Sie sich vegetarisch oder vegan, denn das ist in unserem Alltag die effektivste Methode gegen das Artensterben. Das Roden von Wäldern könnte ein Ende haben, wenn wir weniger Fleisch verzehren, und es hilft, Nahrungsmittel aus ökologischem Anbau zu kaufen, hier werden weniger Düngemittel eingesetzt, und es wird auf Wildwiesen zwischen den Feldern geachtet.

Verzichten Sie, wenn möglich, komplett auf Produkte aus Palmöl, mittlerweile gibt es Apps, die Ihnen anzeigen, ob die Inhaltsstoffe eines Produkts bedenkenfrei gekauft werden können.

Sparen Sie Papier, wann immer es geht. Mittlerweile kann man so viel online machen, sodass Papier deutlich seltener gebraucht wird. Und wenn, dann entscheiden Sie sich für Recyclingpapier, zum Teil ist das sogar günstiger.

Überlegen Sie, welche Holzmöbel Sie sich zulegen – Tropenholz sollten Sie komplett meiden.

Meiden Sie zudem Zirkusbesuche mit Tierauftritten. Das ist ein wertvoller Schritt zum Schutz von Tierarten. In Schweden wurden Zirkusauftritte mit Elefanten und Seelöwen 2018 von der Regierung verboten.

Eine weitere Möglichkeit, etwas zu tun, ist bei Petitionen und Aktionen für den Artenschutz mitzuwirken sowie Strände und Wälder von Müll zu befreien oder bei Vogelzählungen mitzumachen.

Wir können also alle gemeinsam eine Menge tun und ich hoffe sehr, dass sich das lohnt.

Wussten Sie, dass sich Michaela May, Nina Eichinger und Hannes Ringlstetter für Artenvielfalt einsetzen und Bündnisse unterstützen, die jede Menge auf die Beine stellen, um möglichst viele Tiere und Pflanzen von der Roten Liste wieder streichen zu können?

Zecken, Mücken – was erwartet uns?

Dieses Kapitel wird ein eher unangenehmes, denn Zecken und Mücken bieten wenig Schönes und Nützliches, obwohl ich Letzteres eigentlich zurücknehmen muss, denn es kommt ganz auf die Betrachtungsweise an.

Zecken haben auch was Gutes

Hier die Vorteile von Zecken, auch wenn man es nicht glauben mag: Zecken sind Parasiten, sie leben also auf Kosten anderer Lebewesen – das Blut zahlreicher Wirbeltiere ist nämlich ihre Hauptnahrungsquelle, und teils überleben ihre Opfer das nicht. Aber dadurch sorgen Zecken dafür, dass sich einige Tierarten nicht übermäßig ausbreiten und andere Lebewesen vertreiben. Sie bringen also ein gewisses natürliches Gleichgewicht in die Natur. Außerdem sorgen sie dafür, dass sich das Immunsystem ihrer Opfer verbessert, im Laufe der Evolution stärken sie also die Widerstandsfähigkeit so einiger Arten – das Erbgut verändert sich im Laufe der Zeit und passt sich an, sodass nachfolgende Generationen besser damit zurechtkommen.

Zudem agieren Zecken selbst auch als Wirte. Das bedeutet, dass sich beispielsweise Erzwespen, einige Pilzarten und Würmer eine Zecke suchen, um sich fortzupflanzen. Ohne sie hätten es einige Lebewesen also deutlich schwerer.

Außerdem sind Zecken wahre Überlebenskünstler. Die meiste Zeit ihres Lebens verharren sie in der Lauerstellung auf ihre Opfer. Die eigentliche Nahrungsaufnahme selbst geht dann recht schnell. Als Vielfraß kann man sie also definitiv nicht bezeichnen. Es ist unglaublich, aber wahr: Zecken halten es über ein Jahr lang ohne Nahrung aus.

Dabei gibt es über 800 verschiedene Zeckenarten, die sich alle spezialisiert haben. Jede Art hat ihre Lieblingswirte, mag das eine oder andere Blut lieber und hat ihre Lieblingsregion, wo sie sich niederlässt. Auch über das Jahr betrachtet, sind bei uns verschiedene Zecken aktiv, die Auwaldzecke beispielsweise kommt auch mit Kälte und Schnee klar, was andere Arten gar nicht vertragen.

Zecken haben aber auch viel Schlechtes

Das hört sich alles nicht schlecht an, auf jeden Fall für das Ökosystem der Erde. Aber dennoch überwiegen vor allem für uns Menschen die negativen Eigenschaften der Zecken, denn sie können gefährliche Krankheitserreger wie Borreliose und FSME-Viren übertragen. Sie sind auch Überträger von Anaplasmose und Babesiose, die man meist aus dem Mittelmeerraum kennt. Besonders Hunde erkranken und sterben daran, aber auch bei uns Menschen verursachen die Erreger hohes Fieber und Entzündungen. Das Tückische an Zecken ist, dass man ihnen nicht ansieht, ob sie infiziert sind oder nicht.

In Deutschland gibt es 15 verschiedene Zeckenarten, die meisten davon sind sehr selten. Der Gemeine Holzbock und die Auwaldzecke hatten bisher in Deutschland die Vormacht, aber durch den Klimawandel kommen zunehmend neue Arten aus den Tropen zu uns und fühlen sich hier pudelwohl, denn sie haben die richtigen klimatischen Bedingungen, keine Feinde und somit leichtes Spiel. Aber dazu später mehr.

Kommen wir erst mal zu den heimischen Zecken, die ihr Verhalten ändern: Durch die milderen Winter wird der Winterschlaf vom Gemeinen Holzbock immer kürzer, und die Auwaldzecke schafft es mittlerweile sogar in den Norden Deutschlands und überlebt meist das ganze Jahr. Auch in den Bergen muss durch die steigenden Temperaturen häufiger mit Zecken gerechnet werden. Hauptsächlich gibt es bei uns den Gemeinen Holzbock. Er ist dunkelbraun bis schwarz und etwa vier Millimeter groß. Dann haben wir noch die Auwaldzecke, ihr Körper hat ein Marmormuster und sie kann sehr schnell sein. Insgesamt befallen aber Auwaldzecken den Menschen eher selten. Heimische Zecken können vor allem FSME-Viren und Borreliose bei uns Menschen auslösen.

FSME-Viren

Die Frühsommer-Meningoenzephalitis (FSME) ist eine Entzündung im Gehirn oder der Hirnhäute. Sie wird durch Viren hervorgerufen, die sich beispielsweise in Nagetieren vermehren und über infizierte Zecken zu uns Menschen ins Blut gelangen. FSME ist jedoch nicht ansteckend. Die Risikogebiete wachsen jedes Jahr – mittlerweile sind weite Teile Europas betroffen, in Deutschland gibt es die meisten Zecken in Süddeutschland. Bei FSME-Erkrankungen bleibt zum Glück die Mehrheit der Infizierten (ca. 70 bis 95 Prozent) beschwerdefrei oder klagt nur für ein bis zwei Wochen über Fieber, Kopf- und Gelenkbeschwerden, ähnlich wie bei einer Grippe. Nur sehr selten kommt es nach etwa drei bis vier Wochen zu neurologischen Symptomen, die eine Hirnhaut-, Gehirn- oder Rückenmarksentzündung sichtbar machen. Das ist sehr tragisch, teils verweilen die Patienten lange im Krankenhaus, aber bis auf ca. ein Prozent der FSME-Fälle kommt es zu einer vollständigen Heilung. Nur ganz vereinzelt treten Spätfolgen auf.

Nun ein bisschen zur Beruhigung und Einordnung: 2022 wurden dem Robert-Koch-Institut 546 FSME-Erkrankungen übermittelt. Die Zahl steigt jedes Jahr, dennoch sind es bisher auch in den Risikogebieten weniger als 21 Erkrankungen pro 100 000 Einwohner gewesen. Sie sehen also, sogar in Risikogebieten ist die Wahrscheinlichkeit, an FSME zu erkranken, sehr gering. Doch auch wenn das Risiko sehr klein ist, sollte man vorsichtig sein. Wirksamen Schutz gegen diese Infektionskrankheit bietet eine Impfung. Mit drei Impfungen innerhalb von neun bis zwölf Monaten bekommt man einen vollständigen Impfschutz. Man kann auch Kinder schon impfen, alle drei bis fünf Jahre sollte die Impfung aufgefrischt werden. Außerdem helfen lange Kleidung und festes Schuhwerk sowie das Absuchen unserer Körper nach einem Spaziergang nach Zecken.

Borreliose, eine sehr komplexe Krankheit

Neben FSME wird vor allem Borreliose, eine bakterielle Erkrankung, durch Zecken übertragen. Die Borreliose äußert sich sehr unterschiedlich, der eine spürt maximal ein paar Gelenkschmerzen, ein anderer muss ins Krankenhaus. Es kann zu Hautausschlägen, aber auch zu Schädigungen im zentralen Nervensystem kommen.

Es ist eine tückische Krankheit, denn sie ist schwer zu diagnostizieren und kann noch Wochen oder Monate nach einem Zeckenstich auftreten. Leider gibt es gegen Borreliose noch keine Impfung. Um eine Infektion zu vermeiden, ist eine rasche Entfernung der Zecke innerhalb von 24 bis 36 Stunden erforderlich.

Hier einige Symptome, die durch Borreliose – teils jedoch zeitlich sehr versetzt – auftreten können: Gelenkbeschwerden, Entzündungen der Augen oder Haut, zuweilen kommt es zu großflächigen Hautveränderungen, auch Herzerkrankungen können vereinzelt durch Borreliose ausgelöst werden. Das Problem ist meistens, dass das die Menschen selten in Verbindung mit einem Monate zurückliegenden Zeckenstich bringen, deshalb ist die Diagnose so schwer. Immerhin kann Borreliose gut mit Antibiotika behandelt werden. Das verhindert Spätfolgen.

Neue tropische Zeckenarten

Durch die steigenden Temperaturen auch in unseren Breiten siedeln sich tropische Zeckenarten, wie die Hyalomma-Zecke bei uns an. Sie ist dreimal so groß wie der Gemeine Holzbock, den viele von Ihnen kennen. Als Jagdzecke hat die Hyalomma-Zecke gute Augen und ist sehr schnell. Im Gegensatz zu unseren heimischen Zecken kann sie ihr nächstes Opfer sogar verfolgen.

Häufig hat sie es auf große Tiere wie Pferde, Kühe und Rinder abgesehen, aber auch wir Menschen können von ihr gestochen werden. Das große Problem ist, dass sie gefährliche Tropenkrankheiten wie das Fleckfieber oder das Krim-Kongo-Fieber übertragen kann, die teils tödlich enden. Über Zugvögel wurde diese neue Zeckenart, die eigentlich in Gebieten Asiens, Afrikas und Südeuropas ansässig ist, in den letzten Jahren zu uns eingeschleppt.

Wie kann man Zecken vorbeugen?

Zecken lieben die warme Jahreszeit, was aber nicht bedeutet, dass Zecken nicht auch im Herbst oder Winter auftauchen können.

Festes Schuhwerk, Socken über die lange Hosen ziehen und Shirts mit langen Ärmeln schützen. Außerdem lassen sich Zecken auf heller Kleidung besser erkennen. Wenn Sie in hohem Gras, Unterholz und allgemein in den Risikogebieten in der Natur unterwegs sind, suchen Sie sich und Ihre Angehörigen sorgsam ab, auch hinter den Ohren und in den Haaren.

Mit Antizeckenmitteln einzusprühen ist nicht verkehrt, aber dieser Schutz hält meist nur eine bis drei Stunden. Von Hausmitteln wie Schwarzkümmelöl oder Kokosöl halten Wissenschaftler wenig. Wenn Sie eine Zecke entdecken, sollten Sie sie entfernen und nicht gleich panisch werden. Hören Sie auf sich und Ihren Körper und gehen Sie bei ersten Anzeichen umgehend zum Arzt.

Wie kann man Zecken bekämpfen?

Infektionsforscher können mittlerweile gut vorhersagen, wie die kommende Zeckensaison wird. Entscheidend für die Vorhersage sind die Temperaturen des Vorjahres, aber auch – und das hört sich erst mal komisch an – die Anzahl der Bucheckern des vorletzten Jahres sowie die der Mäuse. Warum das? Die Wissenschaftler haben herausbekommen: Je mehr Bucheckern es gibt, desto mehr Mäuse, die sich davon ernähren. Da Mäuse und Zecken einen ähnlichen Geschlechtsreifezyklus von ein bis zwei Jahren haben und frisch geschlüpfte Zecken vor allem Mäuse zum Blutsaugen brauchen, besteht hier ein enger Zusammenhang. Es gibt Hotspots, wo vermehrt infizierte Zecken auftreten, aber auch die sind sehr lokal begrenzt. Nicht der ganze Landkreis muss betroffen sein, sondern beispielsweise nur ein Campingplatz. Dennoch breiten sich die Zeckenrisikogebiete immer weiter in den Norden Deutschlands aus. Wirkliche natürliche Feinde haben Zecken nicht, aber man hat herausgefunden, dass Waldameisen für eine Verkleinerung der lokalen Zeckenpopulation sorgen können. Auch gibt es bestimmte Pilze, die für Zecken tödliche Folgen haben. Zudem fressen Hühner, Igel und Mäuse Zecken, dennoch ist die Bekämpfung äußerst schwierig.

Klar ist, Zecken sind wegen ihrer Übertragung von Krankheiten sehr gefährlich, und man sollte sich gut schützen. Aber lassen Sie sich durch Zecken nicht die Natur vermiesen. Im Jahr 2022 wurden deutschlandweit vom Robert Koch-Institut (RKI) 546 FSME-Erkrankungen übermittelt, und wir sind 83 Millionen Einwohner – nicht jeder Waldspaziergang hat also gleich eine schlimme Zeckeninfektion zur Folge. Bei Borreliose ist das schwerer einzuschätzen, aber mit dem regelmäßigen Absuchen nach einem Tag in der Natur sind Sie auf der sicheren Seite.

Die Tigermücke – wie gefährlich ist sie tatsächlich?

Nicht nur bei den Zecken, auch bei den Mückenarten gibt es durch den Klimawandel Veränderungen, die größere Gefahren für unsere Gesundheit mit sich führen. Ich weiß ja nicht, wie es Ihnen geht, aber gefühlt fliegen vor allem in Jahren mit milden Wintern ganzjährig Mücken herum, und deren Stiche sind andere als früher. Das bestätigen auch die Zahlen. Immer mehr Mücken aus tropischen Regionen haben sich bei uns angesiedelt und können gefährliche Krankheiten aus den Tropen übertragen, darunter das Dengue-, West-Nil-, Gelbfieber- und Zika-Virus. Sie kommen über Zugvögel oder infizierte Personen aus Asien zu uns. Die tropischen Stechmücken brauchen nur wenig Wasser, um sich zu vermehren. Eine kleine flache Wasserstelle reicht zur Eiablage. Somit sind die Bedingungen in unseren mittlerweile häufig heißen Sommern wie geschaffen für die neuen Mückenarten.

Sie werden zu invasiven Arten, die sich hier wohlfühlen, schwer ausgerottet werden können und sich weiter ausbreiten. Die Tigermücke kommt ursprünglich aus Asien. Es ist nachgewiesen, dass sie etwa 20 Krankheitserreger übertragen kann. Dabei handelt es sich meist um tropische Krankheiten. Zudem, das finde ich auch sehr beängstigend, übertragen auch heimische Mückenarten mittlerweile tropische Krankheiten. Wenn es über Wochen hochsommerlich warm und die Luftfeuchtigkeit ähnlich hoch wie in den Tropen ist, können sich Viren in heimischen Stechmücken vermehren. Leider gibt es solche Sommer ja immer häufiger, sodass das RKI davon ausgeht, dass die Infektionszahlen bei überdurchschnittlich warmen und langen Sommern in Zukunft deutlich ansteigen werden, zudem können Viren mittlerweile auch bei uns überwintern.

Vor allem ältere und vorerkrankte Menschen infizieren sich. Aber beispielsweise beim West-Nil-Fieber muss nur ein Prozent im Krankenhaus behandelt werden. Das Problem ist, dass es keine eindeutigen Symptome gibt, und so werden nur die schwersten Fälle tatsächlich diagnostiziert, die Dunkelziffer dürfte deutlich höher liegen. Aber nur etwa jede hundertste infizierte Person erkrankt schwer, schreibt das RKI. Deutlich häufiger treten grippeähnliche Symptome mit Fieber auf, die gar nicht mit dem West-Nil-Fieber in Verbindung gebracht werden. In der Regel verschwinden die Symptome wieder ohne Spätfolgen.

Einen wirklichen Schutz gegen Mücken gibt es derzeit kaum, außer Moskitonetze, vor allem vor Fenster und Türen, und Insektenschutzmittel. Zudem sollte man mit Wasser gefüllte Regentonnen abdecken, Blumenvasen und Vogeltränken mindestens einmal wöchentlich leeren, denn das wären ideale Brutplätze. Was ich sehr interessant fand: Forscher haben herausgefunden, dass Mücken keine Zebras mögen. Das Muster ihres Fells irritiert sie. Das heißt, wenn wir Picknick auf Zebramusterdecken machen oder T-Shirts mit Zebramuster tragen, werden wir weniger gestochen – was halten Sie davon? Mehr können wir leider nicht tun und auf weitere eingeschleppte tropische Krankheiten sollten wir uns in den nächsten Jahrzehnten einstellen.

Wussten Sie schon, dass Shania Twain, Ben Stiller, Alec Baldwin, Kelly Osbourne, Avril Lavigne, Justin Biber und so einige andere Prominente von einer Zecke gestochen wurden und sich Borreliose zugezogen haben und sich seitdem für mehr Aufklärung einsetzen?

Hitze und Sonne – Klimakiller und Klimanotfall

Sie werden in den nächsten beiden Kapiteln wieder einmal sehen, wie eigentlich alles ineinanderfließt. Wenn es um den Klimawandel, um die Klimakrise oder, wie ich es gern in diesem Kapitel nennen möchte, um den Klimanotfall geht, kann man das nicht separat, allein für sich betrachten. Irgendwie hat alles mit allem zu tun und ist voneinander abhängig. Aber so ist es ja auch in der Natur.

Das Thema Gesundheit wäre fast ein eigenes Buch wert, ich kann hier nur Stippvisiten leisten und Ihnen Denkanstöße geben.

Wenn es um unsere Gesundheit geht, dann geht es ans Eingemachte. Man besinnt sich auf die wirklich wichtigen Dinge, die man im gesunden Zustand manchmal verdrängt. Wer kränkelt und sich abgeschlagen fühlt, zieht sich in sein Schneckenhaus zurück. Es wird wenig Energie für Unnützes aufgewendet, um die Kraft zum Genesen zu nutzen, es braucht Zeit und Geduld, bis man wieder richtig auf die Beine kommt. Und wenn man sich diese Zeit nicht nimmt, kommt es zu Rückschlägen. So ist es auch in der Natur. Zudem gilt hier: Der Stärkere gewinnt! Und auch das sollten wir immer im Hinterkopf behalten.

Das große Hitzeproblem

Schauen wir nun auf das riesige Problem, das uns durch die globale Erderwärmung immer häufiger begegnen wird: Hitze. Es ist das Gesundheitsthema des Klimawandels, das die meisten Todesopfer zur Folge hat, und das ist ein globales Thema. Im Sommer 2003 gab es europaweit geschätzt unglaubliche 70 000 Hitzetote. Nach Schätzungen des RKI sind im Sommer 2022 in Deutschland etwa 4500 Menschen infolge der Hitze gestorben.

Unser menschlicher Körper hat normalerweise eine Temperatur von 37 Grad Celsius. Wir sind wie alle Säugetiere und Vögel gleichwarme Lebewesen. Das bedeutet: Egal wie die Außentemperaturen sind, unser Körper versucht seine Temperatur auf gleichem Niveau zu halten. Das gelingt natürlich nur in einem bestimmten Bereich. Aber wie viel Hitze verträgt der Mensch? Das ist sehr unterschiedlich und hängt zum einen vom Alter, aber auch von der körperlichen Konstitution jedes Einzelnen ab. Außerdem sind hohe Temperaturen eine Gewöhnungssache, dabei wird von vielen trockene Hitze besser vertragen, als schwüle Wärme.

Wie fühlen Sie sich, wenn Sie Fieber haben? Matt, abgeschlagen, schwach. Mittlerweile durch Medikamente, früher mit Wadenwickeln hat man versucht, die Körpertemperatur bei Fieber zu senken. Aber wie sollen wir die Lufttemperaturen um uns herum senken? Das ist mit keinem Medikament der Welt machbar. Auch in Deutschland wurde in den letzten Jahren schon mehrfach die 40-Grad-Marke geknackt. Und das heißt Alarmstufe Rot. Wenn wir Richtung Mittelmeer schauen, nähern wir uns manchmal sogar schon den 45 Grad.

Bei diesen Außentemperaturen reagiert unser Körper mit starkem Schwitzen, wodurch wir unsere Körpertemperatur zu senken versuchen. Das bedeutet aber auch einen enormen Flüssigkeitsverlust, einhergehend mit dem Verlust von Mineralstoffen und Spurenelementen. Damit wir die Wärmeregulation irgendwie wieder in den Griff bekommen, weiten sich unsere Blutgefäße, was einen sinkenden Blutdruck und einen schwächeren Kreislauf zur Folge hat.

Auch Schwindel, Kopfschmerzen, Mattigkeit und Konzentrationsstörungen können auftreten, da unser Gehirn nicht mehr so gut mit Sauerstoff versorgt wird – ähnliche Symptome wie bei einem Sonnenstich. Vor allem bei Kleinkindern und Patienten mit Vorerkrankungen wie Bluthochdruck oder Herzrhythmusstörungen, chronisch Kranken wie auch älteren Menschen, vor allem Alleinstehenden, kann das lebensbedrohlich werden. Im schlimmsten Fall kommt es zum tödlichen Hitzeschlag oder, bei zu viel Wassermangel, zu einem Schlaganfall oder Herzinfarkt. Wenn man nicht kerngesund ist und keine Hitze mag, ist das eine außergewöhnliche Belastung, die viele beeinträchtigt. Und Hitzeerschöpfung darf nicht unterschätzt werden. Ich gehe wirklich sehr, sehr gern joggen und treibe viel Sport. Aber wenn Menschen in der Mittagshitze bei Außentemperaturen von über 30 Grad Celsius in der prallen Sonne laufen gehen, habe ich dafür kein Verständnis. Das ist lebensgefährlich und eindeutig ungesund. Bauarbeiter, Schornsteinfeger und Postboten tun mir bei Hitzewellen im Hochsommer leid, aber sie müssen ihrem Job nachgehen. Sich jedoch freiwillig diesem Risiko auszusetzen, ist nicht gesund und kein gutes Vorbild für unsere Kinder.

Apropos Kinder: Sie kommen auch mit sehr hohen Temperaturen im Sommer schlecht zurecht. Ihre Körperoberfläche ist im Gegensatz zu uns Erwachsenen deutlich höher – dadurch nehmen sie mehr Wärme auf, besitzen aber weniger Schweißdrüsen zum Regulieren. Zudem merken Kinder ähnlich wie ältere Menschen manchmal zu spät, wie durstig sie eigentlich schon sind. Unverantwortlich ist es, seine Kleinkinder im Sommer im

Auto schlafen zu lassen: Das ist lebensgefährlich. Studien haben ergeben, dass schon bei Außentemperaturen von 26 Grad Celsius nach 30 Minuten im Auto Temperaturen von 42 Grad herrschen. Bei 36 Grad Lufttemperatur reichen schon fünf Minuten, um im Auto ohne Lüftung 40 Grad zu bekommen. Wenn Sie so etwas auf Supermarktparkplätzen sehen, zögern Sie nicht, rufen Sie sofort die 112 an – der extreme Temperaturanstieg in Autos wird so oft unterschätzt.

Auch ältere Menschen haben stark mit der Hitze zu kämpfen. Ihr Körper kann sich nicht mehr so schnell anpassen. Menschen verlieren im Alter das Bedürfnis zu trinken. Das hat bei Hitze dramatische Folgen wie beispielsweise Dehydrierung. Schwächegefühl, Müdigkeit, Kreislaufprobleme und Unwohlsein treten zuerst auf und sollten einen aufhorchen lassen. Denn diese Warnsignale, die für eine Überhitzung sprechen, zeigen sich teils erst nach einigen Stunden. Senioren sollten deshalb an heißen Tagen ausreichend trinken, keine Scheu haben, ihre Füße in kalte Wasserschüsseln zu stellen, feuchte Tücher in den Nacken legen und sich nicht so viel körperlich betätigen, schon Treppensteigen kann anstrengend sein.

Siesta in Deutschland?

Mein Bruder lebt seit über 20 Jahren in Spanien. Für ihn wie für alle Südländer ist eine Siesta in der warmen Jahreszeit das Normalste der Welt. Sich zurücknehmen, wenn es am heißesten ist, sich im Schatten aufhalten, etwas leicht Verdauliches essen und vielleicht sogar noch ein Nickerchen machen … Viele von Ihnen schütteln jetzt bestimmt den Kopf oder denken an Urlaub. Aber Studien belegen, dass das das Risiko für Schlaganfälle und Herzinfarkte verringert. Das hat nichts mit Arbeitsscheu und Faulheit zu tun, sondern mit einem gesunden Lebensrhythmus im Einklang mit dem Wetter.

Im Moment kann sich das in Deutschland niemand vorstellen, aber ich glaube, das wäre auch hier eine gute, vor allem gesunde Vorkehrungsmaßnahme in den Sommermonaten. Vielleicht nicht für alle Arbeitsgruppen, aber Straßenbauer, die Müllabfuhr, Maurer, Dachdecker, Schornsteinfeger, Postboten, Fensterputzer – es betrifft so einige Berufsfelder, die sehr unter der Hitze leiden. Ich gebe zu, bei der deutschen Pünktlichkeit, dem akkuraten Tagesablauf vieler und der deutschen Bürokratie wird das ein langer Weg. Immerhin starten viele Handwerker sehr früh am Morgen mit der Arbeit, wenn es meist noch angenehm kühl ist, und haben bis zum frühen Nachmittag das meiste geschafft.

Es ist eindeutig nachgewiesen, dass auch in Deutschland durch die Klimakrise die Anzahl der heißen Tage zunimmt und uns zu viel Betätigung bei so hohen Temperaturen medizinisch nicht guttut. Vor allem in der Kombination mit tropischen Nächten ist das bedenklich, denn wir bekommen bei Tiefsttemperaturen über 20 Grad keinen erholsamen Schlaf, stehen unausgeruht auf und müssen uns erneut einem heißen Tag mit entsprechender Belastung aussetzen. Eine Möglichkeit zu mehr Gleitzeiten und Vorgaben für bestimmte Berufsgruppen, längere Mittagspausen einhalten zu müssen, fände ich aus medizinischen Gründen empfehlenswert. In Deutschland wird sich wahrscheinlich eher ein noch früherer Arbeitsbeginn als eine Siesta durchsetzen – aber Hauptsache in der Nachmittagshitze müssen Berufstätige keine körperliche Höchstleistung abliefern.

Neuste Erkenntnisse ergeben übrigens auch, dass Hitze häufiger zu Suiziden führt und posttraumatische Belastungsstörungen mit jedem Grad Erwärmung zunehmen. Davor warnt auch eine Expertengruppe der Deutschen Gesellschaft für Psychiatrie und Psychotherapie, Psychosomatik und Nervenheilkunde

(DGPPN) in ihrer *Berliner Erklärung* zu Klimawandel und psychischer Gesundheit. Besonders Depressionen, aber auch Traumafolgestörungen und andere Angsterkrankungen wird es in den nächsten Jahrzehnten durch die Erderwärmung deutlich häufiger geben.

UV-Strahlung

Neben der Hitze gibt es noch andere Begleiterscheinungen des Klimawandels, die sich negativ auf unsere Gesundheit auswirken. Schauen wir uns mal die sonnenbrandwirksame UV-Strahlung an, die laut Bundesamt für Strahlenschutz in den letzten Jahren um ungefähr sieben Prozent im Winter und Frühling sowie etwa vier Prozent in Sommer und Herbst zugenommen hat.

Der Grund dafür liegt in der Stratosphäre: Die sich dort befindende Ozonschicht wird saisonal vorübergehend dünner und schützt uns so nicht mehr so gut gegen die UV-Strahlung. Das heißt nicht, dass wir hier ein neues Ozonloch haben, aber die Sonnenstrahlung, die uns erreicht, ist aggressiver und kann schneller zu Hautkrebs und vorzeitiger Hautalterung führen. Auch Augenerkrankungen wie Binde- und Hornhautentzündungen oder Grauer Star treten häufiger als früher auf. Ich finde, das spürt man auch, im Sommer kann man es manchmal unabhängig von den Temperaturen in der Sonne kaum aushalten, weil sie so stark ist, und zum Teil hat die Sonne im März schon so unheimlich viel Kraft wie früher im Mai. Das könnte auch mit einem anderen Ereignis zusammenhängen: In den letzten Jahrzehnten wurden immer häufiger sogenannte winterliche Ozonlöcher über der Arktis gesichtet. Am Ende der Polarnacht sinkt zeitweise die Ozonkonzentration in der Stratosphäre über dem Nordpol. Dabei spielen wohl Treibhausgase eine entscheidende

Rolle. Wenn diese ozonarmen Luftmassen weiter nach Süden vorankommen, kann sich die UV-Bestrahlungsstärke auch in Deutschland plötzlich und unerwartet Ende März, Anfang April deutlich erhöhen. Eigentlich ist es da hierzulande noch gar nicht so heiß, und wir denken noch gar nicht an die Gefahr eines Sonnenbrands. Der könnte aber bei diesen Niedrigozonereignissen leicht auftreten. Behalten Sie das im Hinterkopf und denken Sie auch dann an Sonnenschutz.

Durch die ganzjährig höheren Temperaturen verbringen wir zudem mehr Zeit im Freien als früher und sind somit der Sonne häufiger ausgesetzt. Helle, leichte, teils auch langärmelige Kleidung, einen Sonnenhut und vor allem nicht zu sparsam aufgetragene Sonnencreme helfen und können uns gut schützen und vorbeugen.

Wir sollten das Thema nicht auf die leichte Schulter nehmen: Erwiesenermaßen ist besonders bei Menschen mit heller Haut UV-Strahlung die Hauptursache für Hautkrebs. Jeder Sonnenbrand hinterlässt seine Spuren und kann später im Leben Hautkrebserkrankungen auslösen. Wir werden immer älter und laut der Deutschen Krebsgesellschaft werden die meisten Hautkrebserkrankungen bei 75- bis 79-Jährigen diagnostiziert. An dem gefährlichen schwarzen Hautkrebs erkranken in dieser Altersgruppe jährlich 840 von 100 000 Menschen in Deutschland. Insgesamt hat sich die Anzahl der Hautkrebsneuerkrankungen in Deutschland seit dem Jahr 2000 mehr als verdoppelt. Das sind beunruhigende Zahlen, vor allem bei unseren Kindern sollten wir da immer dranbleiben und sie vor der Sonne schützen. Übrigens sind UV-Strahlen aus dem Solarium ebenso schädlich, nämlich krebserregend.

Erfreulich finde ich, dass man in Kindergärten und auch auf Spielplätzen immer häufiger durch gespannte Sonnensegel geschützte Bereiche sieht.

Wussten Sie schon, wie Ex-Miss-Schweiz Dominique Rinderknecht gut durch die Hitze kommt: »Ein Wasserspray ist Gold wert. Ich fülle einfach ein normales Spray mit Leitungswasser auf und benetze damit regelmäßig mein Gesicht und meinen Oberkörper.« Die Devise von Autorin Anna Rosenwasser lautet: »Das wird jetzt bei vielen für Kopfschütteln sorgen, aber: Ich trinke auch während Hitzewellen Tee. Eine Tasse Pfefferminztee kühlt mich runter. Was übrigens auch hilft gegen die Hitze: sich dem Klimastreik anschließen.«

Welche Auswirkungen hat die Klimakrise noch auf unsere Gesundheit?

Ich möchte mit der Corona-Pandemie in diesem Kapitel starten, auch wenn das sicher nicht das Erste ist, was Ihnen bei Gesundheit und Klimawandel einfällt, aber ich finde es sehr passend, denn diese Pandemie zeigt uns sehr klar, wie hilflos wir Menschen eigentlich werden können.

Corona

Wie wurde die Corona-Pandemie eigentlich ausgelöst? Recht wahrscheinlich gab es eine Übertragung des Virus von einem Tier auf den Menschen. Wissenschaftler gehen davon aus, dass das nicht unsere letzte Pandemie gewesen sein wird. Da zahlreiche Tierarten durch den Klimawandel ihre ursprüngliche Heimat verlassen müssen, gehen Forscher davon aus, dass die Ausbreitung gefährlicher Viruserkrankungen in Zukunft eher zu- als abnehmen wird. Gebietsweise hat sich das Klima so geändert, dass Tiere keine Nahrung mehr finden, oder es ist zu trocken oder heiß geworden. Anderenorts haben wir ganze Lebensräume zerstört, zum Beispiel den Regenwald, sodass sich Lebewesen woanders neu ansiedeln, sich neu orientieren und anpassen müssen.

In neuer Umgebung überleben einige Arten nicht, andere können sich durchsetzen, weil sie keine Feinde haben, und manchmal bringen sie auch Erreger und Viren mit in ihre neue Region. Laut einer Studie aus der Fachzeitschrift *Nature* könnte sich das Risiko für neue artenübergreifende Virusübertragungen bis zum Jahr 2070 um den unglaublichen Faktor 4000 erhöhen. Durch den Klimawandel steigt das Risiko neuer Pandemien und resistenter Krankheitserreger also innerhalb weniger Jahrzehnte immens.

Das sind erschreckende Erkenntnisse aus der Wissenschaft, die aber, wie ich finde, plausibel erscheinen. Den Kopf in den Sand stecken dürfen wir natürlich nicht, aber was können wir aus der Corona-Zeit lernen? Eine Menge:

Ja, es waren zum Teil harte Zeiten, manche sind seitdem dauerkrank (Stichwort: Long COVID), andere haben ihre Existenz verloren. Für viele hat sich in kurzer Zeit vieles geändert, das sonst so selbstverständliche »normale Leben« gab es nicht mehr. Vor allem dieses Nicht-planen-Können, nicht wissen, was morgen kommt, hat viele in den Wahnsinn getrieben. Andererseits, diese Zeit hat auch viele sehr geerdet, und das finde ich ein wichtiges, entscheidendes Wort in Bezug auf den Klimawandel. Wir sollten geerdet bleiben und merken, was zum Überleben wirklich wichtig ist.

Im großen Stil haben wir gemerkt, wie erfüllend und sinnstiftend es sein kann, nicht mehr so gehetzt zu sein und vor allem etwas füreinander zu tun. Zeit, Energie und eigenes Geld für andere zu investieren, dem Nachbarn Essen vor die Tür stellen, den man früher nicht einmal gegrüßt hat. Corona hat unserer Gesellschaft in mancher Beziehung gutgetan, wir sind (wie ich finde) endlich mal wieder näher zusammengerückt, waren füreinander da.

Außerdem haben sich Populisten in der Corona-Krise selbst disqualifiziert, sie entlarvten nur ihre Inkompetenz. Erfolgreiche

Krisenbewältigung muss wissenschaftsbasiert sein und braucht verbindliche Regeln und Solidarität untereinander.

Eine der großen Erkenntnis war auch, dass sich das Virus nicht an Grenzen hielt, sondern uns als ganze Menschheit betraf und betrifft. Und daraus können wir schließen: Ohne internationale Kooperation kann keine globale Krise gelöst werden.

Diese vielen verschiedenen Aspekte können uns eigentlich in der Bewältigung der Klimakrise, die uns noch lange beschäftigen wird, weiterhelfen.

Saubere Luft?

Dreckige Luft und den Klimawandel muss man gemeinsam betrachten, sie befruchten sich gegenseitig. Durch das Verbrennen von fossilen Brennstoffen in der Industrie und Landwirtschaft sowie im Verkehr kommt es zu schlechterer Luft, und wir befeuern den Klimawandel. Besonderes in Ballungsgebieten und Großstädten merken wir das. Dabei kennen weder die Luftverschmutzung noch das Corona-Virus Grenzen, und so werden Luftschadstoffe durch Winde überallhin verteilt. Wie Feinstaub, Stickoxide & Co. den Klimawandel anfachen oder vielleicht eindämmen, darüber ist sich die Wissenschaft noch nicht einig. Einige Schadstoffe haben eine erwärmende, andere eine kühlende Wirkung. Klar ist: Unsere Luft wird durch unser menschliches Handeln immer dreckiger, und diese Luft atmen wir täglich ein. Das ist nicht gesund und kann unsere Lebenserwartung enorm verkürzen und zu verschiedensten Krankheiten führen wie Atemwegserkrankungen, Krebs, Herzinfarkte oder Schlaganfälle.

Laut der Weltgesundheitsorganisation WHO gibt es weltweit jährlich etwa sieben Millionen vorzeitige Todesfälle, die auf Luftverschmutzung zurückzuführen sind, viele Millionen haben mit der Verunreinigung der Außenluft zu tun. Die Industrie ist Hauptproduzent von Staub, Schwefeloxiden und Kohlendioxid. Die Agrarwirtschaft ist für Stickoxide, Methan und Ammoniak verantwortlich. Der Verkehr muss besonders Stickstoffmonoxid- und Kohlenmonoxidverunreinigungen auf seine Kappe nehmen. Dass auch durch die Landwirtschaft sehr viel Dreck in die Atmosphäre gelangt, haben wahrscheinlich wenige auf dem Schirm. Düngemittel und Pestizide verursachen teils schädliche Gase, die mit dem Wind auch noch sehr weit weg von den gedüngten Feldern in der Luft nachweisbar sind. Zudem entsteht hier eine nicht unerhebliche Menge von Ammoniak, vor allem durch Kot und Urin in Tierställen sowie durch Gülle. In Kombination mit anderen Gasen entsteht so Feinstaub. Somit ist der größte Feinstaubverursacher nicht, wie viele denken, der Straßenverkehr, sondern die Landwirtschaft – wer hätte das gedacht?

Weltweit gesehen ist Ruß der Luftschadstoff, der die meisten Todesfälle zur Folge hat. Methan verursacht zwar direkt keine gesundheitlichen Schäden, aber indirekt. Es ist der Vorläufer von bodennahem Ozon, das zu Asthma und anderen teils chronischen Atemwegserkrankungen führt. Ein globaler Ausstieg aus den fossilen Brennstoffen wäre also nicht nur sensationell fürs Klima, sondern auch für unsere Gesundheit. Der Ausbau erneuerbarer Energien, Schadstoffbegrenzungen in Kraftwerken und Betrieben und Steuervergünstigungen für saubere Energie in der Industrie und Wirtschaft, all das würde eine Menge bringen.

Mobil sein wollen wir alle, und so richtig mag auch niemand auf sein Auto verzichten, aber laut dem Statistischen Bundesamt verursachten PKWs und Motorräder in der EU 2020 61 Prozent der Emissionen, LKW und Busse waren für 28 Prozent verantwortlich, die restlichen elf Prozent der Verbrennung von Kraftstoffen, die CO_2 mit sich brachten, sind leichten Nutzfahrzeugen zuzuschreiben.

Auch hier besteht viel Potenzial, Emissionen und somit Luftverschmutzung einzusparen. Übrigens ist auch der Verkehrslärm nicht gut für unsere Gesundheit.

Tauchen wir zuletzt noch in unser Zuhause ein, auch dort entsteht zum Teil reichlich schlechte Luft. Viele von Ihnen wollen es sicher nicht hören, vor allem nicht, wenn man die Energiepreise sieht, aber durch Kamine und Kachelöfen produzieren wir in unseren eigenen vier Wänden jede Menge krankmachende Luft. Beim Verbrennen von Holz entsteht feinster Staub, der beim Atmen tief in die Lunge eindringen kann. Bronchitis und Asthma werden begünstigt. Wichtig ist, dass das Holz, was verbrannt wird, unbehandelt und richtig trocken ist. Zudem sollte man wissen, dass nicht vollständig verbranntes Holz Kohlenmonoxid verursacht und aufgewirbelte Asche krebserregende Verbindungen enthält, die man nicht sieht, aber einatmet. Des Weiteren zieht der Kamin bei bestimmtem Wetter wie Inversionswetterlagen nicht mehr richtig, sodass nicht alle Schadstoffe aus dem Schornstein nach außen gelangen. Ein oft übersehenes Problem ist außerdem, dass es alle betrifft, das heißt, die Luftverunreinigungen treffen nicht nur einen selber, sondern häufig auch den Nachbarn, der gar keinen Kamin hat. Wägen Sie also ab, wie oft Sie Ihren Kamin anmachen, und verwenden Sie auf alle Fälle nur unbehandeltes Holz, am besten aus der Region. Richtiges Lagern und Lüften des Holzes ist zudem von großer Bedeutung.

Schauen wir nun über den Tellerrand: In Ländern wie China oder Indien haben wir es mit Luftverschmutzung von ganz anderer Dimension zu tun als bei uns, die Feinstaubbelastung liegt hier um ein Vielfaches über den europäischen Grenzwerten. Schon vor Corona trugen viele Chinesen wegen der schlechten Luft Masken, dauerhaft hängen dicke, gelbe Smogwolken über Millionenstädten, und die geringe Lebenserwartung steht in einem engen Zusammenhang mit diesen Luftverunreinigungen. Es herrschen Zustände wie in Europa kurz nach der Industrialisierung. Die indische Hauptstadt Neu-Delhi hat weltweit gesehen die stärkste Luftverschmutzung vorzuweisen.

Was können wir hier in Deutschland tun? Ich glaube, wir brauchen mehr Sensibilität und Sichtbarkeit für dieses Thema, schließlich geht es um unsere Gesundheit. Zudem können wir aus der Vergangenheit lernen. Erinnern Sie sich an den »Sauren Regen« in den 1970er Jahren und die immer wiederkehrenden Sommersmogphasen? Damals wurde recht schnell gehandelt: Durch Katalysatoren und Filteranlagen konnten Schadstoffe erfolgreich reduziert werden, auch Autoverbote an Sonntagen haben die Aufmerksamkeit für das Problem erhöht. Hier sollten wir anknüpfen. In der Industrie, in der Landwirtschaft, aber auch in Städten und Kommunen kann viel stärker in Projekte für saubere Luft investiert werden. Eine Welt, in der wir immer gut durchatmen können, ist sehr anstrebenswert.

Allergien

Ich weiß ja nicht, wie es Ihnen geht, aber ich kenne immer mehr Menschen, die unter Allergien leiden. Eindeutig ist zu sehen, dass sich in den letzten Jahren die Pollensaison und damit natürlich auch die Zeit der Beschwerden für die Betroffenen verlängert hat. Eigentlich gibt es kaum einen Tag im Jahr, an dem keine Pollen herumfliegen. Im Januar gibt es erste Haselpollen und im Herbst fliegen noch lange Zeit Ambrosiapollen herum, die Hauptpollensaison ist damit um Wochen länger geworden.

Laut Allergologen nehmen zudem Kreuzallergien zu. Außerdem werden neue Pflanzen bei uns heimisch, die noch aggressivere Allergien auslösen, womit der Schweregrad der Erkrankungen zunimmt. Mittlerweile leiden etwa 40 Prozent der Deutschen unter Allergien. Das sind keine guten Nachrichten.

Vor allem die Ambrosiapflanze macht Allergikern zunehmend zu schaffen. Ursprünglich stammt sie aus Nordamerika, breitet sich aber seit Jahren in weiten Teilen Deutschlands aus. Da das beifußblättrige Traubenkraut erst von Spätsommer bis in den Oktober hinein blüht, wird so die Pollensaion um Wochen verlängert. Ambrosiapollen zählen zu den aggressivsten Allergieauslösern. Ambrosiasamen bleiben bis zu 40 Jahren keimfähig und sind sehr anspruchslos, sodass sie schnell große Flächen belagern und andere Pflanzen vertreiben. Die Samen überwinden mit dem Wind weite Entfernungen. Dabei kann eine einzige Pflanze durchschnittlich 3000 Samen bilden. Da Ambrosia aber hochallergen ist, reichen schon wenige Pollen aus, um eine allergische Reaktion hervorzurufen. Ob es mittlerweile zu Kreuzallergien beispielsweise mit Beifuß kommt, weiß die Wissenschaft noch nicht genau.

Man kann heutzutage Allergien gut vorbeugen und behandeln, dennoch schränken sie die Betroffenen durch Asthma, Heuschnupfen, tränende Augen, Neurodermitis und Tierallergien im Alltag stark ein, und zum Teil entstehen noch schwerwiegendere Krankheiten.

Psychologische Aspekte

Dieses Thema ist mir sehr wichtig, und es wird in der Gesellschaft noch sehr unterschätzt. Auf Klimakommunikationskongressen diskutieren wir viel darüber, denn es könnte ein Knackpunkt im Umgang mit dem Klimanotstand sein, mit dem sich unsere und mindestens die nächste Generation auseinandersetzen sollte.

Das alles geht nicht spurlos an uns vorbei. In den Nachrichten hört man mittlerweile fast täglich eine Hiobsbotschaft, die mit dem Klimawandel in Verbindung gebracht wird, und inzwischen spüren wir es in unserem Alltag, wie sich Klima und Wetter ändern. Das macht etwas mit uns und unserer Psyche, wie auch die Corona-Pandemie ihre Spuren hinterlassen hat. Wir sollten das Thema ernst nehmen und noch viel mehr darüber kommunizieren. Die Themen Klimakrise und Nachhaltigkeit sind in allen Lebensbereichen angekommen, und das ist auch gut so. Aber dies sollte als etwas Positives in unseren Köpfen verankert sein und nicht als Angst, als Verzicht und als Befürchtung, das koste doch alles so viel und wir müssten uns einschränken. Mit den richtigen Ansätzen, viel Geduld und Selbstreflexion, aber auch mit Disziplin, Regeln und Beharrlichkeit können wir uns in eine schöne, lebenswerte und klimaneutrale Welt manövrieren.

Dazu brauchen wir in der Breite der Bevölkerung und in der Regierung eine Offenheit zu Neuerungen und zu Umstellungen von Gewohnheiten. Vor allem brauchen wir eine positive Einstellung zum Leben und Mut zu Fehlern, denn daraus lernen wir. Neue Dinge erreichen, etwas schaffen – das können wir nur mit viel Energie und Kraft, mit Lebensfreude, Enthusiasmus und Spaß, und das sollte uns immer bewusst sein. Gesundheit ist einfach das Wichtigste und das Glas ist immer halbvoll!

Wussten Sie schon, wie viele Prominente auch unter Allergien leiden? Die Liste ist lang, hier einige, die viele Taschentücher brauchen: Cameron Diaz, Herzogin Kate, Hugh Grant, Eva Longoria, Miley Cyrus und Halle Berry.

Hitzefalle Stadt – die Zukunft unserer Citys

Im Sommer 2021 lebten laut dem Statistischen Bundesamt 57 Prozent aller Menschen auf der Welt in Großstädten, das sind geschätzt 4,5 Milliarden Menschen. Gegenwärtig gibt es 34 Megastädte mit jeweils mehr als zehn Millionen Einwohnern auf unserem Planeten, und die Tendenz ist steigend. Das Wohnen in einer Großstadt hat seine Vorzüge. Es gibt zahlreiche Einkaufsmöglichkeiten im nahen Umfeld. Meist ist das Nahverkehrsnetz umfangreich und gut ausgebaut. Das Kulturangebot ist vielfältig, es gibt jede Menge Bibliotheken, Schwimmhallen, Freibäder und andere Erholungs- und Freizeitzentren, Theater, Kinos, Diskotheken und Begegnungshäuser. Außerdem hat man ein meist sehr dicht ausgebautes Schul- und Kindergartennetz, sodass häufig in jedem Wohngebiet eine Tagesstätte oder Schule zu Fuß schnell erreichbar ist. Ein vielfältiges Jobangebot steht zur Verfügung. Das Wohnen in einer Großstadt bringt also viele Möglichkeiten und teils hohen Komfort.

Aber es gibt auch so einige Nachteile. Häufig geht es in einer Großstadt stressig zu, die Lebenserhaltungskosten sind deutlich höher als auf dem Land, zudem sind Mieten und Immobilien teurer, häufig verbunden mit Raumknappheit. Es gibt mehr Verkehr und oft ein riesiges Parkproblem. Es herrscht mehr Kriminalität, und man hat weniger Grün- und Erholungsflächen. Zudem ist es lauter, und die Luft ist dreckiger. Kombiniert mit dem Stress, den Großstädte verursachen, ist das gesundheitsschädigend. Und im Sommer kommt das große Problem des Hitzeinseleffekts dazu.

Auch in Deutschland nimmt die Zahl der Hitzetage und Tropennächte durch den Klimawandel deutlich zu. Wissenschaftler prognostizieren, dass bei ungebremstem Treibhausgasausstoß es für den Zeitraum von 2031 bis 2060 eine weitere Zunahme um fünf bis zehn heißen Tagen im Jahr in Norddeutschland und von zehn bis 20 heißen Tagen in Süddeutschland geben wird.

Da Städte überwiegend aus Asphalt, Beton, Stahl und Glas bestehen, gibt es hier ein massives Problem. Vor allem Beton heizt sich tagsüber durch die Sonneneinstrahlung auf und hat die Eigenschaft, diese Wärme lange zu halten. Auch dunkler Straßenbelag speichert die Wärme. Viele Menschen leben auf engem Raum zusammen, Motoren laufen, Bürotürme erschweren die Luftzirkulation, in einigen Sommermonaten kann es unerträglich heiß werden. In den Innenstädten sind die Temperaturen teils mehr als zehn Grad Celsius höher als am Stadtrand oder im ländlichen Umland. Dieser urbane Hitzeinseleffekt trifft vor allem sozial Schwächere und ältere Menschen besonders hart und kann zum Tode führen.

Sind Klimaanlagen die Lösung?

In klimatisierten Räumen lässt es sich auch an heißen Tagen gut aushalten, aber in Dachgeschosswohnungen staut sich die Wärme, und vor allem das Schlafen in der Nacht wird teils unerträglich. Das geht auf die Gesundheit und die Psyche. Laue Sommernächte sind etwas Tolles: lange draußen sitzen, sich ein bisschen fühlen wie im Urlaub am Mittelmeer. Aber wenn man sich nachts nur von rechts nach links dreht und nicht zur Ruhe kommt, weil es einfach zu warm ist, belastet das unseren Körper, besonders wenn es mehrere Tage am Stück so heiß bleibt.

Klimaanlagen verkaufen sich in Hülle und Fülle, sind aber keine sinnvolle Lösung, denn sie befeuern die Hitze in den Städten nur noch. Wie funktionieren Klimaanlagen? Es ist eine Menge Strom zum Kühlen nötig, dieser Strom hat selten eine »grüne« Quelle. Zudem ist es wie beim Kühlschrank: Lokal wird zwar gekühlt, aber drumherum entsteht Wärme. Klimaanlagen bringen also keine emissionsfreie Abkühlung, sondern insgesamt eher eine Erwärmung der Atmosphäre. Und so beißt sich die Katze in den Schwanz. Nur auf Klimaanlagen zu setzen ist also keine Lösung.

Aber man kann eine Menge in den Städten tun, um das Klima zu verbessern. Klar ist: Je mehr Grün, desto besser, Bäume spenden Schatten, außerdem bringen sie durch Verdunstung an den Blättern eine Menge Abkühlung. Da das auch alle anderen Pflanzen können, spielt Begrünung, wo immer es geht, in vielen Städte zunehmend eine Rolle. Neben Kühlungseffekten sieht viel Grünes in Städten nicht nur schöner aus, es macht auch etwas mit unserer Psyche. Obwohl man in einer Stadt lebt, fühlt es sich an wie in der Natur. Vor 20 Jahren war ich in Bangkok, einer schon damals sehr lebendigen, lauten Stadt, wo man spürte: Hier brummt das Leben. Egal ob Tag oder Nacht, es war immer etwas los. Als junger Mensch habe ich das aufgesaugt, das Fremde, die anderen Gerüche, Kulturen, das Essen, die Luft, das andere Klima. Aber dennoch war auch ich am Ende des Tages erschöpft und teils übersättigt und habe mich nach Ruhe und irgendwie nach Natur gesehnt.

Und schon damals gab es ein wunderschönes Hotel mitten in der Stadt, das genau das hatte. Eine kleine, ruhige grüne Oase. Man kam sich vor wie im Dschungel, konnte einen kleinen, zehnminütigen Spaziergang im Hotelareal um das Haus und den Pool machen und fühlte sich wie im tropischen Regenwald. Es war ruhig, man hörte kaum Straßenlärm, die Vögel zwitscherten, und es roch nach Wald. Ich kam sofort auf andere Gedanken und konnte den Stress des Tages ausblenden und ausspannen. Wenn ich nun an unsere neuen grünen Städte denke, habe ich genau so etwas vor Augen.

Klar, kann es das nicht an jeder Ecke in jeder Stadt geben, aber diese Oasen müssen wir uns, so oft es geht, schaffen. Leipzig hat bereits seit Jahrzehnten eine riesige Parklandschaft, aber auch London, New York und hunderte andere Städte in Deutschland und der Welt. Und zwar direkt in den Geschäftsvierteln, sodass die Leute in ihrer kurzen Mittagspause sofort abspannen können und im schattigen Grün gute, saubere Luft atmen können – davon sollte es noch viel mehr geben.

Immergrün, so viel es geht

Ein europäisches Vorzeigemodell für im Grünen, aber mitten in der Stadt leben sind die begrünten Zwillingstürme »Bosco Verticale« in Mailand. Hier hat man 900 Bäume und über 2000 weitere Pflanzen auf Balkonen, Terrassen und an Hauswänden angepflanzt und in das Stadtbild integriert. Klar, das hat Geld gekostet, auch die Mieten in diesen Gebäuden sind höher, aber die Lebensqualität, die man da bekommt, ist es wert, und alles ist sehr, sehr in die Zukunft gedacht.

Jedes begrünte Dach hilft und jedes helle Dach übrigens auch. Dunkle Farben absorbieren das Sonnenlicht und heizen sich auf, das ist Physik. Warum haben Wüstenbewohner meist weiße oder beigefarbene Kleidung an? Das ist das gleiche Prinzip: Schwarze Dachpappe absorbiert die Sonnenwärme und speichert sie lange, helle Dächer oder auch Solaranlagen heizen sich dagegen längst nicht so schnell auf. Außerdem kühlen auch Photovoltaikanlagen auf Hausdächern, und gleichzeitig produzieren sie noch grünen Strom, der direkt vor Ort genutzt werden kann.

Neben grünen Dächern wurden in Mailand auch die Fassaden komplett begrünt, mit enormem Effekt: Begrünte Fassaden wirken wie eine natürliche Klimaanlage und kühlen Gebäude, sie verbessern außerdem die Luft und das Klima im Inneren des Hauses und bieten vielen Tieren ein neues Zuhause – Stichwort Biodiversität. Zudem dienen sie als immergrüne Variante im Winter und als zusätzliche Wärmedämmung der Außenwände. Es gibt noch weitere Vorteile: Grüne Wände schlucken Lärm und binden Schadstoffe und Staub, auch das zwei Punkte, die einem Leben in der Stadt deutlich mehr Qualität verleihen würden. Neben dieser Fassadenbegrünung bringen außerdem Markisen und Rollläden eine Menge.

Fenster auf oder zu bei Hitze?

Was ist besser: Bei Hitze tagsüber Rollläden runter und Fenster zumachen, um die Hitze nicht reinzulassen, oder die Rollläden einen Spalt auflassen und auf kompletten Durchzug stellen, damit die Zirkulation im Raum angenehmer ist? Ehrlich gesagt, haben dazu sogar mein Mann und ich unterschiedliche Einstellungen.

Ich glaube, wie bei so vielem gibt es hier nicht *die* Lösung, sondern es kommt auf die Situation an. Allgemein ist es sinnvoll, morgens zum Sonnenaufgang, wenn die Luft am kühlsten ist, auf alle Fälle zu lüften und frische Luft in die Räume zu lassen. Tagsüber kommt es drauf an, ob man zu Hause ist oder nicht. Wer nicht da ist, kann nach dem morgendlichen Lüften gern die Rollläden oder Außenjalousien komplett runterfahren oder die Vorhänge zuziehen, sodass keine Sonneneinstrahlung hereinkommt und die Wohnung zusätzlich aufwärmt. Wenn man aber zu Hause ist und arbeiten muss, ist es mit Durchzug und leicht abgedunkelt angenehmer, denn bei geschlossenen Fenstern steigt irgendwann die Luftfeuchtigkeit in den Räumen, und das macht die Hitze dann noch unangenehmer.

Klar ist: Allen Omis und Opis dieser Welt sollte man kleine Ventilatoren kaufen, damit kommen sie eindeutig angenehmer durch den Tag, und hier würde ich immer auf die Durchzugvariante setzen.

Klar ist auch: Es kommt immer auf das Alter und die Bauweise des Hauses an. In einem Altbau oder einem neu gebauten Haus lässt es sich deutlich besser an heißen Tagen aushalten als in einem unsanierten Neubau. Dämmung ist nicht nur im Winter, sondern auch in den warmen Monaten ein Thema und verursacht riesige Temperaturunterschiede, die einen deutlich angenehmeren Wohnkomfort bieten können. Meine Tochter hat bei uns im Haus ihr Zimmer im Dachgeschoss, es ist wunderbar groß, allerdings nicht besonders hell, weil wir beim Bau schon drauf geachtet hatten, kein Fenster Richtung Süden einzubauen. Obwohl das Haus recht neu ist und die Dämmung ansonsten für ein fantastisches Raumklima sorgt, wird es in ihrem Zimmer im Sommer unerträglich heiß. Wir haben den Luxus eines Kellers, wo sie in den heißen Sommernächten schlafen kann. Zudem haben wir ihr einziges Fenster, das in Richtung Norden geht, ordentlich verdunkelt, aber dennoch kommt die Wärme und hält sich lange Zeit.

Wir haben das Privileg, auf andere Räume ausweichen zu können, das haben viele nicht. Die Sommer in Großstädten werden vor allem für die sozial Schwächeren und Risikogruppen wie Vorerkrankte, älteren Leute, Schwangere und Kinder zunehmend zum Problem. Die Zahl der Hitzetoten in extremen Sommern ist erschreckend.

Hitzeaktionspläne

Hitzeaktionspläne sollen hier helfen. 2017 hat das Bundesgesundheitsamt das schon empfohlen, und mehr und mehr Kommunen und Städte interessieren sich dafür. Aber die Umsetzung ist schwierig. Zum einen hapert es an gutem Personal, zum anderen wieder mal am Geld, es gibt viel zu wenig Förderungen.

Auf dem Papier sieht es häufig nicht schlecht aus, was sich da so einige Kommunen ausdenken, aber die Umsetzung ist der größere Schritt. Die Menschen müssen vor der Hitze gewarnt werden, was in Stufen erfolgt, je nachdem, wie heiß es ist und wie lange es heiß bleiben wird. Dann sollen Maßnahmen ergriffen werden. Wie kann man vor allem Risikogruppen schützen, wie sie überhaupt erreichen? Wie regelt man eine Trinkwasserversorgung, wie kann man zusätzliche Kühlungen zum Beispiel in Kliniken und Pflegeheime bekommen? Wer organisiert das, wer bezahlt das?

Frankreich macht seine Sache schon sehr gut. Nach der massiven Hitzewelle im Jahre 2003, bei der in Frankreich 15 000 Menschen starben, wurde hier gehandelt. Die Regierung hat sich ernsthaft mit Hitzeschutzplänen auseinandergesetzt und ein System entwickelt. Seit 2017 gibt es im ganzen Land ein vielstufiges Warnsystem. Bei aufkommenden Hitzewellen gibt der Wetterdienst gemeinsam mit den Gesundheitsämtern Warnungen heraus. In den Kommunen und Städten werden daraufhin präventive Maßnahmen ergriffen. Je nach Warnstufe werden alleinstehende ältere Personen mehrmals in der Woche kontaktiert, Rathäuser werden zu kühlen Zufluchtsorten umfunktioniert, Open-Air-Veranstaltungen und Sport-Events werden in spätere Abendstunden verlegt oder abgesagt. Wenn die höchste Warnstufe ausgerufen wird, werden Krisenstäbe für Pflegeheime und Krankenhäuser eingerichtet. In Frankreich funktioniert das sehr gut, in Deutschland ist die Umsetzung noch schleppend. Thüringen etwa macht da schon eine Menge mit seiner kommunalen Hitze-Toolbox richtig: Sofortmaßnahmen und langfristig kluge Planungen im Städtebau und im Gesundheitssystem in Kombination mit Förderprogrammen sind ein Weg in die richtige Richtung.

Wussten Sie schon, dass König Charles sich sehr für den Klimaschutz einsetzt und schon jede Menge Bäume gepflanzt hat, er macht sich große Sorgen um die Welt seiner Enkel.

Schwammstädte

Im vorherigen Kapitel haben wir schon über viele Maßnahmen in Städten zur Kühlung gesprochen, hier möchte ich noch ein bisschen intensiver auf Schwammstädte eingehen. In den Medien hört man viel darüber – zu Recht, denn Schwammstädte sind etwas sehr Sinnvolles. Natürlich helfen auch sie bei der Anpassung an das Klima, das uns in Zukunft erwarten wird, wobei man hier nicht nur die Hitze berücksichtigt, sondern auch auf Sturzfluten eingeht, die es durch extremeres Wetter im Sommer vor allem in unseren zubetonierten Innenstädten immer häufiger geben wird.

Durch den Klimawandel erwarten uns nicht nur längere und stärkere Hitzewellen, sondern auch Starkniederschläge wird es lokal verstärkt geben, mit teils verheerenden Ausmaßen. Wenn die Temperaturen steigen, verdunstet mehr Wasser und gelangt in der Atmosphäre. Das ist das Futter für noch größere Gewitterwolken, und wenn die langsam ziehen, bringen sie auf extrem kleinem Raum extrem heftige Platzregen, die vor allem in Städten schlimme Folgen haben können. Alles ist hier zugebaut, Wasser kann nicht einfach versickern, sondern muss über die Kanalisation abgeführt werden. Diese Kanalisationssysteme sind aber nicht für die neuen Unwetter ausgelegt. So kommt es immer wieder zu Katastrophen, in denen Menschen sterben, weil in kurzer Zeit zu viel Regen auf einmal gefallen ist.

Darauf müssen wir uns in Zukunft einstellen und dementsprechend unsere Städte neu beziehungsweise umbauen. Dabei können Schwammstädte helfen, denn Schwämme sind wunderbare Wassermanager. Sie nehmen teils das bis zu Zwanzigfache ihres Eigengewichts an Wasser auf, und bei Bedarf gibt der Schwamm das Wasser wieder ab. Genau das passiert übrigens auch in unseren Wäldern, die Natur kann wieder unser Vorbild sein. Und so etwas brauchen wir in unseren Städten. Wenn Regen im Überfluss fällt, kann der Großteil davon aufgefangen und gespeichert werden. Je nach Bedarf wird dieses Wasser an anderer Stelle etwa zum Bewässern von Pflanzen während der heißen Sommermonate oder zum Kühlen von Innenräumen wieder abgegeben. Insgesamt versucht man in einer Schwammstadt weniger zu versiegeln, Beton und Asphalt soll es so wenig wie nötig geben, dafür mehr Grün.

Um Platz zu sparen, wurden in unseren Innenstädten viele Tiefgaragen gebaut. Dies sehen neue Stadtplanungskonzepte nicht mehr vor, dafür soll es mehr Parks, Grünflächen und Feuchtgebiete geben, die in Hochwassersituationen als Überflutungsflächen dienen können. In Neubaugebieten ist es deutlich einfacher und günstiger, diese Ideen des klugen Wassermanagements zu planen und umsetzen. In schon bestehenden Innenstädten ist der Aufwand deutlich höher. Doch auch hier ist es möglich, einen Wandel in Richtung Schwammstadt hinzubekommen. Jedoch muss in Etappen vorgegangen werden, man sollte eine gut durchdachte Stadtplanung aufstellen und sich von Straße zu Straße oder Stadtviertel zu Stadtviertel vorarbeiten.

Wissen Sie, was? Städte wie Hamburg, Berlin, Leipzig und Wuppertal sind schon auf dem Weg in Richtung Schwammstadt.

Wohnungsbaugesellschaften im Öko-Fieber

Ich habe letztes Jahr einen Film über neue Ideen für angenehmeres Wohnen in Städten im Sommer gedreht und war beim Recherchieren positiv überrascht, wie groß das Engagement ist und wie viele tolle Ideen es schon gibt, besser mit der Hitze im Sommer umzugehen. Für Neubauten existieren wunderbare neue Materialen zum Dämmen, aber auch beim Sanieren von bestehenden Häuservierteln passiert eine Menge, was mir Mut macht. Dabei nehmen sogar Wohnungsbaugesellschaften viel Geld in die Hand, um ihren Mietern ein besseres Wohnklima zu bieten.

Verwaiste Innenhöfe werden zu attraktiven Begegnungsstellen, wo man Lust bekommt, seine Freizeit zu verbringen. Aufgefangenes Regenwasser wird unter die Erde geleitet und dient zur Bewässerung des Innenhofs, ein kleiner Teich bringt bessere Luft und zieht Tiere an, die hier ihr neues Zuhause finden. Im Schatten der Bäume entstehen Spielplätze, Picknick-Areas, aber auch Leinen zum Aufhängen der Wäsche, um sich den Trockner zu sparen. Ältere und junge Generationen begegnen sich und leben wieder mehr miteinander. Als Gemeinschaft sich gegenseitig helfen und miteinander leben, das ist das Ziel, und das habe ich in verschiedenen Projekten auf wunderbare Weise umgesetzt gesehen.

Viele kleine Ideen sind gut

Manchmal braucht es auch gar nicht so viel: ein Sonnensegel, das Schatten spendet, und eine Bank im Schatten eines Baumes verbessern die Lebensqualität und sind keine große Investition. Von diesen kleinen Sachen habe ich in letzter Zeit viele entdeckt. Zum Beispiel, wie in Berlin aus alten Kaugummiautomaten ein Minibeet mit Lavendel darin wurde oder Gehwegplatten herausgenommen wurden, an deren Stelle eine wilde Blumenwiese entstand. Wie viel Kräutergärten samt Minisolaranlage findet man mittlerweile in Städten auf den Balkonen, wie grün sind Terrassen und Balkons geworden, die wie kleine Urwälder aussehen. Genau das brauchen wir. Aus ehemaligen Parkplätzen vor dem Haus entstehen kleine Minigärten, auf einigen Dächern sieht man mittlerweile ganze Gärtchen samt Sitzecken. Urban Gardening wird mehr und mehr zum Trend.

Es passiert eine Menge sowohl in privaten Initiativen als auch in der Bauwirtschaft, der Städteplanung und auf politischer Ebene, aber noch mehr wäre gut.

Sie sehen also, wir können es schaffen. Auch wenn die Weltbevölkerung vor allem in Großstädten weiter zunimmt, können wir vor allem hier in Deutschland das Leben und Arbeiten in den Städten auch im Sommer angenehm gestalten. Aber auch das braucht viel Aktivismus und Regelungen vonseiten der politischen Ebene, und die Zeit dafür ist begrenzt.

Wussten Sie schon, dass unter dem Hashtag #teamtrees der amerikanische Youtuber MrBeast schon 2019 seine Fans zum Bäumepflanzen aufrief? Und auch Promis wie Elon Musk machen mit. Mit den sozialen Medien erreicht man jede Menge Menschen.

Comedy for Future – mit Spaß und Humor die Welt retten

Für mich ist Lachen einer der wichtigsten Wohlfühler. Es gibt nur wenige Stunden am Tag, in denen bei uns zu Hause nicht gelacht wird. Lieber einmal zu viel als zu wenig. Lachen macht glücklich, ist gesund und etwas typisch Menschliches. Nur wir Menschen können lachen, die meisten Tiere haben dieses Privileg nicht. Es macht uns entspannt, gelöst und locker, und es kann soziale Probleme lösen und Beziehungen stärken. Herzhaftes Lachen setzt im Gehirn Glückshormone frei, denn es stimuliert den Parasympathikus, den entspannenden Teil des vegetativen Nervensystems. Beim Lachen nimmt die Lunge zudem viel Luft auf, und so gelangt Sauerstoff in die roten Blutkörperchen. Die Blutgefäße weiten sich und versorgen das Herz mit mehr Sauerstoff. Für kurze Zeit sind wir hellwach. Also spricht viel dafür, viel zu lachen. Wenn es allerdings um das Thema Klimakrise geht, vergeht vielen das Lachen.

Wenn wir über Klimaschutz, Nachhaltigkeit oder verantwortungsvolles Wirtschaften reden, ist vielen nicht zum Lachen zumute, und auch in den Medien sind es eher »schwere« Themen. Sie lösen bei vielen ein schlechtes Gewissen aus, teils sogar Angst. Verzicht, mehr Kosten für alles und Einschränkungen, wohin man schaut, lassen vielen das Lachen vergehen. Aber das muss nicht sein. Über das Lachen können viel leichter Themen vermittelt werden, die ansonsten eher ungern besprochen werden. Schon lange werden Politiker auf Kabarettbühnen und beim Karneval durch den Kakao gezogen. Die wichtigen, spitzen Themen werden angesprochen, aber völlig überzogen. So werden auch zunehmend Klimawandelproblematiken in die Programme der Comedians eingebaut.

Studien deuten darauf hin, dass Comedy-Fernsehsendungen eine elegante Variante sind, um beispielsweise Zuschauer zu erreichen, die sich an sich nicht mit dem Thema Klimawandel auseinandersetzen wollen. Mit Humor lassen sich schwere Themen leichter verdauen und besser verstehen. Allerdings ist das für die Künstler eine große Herausforderung.

Sie müssen gut informiert sein und die Themen wirklich gut verstehen, denn das so wichtige Thema Klimawandel darf nicht lächerlich gemacht und der Ernst der Situation nicht verloren gehen. Das ist ein Tanz auf dem Drahtseil, aber die meisten Künstler sind Profis durch und durch. Durch maßlose Übertreibungen, die Absurdität des Themas und Galgenhumor sollen die Menschen in entspannter Situation zum Nachdenken angeregt werden. Und das funktioniert. Leider hat die Corona-Pandemie einige Rückschläge in der Kabarettszene verursacht. So lange sind Bühnenprogramme ausgefallen, und TV-Sendungen haben sich oft auf das tagesaktuelle Thema COVID gestürzt, aber die Welle der Themen über Klimaschutz, Nachhaltigkeit und die Weltretten nimmt wieder Fahrt in der Humorbranche auf, und viele, viele Künstler engagieren sich.

So hat Eckart von Hirschhausen, einer der renommiertesten Komiker auf diesem Gebiet, 2022 als Schirmherr das Comedy for Future Festival ins Leben gerufen. Viele Unterhaltungskünstler haben sich zusammengetan und wollen ein Zeichen setzen. Ihnen liegt unser Planet am Herzen. Mit Humor wollen sie Haltung zeigen und die Öffentlichkeit wie auch die Politik wachrütteln. Mit möglichst viel Medienaufmerksamkeit und jeder Menge Humor sprechen sie das wichtigste Thema unserer Zeit an: den Klimawandel. Der Auftakt des ersten Comedy-Festivals weltweit war am Himmelfahrtswochenende 2022, das ganz im Zeichen von Nachhaltigkeit und Klimaschutz stand. Vier Tage geballtes Comedy-Programm, und ein Hofnarr des Jahres wurde auch noch gekürt.

Gefördert wurde das Festival von der Bundesregierung, es hatte viele Unterstützer und wird der Anfang von noch vielem mehr auf diesem Gebiet sein. Das ist gut und freut mich persönlich sehr, denn genau so können wir die Gesellschaft motivieren, mit Freude an der Sache hin zu einer klimafreundlichen Welt zu streben. Außerdem gab es noch eine politische Demonstration, die Laughparade. Jung und Alt, Frau und Mann wurden angesprochen und aufgerufen, gemeinsam auf die Straße zu gehen.

Viele von Ihnen fragen sich jetzt bestimmt, was das bringen soll. Aber ich glaube, dass das vor allem bei diesem so schwer greifbaren Thema wie der Klimakrise besonders wichtig ist. Seit 40 Jahren predigen die Klimaforscher, dass wir etwas tun müssen, und es wurde nicht gehört. Nun spüren wir die ersten Auswirkungen der Ansammlung viel zu vieler Treibhausgase in der Atmosphäre. Wenn Greta Thunberg nicht auf die Straße gegangen wäre, wären wir noch weniger weit in der Bekämpfung der Klimakrise. Die Politik tut schon einiges, aber es muss schneller und konsequenter gehen.

Bei der Anschnallpflicht im Auto oder beim Durchsetzen des Rauchverbots in Restaurants ging es doch auch. Da wurde auch nicht angekündigt: In drei Jahren werden wir Zigaretten in Gaststätten und Bars verbieten, bereiten Sie sich jetzt schon mal drauf vor. Wenn viele Menschen auf die Straße gehen, wird Druck ausgeübt, je lauter und penetranter sie sind, desto mehr werden sie gehört, und es passiert etwas. Allerdings dürfen dabei niemals andere Menschen gefährdet werden, es darf kein Schaden angerichtet oder Kunst zerstört werden – das erregt vielleicht Aufmerksamkeit, führt aber nicht zum Ziel.

Das Schöne bei den Fridays for Future ist, dass sie friedlich sind. Eine mutige neue Generation, die nicht nur an sich, sondern auch an ihre Umwelt, an ihr Umfeld denkt, die global denkt und sich dafür einsetzt. Viele haben sich ihnen angeschlossen: Scientists, Parents, Artists, Psychologists for Future, Kirchengemeinden und etliche Firmen, Unternehmer, Landwirte und Studenten. Irgendwie tut es auch gut, gemeinsam als Gesellschaft friedlich auf die Straße zu gehen und sich für etwas einzusetzen. Wenn man das wie bei der Laughparade auch noch mit Freude und Lachen macht, umso besser.

Klimaschutz kann Spaß machen, das ist, glaube ich, vielen nicht klar – so oft wird einem vermittelt, dass das nur Verzicht und Einschränkungen bedeutet und Geld kostet. Ja, natürlich kostet es Geld, aber kein Klimaschutz kostet noch mehr Geld und vor allem Menschenleben. Sich im Leben verändern, etwas anders machen, das können nur wir Menschen, und wir sollten dieses Gut nutzen und genießen.

Also lachen Sie in Ihrem Alltag so oft es geht, auch wenn Ihnen manchmal nicht danach ist. Auch Lachen kann man wieder erlernen, es sich zur Gewohnheit machen. Das macht das Leben schöner. Jeder von Ihnen findet in seinem kleinen, manchmal sicher schweren Alltag kleine, wunderschöne Bläschen, die uns ein Lächeln aufs Gesicht zaubern.

Wussten Sie schon, dass sich viele Künstler für Comedy for Future engagieren? Olaf Schubert, Eckart von Hirschhausen, Abdelkarim, Atze Schröder, Gerburg Jahnke, Michel Abdollahi, Lisa Feller, Johann König, Bodo Wartke, Horst Evers, Helene Bockhorst, Maxi Gstettenbauer, Gayle Tufts, Ingmar Stadelmann, Moritz

Neumeier, Tobias Mann, Masud Akbarzadeh, Fee Brembeck, Erika Ratcliffe, Shahak Shapira und Osan Yaran sind nur einige von ihnen.

Trinkwasser – unser kostbarstes Gut

Wissen Sie eigentlich, wie gut wir es in Deutschland haben? Wir können unser Wasser aus der Leitung trinken – dieses Privileg haben nur sehr, sehr, sehr wenige Menschen auf der Welt. So sauber und gesund, wie unser Wasser aus dem Hahn kommt, das ist außergewöhnlich und vor allem extrem umweltfreundlich.

Ich bin jetzt ein bisschen gemein und mache allen ein schlechtes Gewissen, die noch Mineralwasser aus dem Laden kaufen. Der CO_2-Ausstoß bei gekauftem Mineralwasser ist nämlich 500-mal höher als bei Leitungswasser. Man vergisst das sehr schnell oder macht sich keine Gedanken darüber, dass so eine Flasche Mineralwasser, auch wenn es eine Pfandglasflasche ist, zunächst erst einmal hergestellt werden muss – das kostet Energie und Material. Zudem muss das Wasser abgefüllt und dann noch in den Supermarkt und zum Schluss zu uns nach Hause transportiert werden. Ein Liter Mineralwasser hat damit im Schnitt einen Aufwand von 203 Gramm Kohlendioxid, dagegen benötigen wir für einen Liter Leitungswasser nur rund 0,35 Gramm CO_2 – ich finde diesen Zahlenvergleich schon sehr eindrucksvoll.

Damit ist Leitungswasser nicht nur deutlich umweltfreundlicher, sondern für alle Sparfüchse unter Ihnen auch eindeutig billiger: Heruntergerechnet kostet ein Liter Wasser aus dem Hahn nicht mal einen halben Cent, im Gegensatz zu Mineralwasser aus dem Handel, bei dem man mindestens 13 Cent pro Liter investieren muss.

Alle unter Ihnen, die gerne Sprudelwasser trinken und sich jetzt denken, das mit dem Leitungswasser ist ja gut und schön, aber bei mir kommt kein Sprudel direkt aus der Leitung: Auch da gibt es eine umweltschonende Lösung – haben Sie schon einmal etwas von einen Sodastreamer gehört? Natürlich müssen auch der und die Sprudelpatronen erst einmal hergestellt werden, und das bedeutet CO_2-Verbrauch, aber das ist eindeutig klimafreundlicher, als einzelne Mineralwasserflaschen im Supermarkt zu kaufen.

Süßwasser – Salzwasser: eine ungerechte Verteilung

Unsere Erde hat viel Wasser zu bieten: Alle Meere, Seen, Flüsse, Bäche, Gletscher und das Polareis zusammen nehmen 71 Prozent der Erdoberfläche ein. Das ist ganz schön viel; da sollte man meinen, Wasser wird uns nie ausgehen, aber leider ist das ein Trugschluss.

1,4 Trilliarden Liter Wasser gibt es auf der Welt. Was für eine unfassbar große Zahl: mit 22 Stellen, also wirklich viele Badewannen voll H_2O. Aber nur 2,5 Prozent davon sind trinkbar, der Rest ist Salzwasser und somit für uns Menschen nicht genießbar. Nun habe ich aber noch schockierendere Zahlen für Sie: Vom Süßwasserreservoir der Erde sind nur 0,3 Prozent für uns im Grundwasser, in Seen und Flüssen zugänglich; der Rest befindet sich noch im gefrorenen Zustand in Gletschern und den Polkappen und ist somit für uns Menschen nicht nutzbar. Das bedeutet, dass es wenig Süßwasser auf dem Planeten Erde gibt. Wir in den Industrienationen haben aber ausreichend davon und bisher stand uns somit immer Trinkwasser in Hülle und Fülle zur Verfügung. Aber weltweit sieht das ganz anders und leider sehr traurig aus.

Ich glaube, auch das wissen die wenigsten: Über zwei Milliarden Menschen haben keinen Zugang zu sicherem Trinkwasser! So viele Menschen können nicht einfach wie wir an den Wasserhahn gehen und trinken, wenn sie Durst haben. Auch einfach in einen Laden gehen und Mineralwasser kaufen können die meisten nicht. Über 770 Millionen Menschen haben laut UNICEF nicht einmal eine Grundversorgung mit Trinkwasser, haben also ständig das Problem, an sauberes Trinkwasser zu kommen, und das ist unser wichtigstes Grundnahrungsmittel. Hinzu kommt, dass die Bevölkerungszahlen weiterhin steigen, also immer mehr Menschen Wasser benötigen. Zwar ist es gut, dass die Wirtschaft in Entwicklungsländern mehr und mehr wächst, aber dadurch wird auch mehr Wasser benötigt. Insgesamt lässt dieses veränderte Konsumverhalten den globalen Wasserverbrauch um etwa ein Prozent pro Jahr ansteigen.

Und nun kommt zu den vielen schlechten Nachrichten auch noch der Klimawandel dazu. Durch ihn haben wir längere Trockenperioden, mehr Hitzewellen, fehlende Niederschläge, allgemein höhere Temperaturen und eine erhöhte Verdunstung, und all das beeinflusst den Wasserhaushalt der Erde. Die Bilanz, wie viel Wasser vorhanden ist und wie viel benötigt wird, fällt immer schlechter aus.

Nun muss noch bedacht werden, dass die Winter milder werden, somit weniger Schnee fällt und die Gletscher schmelzen. Etwa ein Sechstel der Weltbevölkerung, also viele Millionen Menschen, bekommen ihr Trinkwasser und Wasser, das für die Landwirtschaft genutzt wird, im Frühjahr aus dem Schmelzwasser der Gletscher. Deren Schmelzen und das der Polkappen bedeutet zudem ein Ansteigen des Meeresspiegels und den Verlust von Süßwasser, das eigentlich noch da wäre. Schmelzwasser fließt in die Meere, wird zu Salzwasser und ist für uns nicht genießbar.

Das sind alles keine aufbauenden Nachrichten, gerade wenn man bedenkt, dass wir alle neben dem Trinkwasser auch etwas zu essen benötigen. Durch die Klimakrise ist vor allem in der Landwirtschaft deutlich mehr Wasser zum Bewässern nötig, damit die Ernten gut bleiben. Im globalen Durchschnitt kamen 2022 vor allem in die Landwirtschaft große Teile unserer Wasservorräte aus Flüssen und Seen, etwa 70 Prozent. Wenn wir nur auf Deutschland schauen, sieht es etwas anders aus. Rund drei Viertel des Wassers verbrauchen hier die Energieversorger, der Bergbau und das verarbeitende Gewerbe.

Da die Weltbevölkerung aber weiter zunimmt, nimmt auch in der Landwirtschaft der Bedarf an Wasser global gesehen stetig zu. Wasser, das an so vielen Orten fehlt. Daher muss die Wassernutzung in der Landwirtschaft viel effizienter werden. Mehr dazu finden Sie im nächsten Kapitel.

Eigentlich muss in allen Branchen Wasser gespart werden, damit wir ein nicht immer größeres Wasser-, vor allem Trinkwasserproblem bekommen. Ich möchte jetzt nicht schwarzmalen, aber Kriege um sauberes Wasser und Flüchtlingsströme wegen Wassermangels werden in Zukunft weltweit gesehen immer wahrscheinlicher. Wasser ist das kostbarste Gut.

Was können wir im Großen tun?

Manchmal möchte man am liebsten den Kopf in den Sand stecken und auf eine Fee hoffen, die das Problem irgendwie für uns löst – aber die Fee wird nicht kommen, wir müssen selber anpacken. Und ich habe auch ein paar gute Nachrichten: Wir können es schaffen, wir müssen nur loslegen und vor allem umdenken.

Weltweit gesehen muss der Globale Norden viel weniger Wasser verbrauchen, damit der Globale Süden nicht noch größere

Probleme mit dem Trinkwasser bekommt. Hier ein Vergleich: Wir Deutschen verbrauchten am Tag 2021 etwa 127 Liter Wasser im Durchschnitt, in Kenia waren es 50 Liter. Zudem müssen wir als Industriestaaten das Bevölkerungswachstum anpacken und viel mehr Entwicklungshilfe leisten. Richtige, erfolgreiche Entwicklungshilfe in den Ländern selbst: Bildung, Verhütung, Gleichberechtigung der Frauen und Vororthilfe mit den Einwohnern zusammen sind wichtige Themen. Einfach nur Geld spenden ist zwar keine schlechte Idee, aber es geht viel, viel effektiver, vor allem muss in die Zukunft gedacht werden. Zugegeben, das Thema ist schwierig, denn die Kulturen und Religionen auf der Erde sind sehr verschieden – wir können nicht allen Ländern dieser Welt unsere Demokratie, unseren Glauben und unsere Lebensweise überstülpen. Es braucht Zeit, Geduld und Muße und natürlich viel Geld, um etwas zu bewegen. Aber es gibt gute, engagierte Entwicklungshilfe und die muss ausgebaut werden. Vor Ort mit den Einwohnern beispielsweise Brunnen bohren für Trinkwasser, Solaranlagen bauen für Energie und Schulen bauen für eine bessere Bildung sind gute, erfolgreiche Entwicklungshilfe, die es noch viel mehr braucht.

Was kann jeder Einzelne von uns tun?

Aber auch wir in unserem Alltag können viel tun. Wenn wir uns einmal selbst beobachten, wo wir wann wie oft und vor allem wie lange den Wasserhahn offen haben, können wir eine Menge ändern, ohne dabei unseren Komfort wirklich einzuschränken.

Wir Menschen sind Gewohnheitstiere, und wer möchte schon auf seine Komfortzone verzichten? Unser Alltag ist viel zu stressig und voll, ab und zu müssen wir uns eine Auszeit gönnen. Für den einen ist es ein guter Kaffee, für den anderen ein Bad in einer randvollen Wanne. Ich möchte jetzt niemanden dazu bekehren, auf Vollbäder gänzlich zu verzichten, aber wir sollten solche Auszeiten sehr bewusst genießen und unseren Alltag umweltfreundlicher gestalten – manchmal ist es sogar eine Erleichterung. Ich muss mir da an die eigene Nase fassen: Wenn wir zu fünft zu Abend gegessen haben, habe ich die großen Töpfe, Pfannen und Schüsseln mit der Hand unter dem fließenden warmen Wasserhahn abgewaschen und sie nicht in die Spülmaschine getan. Mein Gefühl sagte mir, dass so eine Spülmaschine Unmengen an Wasser verbraucht und nur ab und zu angestellt werden sollte. Aber das ist mittlerweile Quatsch: Eine volle Spülmaschine im Ecoprogramm spart deutlich mehr Wasser als der Abwasch unter dem Wasserhahn. Somit erleichtert die neue ökologische Technik uns den Alltag und nimmt uns keinen Luxus, sondern schenkt ihn uns.

Jeder kann seine Duschgewohnheiten umstellen, das heißt: nur eine Minute abduschen, dann sich einseifen und erst dann wieder den Duschhahn aufdrehen. Oder den Wasserhahn nicht laufen lassen, wenn man sich die Zähne putzt, oder Wasser, das im Küchenalltag überbleibt, nicht einfach in den Ausguss schütten, sondern zum Blumengießen nehmen. All das spart tagtäglich Wasser ohne Ende. Und wenn das jeder macht, können wir eine Menge erreichen. Es gibt noch unzählige andere Beispiele wie Regenwasser auffangen, Geräte mit geringerem Wasserverbrauch verwenden oder: weniger Fleisch essen.

Ich weiß, ich nerve jetzt alle überzeugten Fleischesser unter Ihnen, aber für ein Kilogramm Rindfleisch benötigt man 15 000 Liter Wasser. Zwar enthält es nur 700 Gramm Wasser, aber die Haltung von Rindern ist besonders wasserintensiv. Auch Kakao ist ein wasserintensives Lebensmittel: für ein Kilogramm sind 27 000 Liter Wasser vonnöten.

Ich möchte in diesem Buch Ihre Einstellung zu unserem Planeten ein bisschen beeinflussen. Gehen Sie bewusster mit sich, der Natur und allem, was uns gegeben ist, um – das tut uns selber gut und unserer Umwelt. Wir können nicht so weiterleben wie bisher, so verschwenderisch, über unseren Maßen und ohne groß nachzudenken. Denn dann machen wir unseren Planeten wirklich kaputt und hinterlassen unseren Kindern und Enkeln keine lebenswerte Welt.

Kehren wir nun aber wieder zum Wasser zurück. Ja, bisher haben wir in Deutschland kein Trinkwasserproblem. Und nochmal ja: Auch in Zukunft werden wir das erst mal nicht bekommen. Jetzt kommt aber das *aber*: Wir werden durch den Klimawandel und den damit verbundenen längeren Hitze- und Trockenperioden im Sommer Wasser einsparen müssen, und die Politik muss ein gutes Wassermanagement hinbekommen, sodass alle Kommunen jederzeit genug Trinkwasser zur Verfügung gestellt bekommen. Das wird nicht leicht und kostet natürlich auch wieder Geld, aber es ist machbar.

Durch die heißeren und trockeneren Sommer und den selteneren Schnee geht die Bodenfeuchte allgemein zurück, was einen sinkenden Grundwasserspiegel zur Folge hat. Etwa 70 Prozent des deutschen Trinkwassers stammen aus Grund- und Quellwasser. Weitere 13 Prozent werden direkt aus See-, Talsperren- oder Flusswasser gewonnen. Regelmäßige und ausreichende Niederschläge in den Wintermonaten lassen bisher meist noch das Grundwasser im jeweiligen Wassereinzugsgebiet vorübergehend steigen. Durch den Klimawandel wird es aber in Zukunft vermehrt zu Niederschlagsdefiziten kommen, sodass die Schwankungen der Grundwasserspiegel größer werden.

Trinkwasser wird schon jetzt an manchen Tagen in manchen Regionen rar. So haben in den letzten Jahren einige Kommunen die Entnahme von Wasser aus Gewässern zeitweise verboten, auch durfte man seinen Garten vorübergehend nicht mehr wässern. Diese Spitzenlasttage, wie die Wasserwirtschaft sie nennt, wird es in Zukunft häufiger geben, denn die Verteilung des Wassers in Deutschland ist nicht gleich, und durch die Klimakrise sinkt überall der Grundwasserspiegel.

Damit die Wasserversorgung in Deutschland weiterhin gewährleistet werden kann, muss in Strukturen investiert werden. Wasserversorger rechnen mit Kosten von 1,2 Milliarden Euro in den nächsten zehn Jahren. Wasserspeicher müssen angelegt und Leitungssysteme ausgebaut werden, auch muss es tiefere Brunnen geben. Sie ahnen es sicher, diese Kosten werden mit großer Wahrscheinlichkeit auf uns Verbraucher umgelegt. Aber anders wird es nicht gehen, wir bekommen den Grundwasserspiegel nicht einfach wieder angehoben. Wasser kann wie so vieles in der Wirtschaft im Kreislaufsystem funktionieren, also mindestens doppelt genutzt werden: In einigen Wohngebäuden wird das Duschwasser, nachdem es gereinigt wurde, noch einmal für die Toilettenspülung wiederverwendet. Das ist nur ein Beispiel für sinnvolles Wassermanagement. In Zukunft müsste das für Neubaugebiete verpflichtend sein, damit könnte viel erreicht werden.

In der Industrie und Wirtschaft muss eine Grundumstellung passieren, denn hier wird das meiste Wasser verbraucht. 2016 wurden laut dem Statistischen Bundesamt in Deutschland ca. 24 Milliarden Kubikmeter Wasser aus den Grund- und Oberflächengewässern genutzt. 77 Prozent davon entfielen auf den industriellen Bereich (Energieversorger, verarbeitendes Gewerbe und den Bergbau). Energieversorger brauchen die Hälfte dieses Wassers zum Kühlen. Die öffentliche Wasserversorgung entnahm 22 Prozent der Gesamtmenge von 24 Milliarden Kubikmeter.

Die Wasserentnahmen sind zwar in allen Bereichen rückläufig, wir gehen also immer effizienter mit dem Wasser um, aber dennoch muss es in Zukunft noch besser werden. Ein Wasserfußabdruck könnte da helfen. Was das eigentlich ist, klären wir am Ende des Buchs.

Sie sehen, auch das Thema Wasser ist komplex und extrem wichtig. Aber eines möchte ich Ihnen hier an dieser Stelle noch einmal sagen: Wasserstress haben wir hier in Deutschland erst einmal nicht zu befürchten, denn wir nutzen im Moment gerade einmal rund 1/8 des Wasserdargebots – Deutschland ist ein wasserreiches Land, und dieser Gedanke beruhigt ein bisschen.

Und noch etwas: Jeder Deutsche hat 2021 im Schnitt 127 Liter Trinkwasser pro Tag verbraucht. Damit haben wir uns in den letzten Jahren verbessert, denn noch 1990 betrug der tägliche Pro-Kopf-Verbrauch von Trinkwasser 147 Liter. Wir sind also auf dem richtigen Weg.

Wussten Sie schon, dass es in Kalifornien wegen Wassermangels im Sommer zeitweise von den Behörden Obergrenzen für den Wasserverbrauch für alle Einwohner gibt? Leider denken manche Prominente, dass das nicht für sie gilt, so beispielsweise Sylvester Stallone und Kim Kardashian. Da Geldstrafen die Multimillionäre nicht wirklich stören, greifen Behörden anders durch. Sie beschränken mittels Vorrichtungen in den Leitungen den Wasserzufluss auf den Grundstücken.

Ausgetrocknete Flüsse – auch bei uns ein Thema

Wenn man sich mit diesem Thema beschäftigt, wird einem angst und bange, denn nicht nur unsere Flüsse trocknen am laufenden Band aus, auch viele Seen und Binnenmeere auf allen Kontinenten verlieren an Wasser, was man sich kaum vorstellen kann. Ich weiß nicht, wie es Ihnen geht. Für mich sind das *die* Zeichen, die mir Gänsehaut machen, und die mir zeigen, dass der Klimawandel schneller voranschreitet, als wir uns das alle vorstellen können.

Mehr Kohlendioxid in der Luft spüren wir erst einmal nicht, es ist ja leider nicht giftgrün und riecht auch nicht nach faulen Eiern. Dann würden wir alle das Thema schon seit Jahrzehnten deutlich ernster nehmen. Aber dadurch, dass dieses Gas wie alle anderen Treibhausgase geruchlos und durchsichtig ist, tut es uns direkt erst mal nichts. Genauso das Abschmelzen der Pole und Gletscher. Man sieht es in den Nachrichten, und natürlich ist einem klar, dass das nicht gut ist und schlimme Folgen haben wird, aber in unserem kleinen Minikosmos, in dem wir leben und jeden Tag mit Alltagssorgen und gelegentlichem Chaos umgehen müssen, berührt es uns eher weniger.

Aber bei den Seen und Flüssen in unserer Heimat geht es mir anders. Ich muss zugeben, ich wohne mit meiner Familie im Paradies. Wir leben behütet in einer kleinen Siedlung am Rande von Leipzig. In die Stadt brauche ich 20 Minuten mit dem Fahrrad, die Kinder kommen zu ihren Schulen und Nachmittagsaktivitäten allein mit dem Rad, und 400 Meter von unserem Haus entfernt liegt ein kleiner Waldsee.

Im Sommer sprechen wir von unserem Naturpool, weil wir auch morgens vor dem Frühstück oder abends nach dem Essen nochmal schnell rüberlaufen und reinspringen. Dort leben viele Enten, zwei Meter lange Welse, es springen jede Menge Karpfen und Hechte darin herum, eine Ringelnatter wohnt hier und viele Graureiher – ein Naturkleinod. Klar, das ist nicht der perfekte Pool für den einen oder anderen, denn man schwimmt auch immer wieder durch jede Menge Algen und begegnet großen Fischen unter Wasser, aber es ist das Ökosystem dieses kleinen Sees, wir Menschen sind hier nur zu Besuch, und wir lieben es alle über alles. Von hier kann man mit dem Paddelboot oder SUP über Kanäle bis nach Leipzig in die Stadt gelangen und sieht dabei sogar vereinzelt den äußerst seltenen Eisvogel. Besser wohnen kann man meiner Meinung nach nicht, und wir sind extrem dankbar dafür.

Warum erzähle ich Ihnen das? Weil schon letztes Jahr der Pegel unseres Waldsees deutlich gesunken ist. Und in diesem Jahr ist es noch erschreckender: Man kann ewig vom Ufer reinlaufen, es fehlt unglaublich viel Wasser. Der See hat sich verändert und ist nicht mehr der von vor fünf Jahren. Und das ist kein Einzelfall. Unmengen an Badeseen in Deutschland, Flüsse und Gewässer auf der ganzen Welt verlieren Wasser. Wenn man sich Satellitenbilder anschaut, traut man seinen Augen nicht. Der Aralsee, der Tschadsee, das Tote Meer, der Poopó-See in Bolivien, der Urmiasee in Iran – die Liste könnte noch deutlich länger werden. Überall trocknen Seen aus, was verheerende Folgen für Mensch, Tier und ganze Ökosysteme hat.

Wohin geht das ganze Wasser?

Es gibt unzählige Regionen mit Wasserknappheit, und es werden immer mehr, und die Wasserknappheit wird immer extremer. Das kann doch aber eigentlich gar nicht sein, denn unser Globus verliert ja kein Wasser. Tatsächlich ändert sich die Menge des Wassers auf der Erde nicht, entscheidend ist seine Verteilung. Der Aralsee, den ich noch aus dem Atlas in der Schule kenne, ist mittlerweile vollkommen ausgetrocknet. Das Wasser im Toten Meer wird immer weniger, der Po in Norditalien trocknet teils komplett aus, und auch am Rhein gab es im Sommer 2022 den Pegelstand null. Wie kommt das und woran liegt das?

Zum einen hat das mit dem Klimawandel zu tun – die Dürreperioden haben zugenommen, es wird wärmer, und so verdunstet mehr Wasser. Aber es kommt noch etwas anderes dazu, das man sich erst mal nicht vorstellen kann: Der Wasserkreislauf verändert sich. Die Menge des Wassers ändert sich nicht, aber seine Verteilung. Bei höheren Temperaturen verdunstet beispielsweise über den Meeren mehr Wasser, gelangt in die Atmosphäre und regnet sich an anderer Stelle wieder ab. Selbst wenn der Jahresniederschlag in einer Region gleich bleibt, ändert sich die zeitliche Verteilung. Über Wochen hinweg regnet es gar nicht, vorübergehend herrscht Wasserknappheit. Kurze Zeit später regnet es dann einige Tage am Stück ohne Unterbrechung – das Wetter wird extremer.

Zudem verschieben sich Klimazonen. Das Wüstenklima Nordafrikas ist mittlerweile am Mittelmeer zu finden, sodass das Wasser dort immer häufiger knapp wird. Ein Effekt, der sich in den nächsten Jahrzehnten noch verstärken wird. Anderswo auf der Erde regnet es dafür mehr.

Aber wissen Sie, was? Es gibt eine noch viel wesentlichere Ursache für Wasserknappheit und das Austrocknen unserer Gewässer. Und die hat mit der Art unserer Wassernutzung zu tun. Den Aralsee etwa gibt es nicht mehr, weil hier viel Wasser für den Baumwollanbau abgezweigt wurde, das normalerweise in den See geflossen wäre. Und dieses Wasser, das die Landwirtschaft nutzt, geht dem globalen Wasserkreislauf und uns Menschen als Trinkwasser verloren.

Die Weltbevölkerung wächst von Tag zu Tag, und die Menschen brauchen Nahrung. Immer mehr Ackerflächen werden benötigt, die teils bewässert werden müssen, weswegen vielerorts die Grundwasserspiegel und Pegelstände sinken – und so entsteht das große Problem der Wasserknappheit. Das spüren auch die Bewohner Norditaliens. Seit Jahrzehnten war Wasser hier eine Selbstverständlichkeit, im Sommer 2022 sah das anders aus. Die Lebensader der Region trocknete aus, und das hatte weitreichende Folgen. Acht Monate ohne Regen sorgten dafür, dass es den Po an einigen Stellen eigentlich nicht mehr gab. In acht Regionen musste der Wassernotstand ausgerufen werden. Die Landwirtschaft lag teils komplett brach. Die Regionen rund um die Lomellina bauen Reis an, viel Reis. Jährlich werden hier 800 000 Tonnen Reis geerntet, mehr als ein Viertel der gesamten produzierten Menge in Europa. Die Dürre führte die Bauern in der Region in ein Desaster. Es entstanden Ernteausfälle von bis zu 70 Prozent – Milliardenschäden. Die letzte Hoffnung war der Gardasee, aber ein regelrechter Wasserkrieg brach aus. Die Frage war: Muss dieser See aushelfen, und was bedeutet das für ihn? Eigentlich ist es ja nur eine Verlagerung des Problems und keine Langzeitlösung. Im Sommer 2022 hat es noch funktioniert, aber schon Monate später, im Frühjahr 2023, meldete der Gardasee Rekordtiefstände – manche Inseln auf dem See sind schon im Frühling zu Fuß erreichbar, das gab es noch nie. Auf Dauer muss im Großen umgedacht werden, ob wasserintensive Reisfelder hier noch zeitgerecht sind.

Die Lage in Deutschland

Gewässer sind ein komplexes System, man kann sie nicht isoliert betrachten. Es kommt natürlich aufs Wetter an, aber auch auf die Vegetation, die sich drumherum befindet. Schwankungen des Grundwasserspiegels von ein paar Metern und Änderungen von Gewässergrößen im Verlauf von Jahrzehnten und Jahrhunderten sind normal. Es handelt sich um ein variables System. Beispielsweise haben Forscher herausgefunden, dass der Wasserspiegel im Mittelalter teils zwei bis drei Meter über dem heutigen lag. Dagegen konnte vor rund 10 000 Jahren ein um ein bis fünf Meter niedrigerer Wasserstand nachgewiesen werden.

Auch die Natur verursacht also Schwankungen, aber, wie schon so oft in diesem Buch erwähnt, in anderen Zeitdimensionen. Innerhalb von Jahrhunderten oder Jahrtausenden ändern sich See- und Grundwasserspiegel um einige Meter, aber dass so etwas in wenigen Jahren oder Jahrzehnten passiert, hat eindeutig mit uns Menschen zu tun. Und der folgende Satz ist, finde ich, ein Brett: »Deutschland hat seit 2002 Wasser in der Gesamtmenge des Bodensees verloren.« Das ist keine übertriebene Schlagzeile in der *Bild* gewesen, sondern eine Analyse von Wissenschaftlern, die dies mithilfe von Satellitenbildern ausgewertet haben. Die Satelliten haben gemessen, dass in Deutschland und anderen Teilen Zentraleuropas in den letzten 20 Jahren Masse verloren gegangen ist. Landmasse kann es schlecht sein, nein, es ist Wasser. Und die Ursache dafür ist vor allem das Wasserdefizit in den Sommermonaten, das durch häufigere Dürrezeiten und weniger Schmelzwasser aus den Alpengletschern zustande kommt. Außerdem spielen unsere Bewässerungsgewohnheiten in der Landwirtschaft eine große Rolle. Immer häufiger geht der Grundwasserspiegel zurück, Brunnen bleiben trocken und die Wasserpegel besonders im Nordosten Deutschlands fallen unter den langjährigen

Durchschnitt. Viele Klimamodelle haben genau für diese Region schon seit langem extreme Trockenheit durch den Klimawandel vorhergesagt, sehr eindrucksvoll zu sehen am Dürremonitor des Helmholtz Zentrums für Umweltforschung (https://www.ufz.de/index.php?de=37937).

Noch viel sichtbarer wird das in unzähligen Badeseen und Flussläufen. Zu Beginn des Sommers 2022 habe ich in einigen Fernsehsendungen darüber berichtet und erwähnt, dass es natürlich Flüsse wie den Rhein gibt, die immer Wasser führen werden. Leider wurde ich wie viele Kollegen und Forscher eines Besseren belehrt, denn auch der Rhein hatte erstmals im Sommer 2022 in Emmerich den historischen Pegelstand null erreicht. Und das wird in den nächsten Jahren recht sicher wieder passieren. Was bedeutet Pegelstand null? Der Rhein ist nicht komplett ausgetrocknet, es gibt immer noch eine Fahrrinne, die mindestens zwei Meter tief ist. Somit konnten damals auch weiter Transportschiffe auf dem Rhein unterwegs sein, die Berufsschifffahrt war jedoch tiefgreifend eingeschränkt. Teils konnten die Frachtschiffe nur weniger als ein Drittel ihrer normalen Lademenge aufnehmen, und das hatte jede Menge Lieferengpässe, Produktionsdrosselungen oder sogar Stillstände und Kurzarbeit in der Region zur Folge. Der Rhein spielt in der Binnenschifffahrt Europas eine zentrale Rolle. Er ist einer der wichtigsten Schifffahrtswege für Rohstoffe wie Getreide, Chemikalien, Mineralien, Kohle und Ölprodukte wie Heizöl. Auch ein Notstand in der Energieversorgung war Folge dieses Niedrigwassers. Zudem beeinträchtigen die niedrigen Wasserstände der Flüsse auch die Kühlwasserversorgung von Kraftwerken.

Die deutsche Industrie warnt angesichts dieser rekordniedrigen Pegelstände am Rhein vor verheerenden Folgen für die Wirtschaft. Es wird nicht der letzte dieser trockenen Sommer gewesen sein. Offizielle Fahrverbote werden in Deutschland bisher nur bei Hochwasser herausgegeben. Bei Niedrigwasser sollen die Reedereien selbst abwägen, welches Risiko sie eingehen. Hier müssen neue Regelungen her und vor allem neue Lösungsansätze, wie man mit dem Niedrigwasser umgeht, wobei eine Vertiefung der Fahrrinne und damit ein weiteres Eingreifen in den natürlichen Lauf der Flüsse ebenso wie weitere Begradigungen definitiv keine Lösung sein sollten. Da unser deutsches Schienensystem in den letzten Jahrzehnten extrem vernachlässigt wurde, ist ein Umstieg auf die Bahn leider derzeit keine Option. Hier gibt es schon jetzt eine absolute Überlastung. Und eine Entlastung über mehr LKW auf der Straße sollte aus ökologischen Gründen nicht in Betracht gezogen werden. Aber neben dem wirtschaftlichen Aspekt müssen wir auf alle Fälle auch auf unser Ökosystem schauen, denn mit dem Niedrigwasser kommen noch andere Faktoren zum Tragen.

Die Qualität des Wassers in unseren Flüssen leidet bei Niedrigwasser, denn der Anteil kommunalen Abwassers und der Kläranlagen, von unnatürlichen Einträgen aus der Landwirtschaft und der Industrie nehmen ja nicht ab. Was bedeutet: Durch weniger Wasser werden die Flüssigkeiten, die aus der Abwasseraufbereitung und Industrie einfließen, weniger verdünnt – die Schadstoffkonzentration steigt. Außerdem steigen durch die Hitzeperioden im Sommer natürlich auch die Wassertemperaturen, was sich auf den Sauerstoffgehalt des Wassers auswirkt. Algen und Cyanobakterien, sogenannte Blaualgen, vermehren sich. Ihre Blüten können auch für Menschen gefährlich werden, weswegen ganze Seen und Küstenabschnitte an der Ostsee vorübergehend gesperrt wurden. Flora und Fauna in Flüssen und Seen sowie in ihrer direkten Umgebung geraten durch unsauberes, wärmeres Wasser und weniger Sauerstoff zunehmend unter Stress. Ob das Fischsterben in der Oder im Sommer 2022 eine Folge dessen war oder ob zusätzlich giftige Stoffe in den Fluss gebracht wurden, steht noch nicht fest.

Klar ist: Das wird erst der Anfang sein, da sind sich Wissenschaftler und Ökoverbände einig. Was im Sommer 2022 in Deutschland zeitweise und lokal auftrat, wird in einigen Jahren, vielleicht Jahrzehnten Normalität sein. Sowohl die Ökosysteme als auch unser Versorgungssystem müssen mehr Prioritäten bekommen, die Probleme lassen sich nicht kleinreden oder verschweigen.

Was können wir tun?

Wir müssen eine Menge tun, vor allem müssen wir langfristiger in die Zukunft denken.

In der Landwirtschaft brauchen wir eine grundlegende Transformation. Es darf keine großzügige Bewässerung mehr geben, denn damit schneiden wir uns ins eigene Fleisch. Intelligente Bewässerungsstrategien, bei denen wirklich jeder Tropfen Wasser dorthin gelangt, wo er gebraucht wird, sollten das Ziel sein. Zudem muss man genau schauen, wo man was anpflanzt, sodass es an die neuen Wetterbedingungen, die wir durch den Klimawandel bekommen, angepasst ist. Sie und ich können natürlich auch wieder etwas tun, nämlich Wasser im Alltag sparen und bewusst essen. Wasserintensive Lebensmittel wie Kakao, Röstkaffee, Fleisch, Nüsse, Kokosnüsse, Hirse oder Eier dürfen natürlich auch weiterhin gegessen werden, aber mit dem Bewusstsein, welchen Wasseraufwand sie mit sich führen.

Hier ein paar Tipps für Lebensmittel, die nicht besonders viel Wasser zur Zucht brauchen: Tomaten benötigen am wenigsten Wasser pro Kilogramm, nämlich nur 110 Liter im Vergleich zu einem Kilogramm Kakao, wofür 27 000 Liter Wasser aufgebracht werden müssen – das ist schon ein Unterschied. Recht wenig Wasser benötigen außerdem Äpfel, Kartoffeln und Salat. Auch Zwiebeln, Erdbeeren, Gurken und Milch haben eine gute Wasserbilanz. Ich finde, auch aus diesen Lebensmitteln kann man im Alltag viel und abwechslungsreich kochen und sich ernähren.

Und wir können von anderen Ländern wie Malta lernen: Regenwasser muss noch in viel größerem Stil aufgefangen, gespeichert und genutzt werden. Ein konsequenter Umbau der Stromversorgung hin zu erneuerbaren Energien und weg von Wärmekraftwerken, die Flusswasser zur Kühlung benötigen, wäre ein großer Hebel, der viel bringen würde. In der Industrie sollte es ein Umdenken hin zu sogenannter Kaskadennutzung von Wasser geben. Das bedeutet, dass vorhandenes Wasser mehrfach genutzt und nur entsprechend der jeweiligen nächsten Nutzungsstufe aufbereitet wird. Hier ein Beispiel: Zunächst nimmt man Wasser zum Kühlen, dasselbe Wasser kann nach einer Aufbereitung zum Waschen verwendet werden und schließlich nach erneuter Aufbereitung für die Bewässerung in der Landwirtschaft. So wird eindeutig viel Wasser gespart. Außerdem sollten wir uns komplett von Flussbegradigungen verabschieden, eher bei vielen Flüssen Wehre, die Wasser stauen, wieder entfernen. Durch Stauwerke wird die Variabilität gemindert. Außerdem sollten wir so viel wie möglich Moorlandschaften wiedervernässen – dazu ein eigenes Kapitel in diesem Buch. Auch bunte Mischwälder in Flussnähe würde unserem Ökosystem guttun, der Biodiversität könnte man so helfen, Bäume würden CO_2 speichern, und es würden Naherholungsgebiete, die unserer Seele guttun, entstehen.

Sie sehen, es gibt viele Lösungsansätze, und daher stecke ich auch nach diesem Kapitel den Kopf nicht in den Sand, sondern schaue positiv in unsere Zukunft, denn ganz viel Potenzial ist schon da, es muss nur aus der Schublade geholt werden, und der Wille in Politik, Wirtschaft und Gesellschaft zu Veränderungen muss da sein.

Mein kleines Fazit an dieser Stelle: Mit der Ressource Wasser sollten wir viel sorgsamer umgehen, sowohl im Großen als auch jeder Einzelne von uns. Sonst wird auch bei uns Trinkwasser zunehmend rar, was in vielen anderen Regionen der Erde ja schon einen tagtäglichen Kampf ums Überleben bedeutet.

Wussten Sie schon, dass Ex-Schwimmerin Antje Buschschulte regelmäßig beim Elbeschwimmen mitmacht und sagt, vor 25 Jahren sei die Elbe »stinkdreckig« gewesen, heute könne man darin schwimmen?

Waldbrände – eine Folge des Klimawandels?

Waldbrände gab es zwar schon immer, aber nach meinem Gefühl haben sie zugenommen. In den letzten Jahren ist das ein extrem großes Thema geworden – weltweit und auch bei uns. Ich gebe zu: Da der Mann, mit dem ich seit einigen Jahren mein Leben bestreite, Feuerwehrmann ist, habe ich persönlich einen anderen Einblick als früher.

Das Jahr 2022 war in Europa und auch in Deutschland extrem. Bis Mitte August standen schon 660 000 Hektar Wald europaweit in Flammen, nicht nur die sonst häufig betroffenen Mittelmeerländer litten, auch Slowenien musste etwa mit Feuern kämpfen, die es hier bisher noch nicht gab.

Erst seit 2006 werden Daten des Europäischen Waldbrandinformationssystems europaweit aufgezeichnet. Für Deutschland reichen die Aufzeichnungen deutlich weiter zurück, aber das ist auch gleich wieder erschreckend. Nach dem Deutschen Wetterdienst hat sich die Zahl der Tage mit sehr hoher Waldbrandgefahr im Vergleich zum Zeitraum 1961 bis 1990 im Jahr 2022 verdreifacht, gefühlt hat es im Sommer 2022 immer irgendwo gebrannt. Dabei stachen vor allem wochenlange Brände in der Sächsischen Schweiz, im Harz und in Brandenburg hervor, aber auch in vielen anderen Regionen brannten immer wieder Felder, Wälder und Böschungen.

Nach Auswertung von Studien auf Grundlage von Satellitenaufnahmen und Klimamodellen ist die Anzahl der Tage, die wetterbedingt Feuer begünstigen, zwischen 1979 und 2019 im weltweiten Mittel um zehn Tage angestiegen. Davon betroffen sind vor allem das westliche Nordamerika, Australien, der Mittelmeerraum und Amazonien.

Einige der riesigen Waldbrände in den letzten Jahre wären in diesem Ausmaße früher nicht aufgetreten. Der Klimawandel mit seinen extremen Wetterbedingungen hat deren Ausmaße stark vergrößert.

Nun die Frage, wie eigentlich Feuer entstehen. Können wir das alles aufs Wetter, auf den Klimawandel abwälzen?

Wodurch entstehen Brände?

Diese Frage ist gar nicht so leicht zu beantworten. Wieder einmal spielen hier viele Dinge zusammen. Grundsätzlich können Waldbrände im Sommer wie im Winter auftreten, somit könnte man meinen, mit den häufiger auftretenden Hitzewellen hat das nichts zu tun. So pauschal ist das allerdings nicht zu verneinen.

Klar ist: In der warmen Jahreszeit treten häufiger Waldbrände auf, vor allem die Trockenheit hat hier den größten Einfluss. Wenn es über Wochen hinweg keinen Tropfen Regen gibt, trocknet der Boden bis in tiefere Schichten aus. Außerdem kann warme Luft mehr Feuchtigkeit aufnehmen, somit verdunstet bei Hitze mehr Wasser. Häufige Sonneneinstrahlung nimmt dem Boden zusätzlich die letzte Restfeuchte. Die meisten Brände entstehen im Unterholz. Leicht entzündbare Äste und Gestrüpp verursachen einen kleinen Brandherd, der sich bei Trockenheit rasend schnell ausbreiten kann. Dabei spielt der Wind eine große Rolle, er ist ein wesentlicher Faktor bei der Ausbreitung von Bränden. Die Hauptursachen bei Waldbränden sind also Dürren und der Wind, egal zu welcher Jahreszeit. So gab es auch 2022 im extrem trockenen

März Regionen, wo schon die höchste Waldbrandstufe ausgerufen wurde, was äußerst früh im Jahr war. Die Hitze spielt bei der Entstehung von Waldbränden eine Rolle, aber nicht die wichtigste.

Man hört immer wieder, dass Glasscherben in Wäldern häufig Brände verursachen. In verschiedensten Studien wurde jedoch nachgewiesen, dass deren Einfluss vernachlässigbar ist. Die Scherbe muss genau im richtigen Winkel zur Sonne liegen, drumherum muss ausreichend leicht entzündbares Material sein, und es müssen noch einige weitere Faktoren zeitgleich auftreten, was äußerst selten vorkommt. Blitze dagegen können schon häufiger Verursacher sein, aber auch das tritt vor allem bei uns in Deutschland nicht allzu oft auf.

Die Hauptquelle für Brände sind wir Menschen, entweder ungewollt aus Fahrlässigkeit oder durch Brandstiftung. Weltweit gesehen entstehen Waldbrände zu 90 Prozent durch uns Menschen – eine erschreckende Zahl. Es gibt leider eine Reihe von Personen, die bewusst Brände legen, Brandstifter. Die Gründe sind sehr unterschiedlich: Geltungsbedürfnis und Rache sind Motive, aber den wenigsten ist die Konsequenz ihres Handelns wirklich bewusst. Menschenleben stehen auf den Spiel, Schäden in Millionenhöhe können die Folge sein, und viele verlieren ihr Zuhause, wenn Brände außer Kontrolle geraten.

Dabei muss man aber grundsätzlich zwischen den Bränden im Regenwald und den Waldbränden bei uns unterscheiden. Der frühere brasilianische Präsident Jair Bolsonaro etwa ließ gezielt Brände legen und vernichtete ganze Ökosysteme und Dschungellandschaften. Auch in anderen Regionen legen Bauern, Viehzüchter und Landspekulanten bewusst Feuer, um ihre Flächen illegal auszudehnen, teils aus Gier, teils um zu überleben. Wissenschaftler warnen, dass im tropischen Regenwald bald ein Kipppunkt erreicht sein wird, der nicht mehr umkehrbar ist – das komplexe Ökosystem des Amazonas würde verschwinden. Damit würde der natürliche Wasserkreislauf hier aus dem Ruder laufen, was längere Trockenperioden zur Folge haben könnte, die wiederum mehr Feuer verursachen könnten. Der Amazonas würde sich selbst auffressen, mit dramatischen Folgen – der Regenwald ist die grüne Lunge unseres Planeten und das Zuhause von Unmengen Tieren und Pflanzen.

Brandstifter sind also ein extremes Problem. Aber auch wir haben einen großen Anteil an fahrlässig verursachten Waldbränden. Ich schüttle immer wieder den Kopf, wenn Menschen bei höchster Waldbrandstufe dennoch ein Feuerchen am See anzünden. Wenn wir sie darauf ansprechen, kommen Antworten wie: »Hier ist doch gleich der See, was soll schon passieren? Wir wollten heute grillen, also machen wir das auch. Wir arbeiten so viel, gönnt man uns jetzt nicht mal einen entspannten Abend am See?« Das finde ich sehr schade, ich glaube, viele können gar nicht einschätzen, was es bedeutet, wenn sich bei absoluter Trockenheit ein kleines Stück Wiese entzündet und wie schnell ein Brand außer Kontrolle gerät mit Gefahr für Mensch und Tier. Natürlich klären sowohl die Feuerwehren als auch wir Meteorologen in unseren Wettersendungen immer wieder über die Gefahren auf, wenn die höchste Waldbrandstufe ausgerufen wird. Aber wahrscheinlich können wir wirklich nur mit Verboten und hohen Strafen die nötigen Vorsichtsmaßnahmen auch durchsetzen.

Was können wir tun?

Es passiert schon eine Menge, um schlimmen Bränden vorzubeugen, aber im Wald dauert alles immer etwas länger. Bäume brauchen zum Wachsen einfach ein paar Jahre mehr, als es uns Menschen manchmal lieb ist. Geduld und in die Zukunft denken lautet hier die Devise.

Wir müssen davon ausgehen, dass das Waldbrandrisiko in Zukunft weiter steigen wird. Der Grund liegt in hohen Temperaturen bereits im Frühjahr, kombiniert mit wenig Regen, und das kombiniert mit heißen und wochenlangen Trockenperioden im Sommer. Deshalb müssen sich unsere Wälder verändern, der Wald muss quasi stückweise umgebaut werden. Allerdings greifen diese schadensmindernden Maßnahmen erst nach mehreren Jahren. Beispielsweise geht man weg von Kiefernmonokulturen hin zu Mischwäldern. Laubbäume senken das Brandrisiko enorm. Zudem wird in Mischwäldern mehr Feuchtigkeit sowohl im Boden als auch in den Baumkronen gespeichert, dadurch kann es kaum zu Vollfeuern kommen.

An Straßen und Bahnlinien wird schnell brennbares Gestrüpp weggenommen, es entstehen Schutzstreifen, die das Feuer unterbrechen und uns Menschen und unsere Infrastruktur schützen sollen. In einigen Ländern werden dafür Ziegen eingesetzt, die Gräser, Sträucher und Büsche, also das Brennmaterial einfach wegfressen. Zudem legt man in Nadelwäldern sogenannte Waldbrandriegel an. Das sind Flächen, die mit Laubbäumen, Sträuchern und Gräsern bewachsen sind und große Vollfeuer unterbrechen oder in leichter zu bekämpfende Bodenfeuer umwandeln können. Wälder werden mit Kameras überwacht, um möglichst schnell Feuer zu entdecken. Es ist teuer, aber sinnvoll, künstliche Löschentnahmestellen in Wäldern anzulegen. Bei wirklich großen, unkontrollierten Feuern entfacht man Gegenfeuer, also kleine, kontrollierte Feuer, die dem großen Feuer die Nahrung entziehen.

Wie Sie sehen, passiert eine Menge, und vor allem wir Menschen können viel tun, nämlich einfach unseren gesunden Menschenverstand einsetzen. Auch mal auf ein Grillen am See bei extrem großer Trockenheit verzichten und umplanen. Andere Menschen ansprechen, wenn sie Feuer im Wald machen oder Zigarettenkippen achtlos wegwerfen. Wir sollten als Gemeinschaft denken und unsere Wälder schützen, das ist gar nicht so schwer und lohnt sich. Unterm Strich wird ein so trockener, sonniger und heißer Sommer wie der von 2022 für Deutschland in Zukunft bald typisch sein, sodass die natürlichen Bedingungen für Waldbrände sehr hoch sind. Denken Sie an unsere Kinder, an die Kraft der Wälder und an jeden wunderbaren Atemzug, den Sie im Wald nehmen können und was er mit Ihnen tut.

Wussten Sie schon, dass der deutsche Popstar Joey Heindle in einer freiwilligen Feuerwehr ist und sogar als Ersthelfer aktiv werden kann?

Mit welchem Antrieb sollen die Autos der Zukunft fahren?

Das Auto ist vielen Deutschen heilig. Wenn man im Ausland ist, wird man auf die guten deutschen Automarken angesprochen – aber welche Rolle soll das Auto zukünftig in einer klimaneutralen Welt noch spielen? Darüber wird immer wieder auf Klimakongressen diskutiert, und dazu gibt es keine einheitliche Meinung. Ganz auf das Auto verzichten werden wir mit Sicherheit nicht, aber es muss ein großes Umdenken geben. Wenn wir uns umschauen, hat fast jeder ein Auto. Auch wenn ansonsten das Geld knapp ist, fürs Auto sparen viele.

Um klimafreundlicher zu sein, sollten wir eigentlich aufs Auto verzichten. Aber drei Millionen Menschen in Deutschland sagen, dass es in ihrem Haushalt mindestens drei Autos gibt, und da sind Motorräder und Roller noch nicht mitgezählt. Das finde ich sehr erschreckend, denn wo ist hier das Bewusstsein für die Umwelt? Dass man, wenn man auf dem Land lebt, teils auch heute noch schwer ohne ein Auto pro Familie zurechtkommt, kann ich verstehen, aber wer bitte braucht drei Autos? Es muss noch einen großen Schritt in der Verkehrswende geben, damit es zeitlich und finanziell möglich ist, pünktlich ohne Auto an einem Zielpunkt anzukommen. Aber auch in den Köpfen von uns allen muss es einen anderen Ansatz als bisher geben. Das eigene Auto darf nicht der erste Gedanke bei der Mobilität sein.

Nur eine Stunde am Tag wird bei den meisten das Auto bewegt. Deshalb teile ich mir mit den Nachbarn ein Auto. Klar, das bedarf einiger Kommunikation und führt auch zu Einschränkungen. Aber es geht, man spielt sich nach einer Weile ein, weil man die Abläufe der anderen kennt. Viele Wege, die zurückgelegt werden müssen, sind nicht unbedingt an eine bestimmte Zeit gebunden. Wenn einer Einkaufen fährt, bringt er dem anderen seine Lebensmittel mit, so sparen wir sogar Zeit, weil wir uns abwechseln. Das ist wirklich nicht schwer.

Können Sie sich vorstellen, dass im Autoland USA schon in den 1980er Jahren umweltfreundlich gedacht wurde? Dort führte man die sogenannte HOV-lane (high-occupancy vehicle lane) ein. Das bedeutet, dass es seitdem auf vielen Straßen Fahrstreifen gibt, die nur von Autos benutzt werden dürfen, in denen mindestens zwei bis drei Personen sitzen. So verhindert man Staus, und auch der Luftverschmutzung wird entgegengewirkt. Das funktioniert seit über 50 Jahren, auch wenn die USA ansonsten bisher wenig Vorbildfunktion im Klimaschutz zeigen.

Auch ein Tempolimit in Deutschland würde einen kleinen Anteil beim Emissionseinsparen beitragen – es gibt also wie so oft viele kleine Bausteine, die wir alle in Bewegung setzen könnten.

Aber schauen wir uns an, welche neuen Antriebsmöglichkeiten es für die Autos der Zukunft gibt. Benziner und Diesel wird es nicht mehr lang geben, die Ressourcen dafür werden zur Neige gehen. Aber was sind die Alternativen?

Elektroautos

Wohl kaum ein Thema wird so kontrovers diskutiert wie Elektroautos: Ist ein reiner Elektroantrieb für mich sinnvoll, wie lange hält die Batterie, woher stammt sie, entscheide ich mich doch für einen Hybrid, warum sind diese Autos so viel teurer? Es gibt viele Fragen und etliche Probleme, dennoch geht der Trend mehr und mehr zum E-Auto. Und es ist ein neuer Rekord zu vermelden: Im Laufe des Jahres 2021 wurden rund 356 000 mehr PKW mit reinem Elektroantrieb in Deutschland neu zugelassen als jemals zuvor. Es waren fast doppelt so viele (+92,4 Prozent) wie im Vorjahr, und im Gegensatz zu 2019 gab es (mit +210,7 Prozent) sogar eine Verdreifachung. Das ist erfreulich für die Umwelt, aber die Stromer haben sich auch gemausert. Hier ihre Vorteile:

- Es gab und wird sicher wieder Prämien für rein elektrisch angetriebene Autos geben, und dies macht den Kauf allmählich erschwinglich. Bisher kosten sie immer noch deutlich mehr als vergleichbare Modelle, die von einem Verbrennungsmotor angetrieben werden, aber der Zuschuss hilft. Den gibt es mittlerweile übrigens auch für private Ladestationen, sogenannte Wallboxes, was die Entscheidung für ein Elektroauto erleichtert.
- Die Wartungs- und Inspektionskosten sind geringer als bei Verbrennern, beispielsweise fällt der Zündkerzenwechsel weg. Es gibt weniger Verschleißteile, auch fallen hohe Kosten im Laufe der Jahre für Kupplung und Ähnliches weg, zudem halten die Bremsen länger.
- Ein Vorteil ist außerdem, dass man sich keine Gedanken mehr über Umweltzonen machen muss.
- In den Innenstädten gibt es kostenlose Parkplätze für E-Autos, wo zudem Lademöglichkeiten vorhanden sind, auch Bus- und Taxispuren können teils genutzt werden.
- Es entsteht deutlich weniger Verkehrslärm, wobei das ein Nachteil sein kann, da Fußgänger und Radfahrer die Autos zu spät bemerken und so mehr Unfälle passieren. Um dem entgegenzuwirken, müssen seit dem 1. Juli 2019 nach

einer EU-Verordnung alle neuzugelassenen Elektro- und Hybridautos einen künstlichen Sound abgeben, zum einem beim Rückwärtsfahren, aber auch beim Anfahren, bis eine Geschwindigkeit von 20 km/h erreicht wird.

Aber es gibt auch Nachteile, und da sticht besonders die geringe Reichweite hervor. Wie viel Zeit soll man für eine längere Urlaubsreise mit der Familie einplanen, wenn man realistisch gerade mal 300 Kilometer mit einer Ladung bewältigen kann? Es gibt Regionen, in denen noch wenige Aufladestationen zu finden sind, die Suche nach ihnen nimmt noch einmal viel Zeit in Anspruch.

Auch die Ladezeiten sind noch ein Problem. Klar gibt es teils Schnellladesäulen, dennoch dauert der Stopp deutlich länger als an der ursprünglichen Tankstelle.

Zudem verkürzen sich die Fahrten im Winter durch das Nutzen der Heizung oder im Sommer durch die Klimaanlage. Und auch die Infrastruktur des Ladesystems ist noch lange nicht ausgereift. Laut Bundesverband für Energie- und Wasserwirtschaft gab es in Deutschland im März 2021 rund 40 000 öffentlich zugängliche Ladepunkte, der Ausbau geht stetig voran. Allerdings variieren die Preise bei öffentlichen Ladestationen stark und liegen insgesamt deutlich über den Haushaltsstrompreisen. Zudem fehlt in Innenstädten einfach der Platz, um private Wallboxes aufzustellen.

Ein weiterer Nachteil liegt im Herzstück des Autos, in der Batterie. Sie ist mit Abstand das teuerste Bauteil. Ist der Akku defekt, kann es besonderes nach Ablauf der Garantiezeit teuer werden. Häufig muss die komplette Batterie ersetzt werden. Eine Batterie mieten ist eine neue Möglichkeit, aber auch das ist eine Kostenfrage.

Zudem darf man nicht vernachlässigen, dass bei der Herstellung von Batterien besonders viel Energie nötig ist. Wenn man es ehrlich rechnet, verbessert sich bei Elektroautos die CO_2-Bilanz erst nach Jahren. Auch sollte für das Aufladen der Autos durchweg grüner Strom verwendet werden, der muss aber erst mal bereitstehen.

Sie sehen, es gibt eine Menge Pro- und Kontraargumente beim E-Auto – die Technik ist noch nicht ausgereift. Da ist für viele Menschen ein Hybrid-Auto deutlich alltagstauglicher.

Hybrid-Auto

Eigentlich sollte es nur eine Übergangslösung sein, aber die dauert schon eine Weile, und diese Autos wird es noch eine Zeitlang geben. 2011 wurden in Deutschland etwa 37 250 Hybrid-Autos zugelassen. 2020 waren es schon 539 400, und 2021 hat sich diese Zahl sogar fast noch einmal verdoppelt, sie liegt bei über einer Million Autos mit einem Hybridantrieb in Deutschland. In heutigen Zeiten ist ein geringer Spritverbrauch unschlagbar, weniger Schadstoffe aus dem Auspuff und eine bessere Beschleunigung als Benziner oder Diesel machen diese Autos außerdem attraktiv. Wer etwas für die Umwelt tun möchte, aber auch mal weitere Strecken zurücklegen will, entscheidet sich immer häufiger für einen Hybrid. Sie sind in der Anschaffung jedoch noch recht teuer und zudem ziemlich schwer. Aber dennoch sehen Sie an den Zahlen, dass viele Menschen gewillt sind, höhere Anschaffungskosten in Kauf zu nehmen und der Umwelt etwas Gutes zu tun.

Aber gibt es noch weitere Alternativen?

Verschiedenste Gasantriebe

Das Problem des Verbrennungsmotors ist gar nicht die Verbrennung selbst, sondern das, was verbrannt wird. Allen ist klar, Benzin und Diesel sind nicht die Zukunft, aber es muss doch einen

Kraftstoff geben, der unendlich verfügbar ist und dazu noch quasi umweltneutral. Seit Jahrzehnten tüfteln Autoindustrie und Wissenschaft an solch synthetischen Kraftstoffen herum. Es wurde schon viel ausprobiert, und so einige Ideen sind entstanden.

Pflanzen wie Gras und Mais als Rohstoff sind sehr klimafreundlich und eine tolle Idee, aber sie stehen in Konkurrenz mit der Nahrungsmittelproduktion. Biomasse aus Lebensmittelabfällen und vergorener Gülle kann man in Gas umwandeln (Biogas-CNG) oder anschließend bei Bedarf verflüssigen (Biomass-to-liquid). Wir werden sehen, was die Zukunft bringt. Der Vorteil des Biosprits ist, dass man bisherige Tankstellen nur unwesentlich umbauen müsste und ein Einsatz auch für Fernverkehr-LKW, Schiffe und Flugzeuge denkbar wäre. Allerdings sind sie bisher in der Herstellung noch sehr energieaufwendig.

Auch Erdgas (CNG – Compressed Natural Gas) zählt man zu den organischen Rohstoffen. Zu 85 Prozent besteht es aus Methan, weitere Bestandteile sind Stickstoff und Kohlendioxid. Hier kann man also das starke Treibhausgas Methan positiv nutzen. Dabei hört man immer wieder, dass erdgasbetriebene Autos wegen der Explosionsgefahr gefährlich seien, aber das ist unbegründet.

Was ist nun der Unterschied zu Autogas (LPG – Liquefied Petroleum Gas)? Das besteht aus den Gasen Propan und Butan und wird unter Druck verflüssigt, sodass es seinen einst gasförmigen Zustand verliert. Es entsteht als Nebenprodukt in der Erdölgewinnung, kommt aber meist nur bei Nutzfahrzeugen zum Einsatz. CNG hat eine bessere Ökobilanz, es spart 20 bis 25 Prozent Schadstoffemissionen im Gegensatz zu Benzinern oder Dieselautos ein, bei LPG sind es etwa zehn Prozent. Besonders beim Ausstoß von Stickoxidemissionen können CNG-betriebene Autos punkten – hier werden bis zu 95 Prozent im Gegensatz zu klassischen Verbrennern eingespart. Beide Antriebe sind leiser und man kommt mit einem Tank etwa 400 bis 500 Kilometer weit.

Autogas können Sie teils an herkömmlichen Tankstellen bekommen. Erdgas-Tankstellen gibt es leider noch nicht so viele in Deutschland, das ist der große Nachteil, aber an sich ist es eine gute umweltfreundliche Alternative, da auch der Transport von Erdgas zu den Tankstellen CO_2-arm ist. Man braucht keine Tanklaster, denn Autogas kann über Leitungen im Boden zu den Tankstellen gelangen. Im großen Stil gibt es diese Antriebsform jedoch bisher noch nicht.

Wasserstoff

Man hört ja immer wieder, Wasserstoff könnte *die* Lösung für viele Probleme sein, auch für den Autoantrieb, denn theoretisch ist das Element Wasserstoff ziemlich perfekt: Man bekommt es praktisch unbegrenzt, in ihm steckt jede Menge Energie. Es produziert keine Abgase, keine CO_2-Emissionen und keinen Feinstaub. Auch die Stickoxidemissionen halten sich im Rahmen. Es gibt nur einen Haken: Die Wasserstoffproduktion selbst ist sehr aufwendig. In der Natur taucht Wasserstoff nämlich nur in Verbindung mit anderen Elementen auf, zur Energienutzung bräuchten wir es aber als reines Gas, und das ist die Herausforderung: Wie stellt man reinen Wasserstoff energie- und kostengünstig her, und wie transportiert man ihn? Mittlerweile können dafür nachhaltige Quellen genutzt werden, dennoch ist es heute noch teuer und energieaufwendig.

Schauen wir uns so ein Wasserstoffauto – unter Experten spricht man auch vom Brennstoffzellenauto – mal etwas genauer an. Es ähnelt einem E-Auto, weil es auch eine Batterie besitzt, aber eine kleinere, die als Puffer dient. Ein Wasserstoffauto produziert seinen Strom selbst, das passiert mit einer Brennstoffzelle. In ihr gehen Wasserstoff und Sauerstoff eine chemische Reaktion ein, wobei Wasser entsteht. Die dabei entstandene Wärme und elektrische Energie treiben quasi den Motor des Autos an. Man kommt damit bis zu 700 Kilometer weit, das Aufladen geht sehr schnell. Aber es gibt bisher nur wenige Automarken, die Wasserstoffautos anbieten, und vor allem extrem wenig Wasserstofftankstellen.

E-Fuels

Man kann auch synthetischen Kraftstoffe sagen. Man stellt sie ausschließlich auf der Basis von erneuerbaren Energien her, es werden also keine fossilen Rohstoffe verbraucht. Zudem müssen keine neuen teuren Motoren eingebaut werden, und man kann schon bestehende Tankstellen nutzen. Dennoch lösen sie nicht unser Mobilitätsproblem. Bisher haben E-Fuels noch einen extrem geringen Wirkungsgrad. Meist kommen nicht mehr als 20 Prozent der eingesetzten Energie beim Motor an. Der Aufwand zur Herstellung dieser synthetischen Kraftstoffe ist einfach noch zu hoch.

Es gibt derzeit nicht *die* Lösung für den richtigen Antrieb der Zukunftsautos, alles hat seine Vor- und Nachteile. Der beste Ansatz ist meiner Ansicht nach, weiter viel zu forschen, um noch effizienter grünen Wasserstoff produzieren zu können. Vor allem im Umgang mit unseren Autos muss viel passieren. Wir sollten Autos besser nutzen und weniger davon produzieren – das ist nachhaltig. Unser Denken muss weg davon, dass jede Familie ein bis drei Autos benötigt, allerdings muss dafür jede Menge in der Infrastruktur und Preisgestaltung des öffentlichen Nah- und Fernverkehrs passieren.

Wussten Sie schon, was die Promis Cameron Diaz, Ben Affleck, Morgan Freeman, Harrison Ford und Will Smith gemein haben? Sie sind Eigentümer von einem Tesla – einem reinen Elektroauto.

Der Straßenverkehr der Zukunft: Busspuren, Radwege – wer bekommt mehr Platz?

Als noch Pferde samt Kutschen die Haupttransportmittel bei uns waren, brauchten wir uns über Emissionen keine Gedanken zu machen. Seitdem hat sich viel getan, zum Teil in einem rasanten Tempo, und ich gehe davon aus, dass sich in den nächsten 50 Jahren noch viel mehr tun wird. Für unsere Kinder und Enkel wird es ein anderes Sich-Fortbewegen geben als für uns, womöglich eine ganz andere Denkweise dazu. Es gibt unendlich viele Science-Fiction-Filme, die eine schöne, teils aber auch eine beängstigende Welt der Zukunft malen – wie so oft, vermute ich, wird es der goldene Mittelweg werden, und das ist auch gut so.

Letztens haben wir mit unseren Kindern einen Kinoabend zu Hause gemacht und den Klassiker *Zurück in die Zukunft* geschaut. Das kam bei den Kids so lala an, aber wir Erwachsenen haben sehr geschmunzelt. Verrückt, wie man sich 1989 die Welt im Jahr 2015 vorgestellt hatte. Ja, heute gibt es keine Skateboards, die einfach über dem Boden schweben, oder Schuhe, die sich selbst zuschnüren, oder Roboter, die mit Hunden Gassi gehen, aber einige Visionen sind tatsächlich eingetroffen. Die Weltwirtschaft wird heute aus Asien bestimmt, es gibt überall Flachbildschirme und man kommuniziert viel per Videotelefonie. So schlecht waren die Zukunftsmaler und Regisseure damals nicht.

Wie wird unsere Welt in 50 oder 100 Jahren aussehen? Eine sehr spannende Frage! Ich glaube, vor allem bei der Mobilität wird sich eine Menge ändern, und ich hoffe sehr, unsere Innenstädte werden wieder schöner. Der Trend zu riesigen Shoppingcentern oder Einkaufsmalls am Stadtrand, wo man mit dem Auto in die Tiefgarage fährt, mit kurzen Wegen alles bekommt, wo Unmengen Menschen von allem zu viel kaufen und einen danach wegen Überkonsum das schlechte Gewissen plagt, waren eindeutig ein Schritt in die falsche Richtung. Das ist eine Katastrophe für kleine Handwerksbetriebe, macht Innenstädte kaputt, und zudem ist es nicht umweltfreundlich.

Durch niedliche Lädchen bummeln, mit der Bäckersfrau einen kleinen Plausch halten, den Kindern ein Eis kaufen und sich an einen Brunnen unter einen großen alten Baum in den Schatten setzen, keine hupenden Autos hören, sondern das Gewusel eines belebten kleinen Innenstadtkerns, das wäre nach meinem Geschmack.

Es ist möglich, Innenstädte autofrei zu machen, auch in Deutschland. Es gibt viele Konzepte, die helfen könnten, den Autoverkehr in Städten einzudämmen: Innerorts Tempo 30, extrem teure Parkplätze, mehr Radwege als Straßen – neben dem Ziel, umweltfreundlicher zu werden, würde es unseren Städten guttun, sie würden wieder lebenswerter und sicherer werden. Und es gäbe eine Menge Vorteile gratis dazu: saubere Luft, weniger Lärm und Hektik – mehr Lebensqualität. Streben wir nicht irgendwie alle heimlich genau danach?

Aber wissen Sie, was? Es geht schon, genau solche europäischen Metropolen gibt es bereits, beispielsweise Barcelona oder Ljubljana. Von dort können wir viel lernen und uns abgucken. In der Hauptstadt Sloweniens wurde bereits 2007 der Autoverkehr in der Innenstadt stark eingeschränkt. Jahr für Jahr gab es in Ljubljana weitere Schritte, sodass man heute nur noch zu Fuß, mit dem Rad oder Bus durch die City kommt. Besucher können ihre Autos auf Parkplätzen außerhalb der Innenstadt abstellen und dann zu Fuß oder mit dem öffentlichen Nahverkehr ins Zentrum gelangen. Nur wer in der Stadt wohnt, ist berechtigt, eine Tiefgarage zu nutzen.

In Barcelona geht man ein bisschen anders vor: Die Stadt hat eine schachbrettartige Architektur. Stadtplaner nehmen sich immer sogenannte Superblocks oder Superinseln vor und verändern sie nachhaltig. Es entstehen überwiegend autofreie Quartiere oder Häuserblöcke und »grüne Achsen«. Das bedeutet, Straßen werden so umgebaut, dass Radfahrer und Fußgänger Vorrang haben. Andere Straßen dürfen nur von Anwohnern und dem Lieferverkehr genutzt werden, wobei eine Höchstgeschwindigkeit von 10 km/h gilt. Mit diesem Konzept entstehen Stück für Stück neue Plätze ohne Asphalt und Beton, aus Straßenkreuzungen werden Grünflächen.

Es gibt noch viele andere wunderbare Ideen und Leuchttürme für Städteumgestaltung, und ich finde, die Richtung stimmt. All das kostet Geld, das eigentlich nicht da ist, aber nichts zu tun kostet auf Dauer noch mehr. Insgesamt passiert in der Stadtplanung viel, es wird schon sehr klimafreundlich gedacht. Aber es braucht alles Zeit und vor allem ein vernünftiges, zuverlässiges Netz im Öffentlichen Nahverkehr. Am Neun-Euro-Ticket haben wir gesehen: Die Leute sind offen, sie haben Lust dazu und sind bereit. Nur die Infrastruktur muss stimmen.

Hier ein kleines persönliches Beispiel: Ich wohne in Markkleeberg, einem Vorort von Leipzig, bis in die Innenstadt sind es acht Kilometer. Wenn wir als fünfköpfige Familie einen Ausflug in die Stadt unternehmen wollen, greifen wir im Sommer zum Fahrrad. Bei schlechtem Wetter könnte man die S-Bahn nehmen, zu der man zehn Minuten zu Fuß braucht, dann ist man etwa nach 25 Minuten in der City, mit dem Auto braucht man 15 Minuten.

Theoretisch würde ich gern die Bahn benutzen, aber zu fünft kostet uns das 19,80 Euro. Mit dem Auto bezahlen wir 3,60 Euro pro Stunde im Parkhaus – wofür würden Sie sich entscheiden?

Es wird einem vielerorts wirklich nicht leicht gemacht, sich für den ÖPNV zu entscheiden. Zehn Minuten mehr Zeitaufwand ist gut erträglich, aber der Preis ist einfach nicht attraktiv. Das muss sich ändern. Ich glaube, dann würden sich viele Menschen anders entscheiden. Auf der anderen Seite gibt es auch schon viel Gutes zu berichten: Der Ausbau von elektrobetriebenen Bussen wächst von Jahr zu Jahr.

In Berlin sind bis 2030 über 1500 Busse geplant, in Hamburg sollen es über 1000 werden. Es gibt mittlerweile diverse Carsharingsysteme in den Städten. Nicht nur Autos kann man für eine bestimmte Zeit leihen, auch Fahrräder und E-Roller. Und richtig im Kommen sind Cargo-Räder. In einigen Städten kann man sie schon leihen, aber einen richtigen Boom gab es beim Kauf: So wurden im Jahr 2021 in Deutschland 167 000 Lastenräder verkauft, 62 Prozent mehr als im Vorjahr. Sie sind mittlerweile in Innenstädten eine liebgewonnene Alternative zum Auto. Man braucht keinen Parkplatz suchen und spart zudem Lärm und CO_2. Die Ausrede, den Familieneinkauf könne man doch nicht mit dem Rad erledigen, zählt nicht mehr.

Aus eigener Erfahrung kann ich Ihnen sagen, es passt eine Menge in die Box des Lastenrads, man muss die Einkäufe nur mit Bedacht einladen, damit es keine Matschbananen gibt. Am Anfang hatte ich ein bisschen Respekt, wie man mit diesem Rad vollbeladen fahren kann. Aber ich verspreche Ihnen, es fühlt sich nicht an, als würde man einen LKW fahren, und wer schon einmal kleine bis mittelgroße Kinder mit auf dem Rad hatte, ist bestens geschult.

Zudem hat sich beim Taxibetrieb eine Menge getan, auch hier vergrößert sich die Flotte der E-Autos, teils fördern Städte das. In

Hamburg und Hannover gibt es zudem seit 2017 die MOIA-Taxis, die nicht so teuer sind wie normale Taxis, die aber deutlich flexibler als Busse agieren.

Auch das Konzept von Bürgerbussen setzt sich im ländlichen Raum mehr und mehr durch. Ja, das muss finanziert werden, und vor allem braucht man dafür einen Kreis von Ehrenamtlichen. Aber unsere Gesellschaft altert mehr und mehr, und viele Rentner sind über eine Aufgabe dankbar, zudem kommen sie mit anderen ins Gespräch, man hilft sich und ist füreinander da. Beim Recherchieren für das Neun-Euro-Ticket im hessischen Umland von Kassel konnte ich die Freude und den Stolz des Busfahrers spüren, und ich höre immer wieder, dass das kein Einzelfall ist. Es bedeutet viel Organisation, und es kostet natürlich Geld, aber es ist ein Schritt in die richtige Richtung.

Die Umgestaltung der Großstädte wird eine Weile dauern, und es bedarf einer Kombination von Maßnahmen wie etwa dem Ausbau des Nahverkehrs, der besseren Anbindung ländlicher Gebiete, noch mehr Carsharing, auch in den Vororten. Die Politik sollte deutlich mehr Vorgaben und Förderungen bieten. Auch beim Ausbau der Radwege ist noch Luft nach oben. Aber es geht voran: 2021 wurden Karlsruhe, Bremen, Oldenburg und Nordhorn (je nach Einwohnerzahl) zu den fahrradfreundlichsten Städten Deutschlands gekrönt, Frankfurt am Main wurde beste Aufholstadt, und Berlin bekam einen Sonderpreis für starke Verbesserungen in puncto Radfreundlichkeit seit Beginn der Corona-Pandemie.

Ich als Berlinerin kann Ihnen versichern: Häufig ist man in der Hauptstadt mit dem Rad schneller unterwegs als mit dem Auto oder der Bahn. Neben dem Fakt, dass Radfahren gut fürs Klima ist, tut es auch unserer Gesundheit extrem gut. Laut Weltgesundheitsorganisation sollten wir uns 150 Minuten in der Woche bewegen oder 75 Minuten Sport treiben, um gesund zu bleiben. Das schaffen Studien zufolge nicht viele Deutsche, im Schnitt sitzen wir 8,5 Stunden am Tag ohne körperlichen Ausgleich. Somit wäre eine tägliche Radtour zur Arbeit oder zum Lebensmittelladen oder Markt eine gute neue Angewohnheit, über die wir nachdenken sollten. Schön finde ich, dass mittlerweile viele Firmen ihren Mitarbeitern statt einen Dienstwagen ein Dienstfahrrad anbieten – das ist sehr ökologisch und genau das Richtige.

Immer wieder gibt es Aktionstage wie autofreie Sonntage in verschiedensten Kommunen – das ist toll und natürlich zu befürworten, um Aufmerksamkeit zu wecken, aber damit sparen wir nicht das CO_2 ein, was vonnöten wäre. Auch jeden Sonntag einfach zum autofreien Tag zu machen, halte ich für semiproduktiv. Denn dann plant die Mehrheit der Bevölkerung ihre Aktivitäten für den Samstag, und es entstehen Ungerechtigkeiten. Manchen würde damit das Leben sehr schwer gemacht werden, und wirkliche Einsparungen gibt es nicht, da nur umverteilt wird. Außerdem entsteht so jede Menge Frust in der Gesellschaft, den wir beim Umsetzen von wirklich sinnvollen Maßnahmen für ein klimaneutrales Leben nicht gebrauchen können.

Wussten Sie schon, dass Russell Crowe, Naomi Watts und auch Leonardo DiCaprio lieber auf das Fahrrad als aufs Auto setzen?

Methan – Von Kühen, Müll und Energieversorgung

Wenn wir über den Klimawandel reden, geht es meistens um das Treibhausgas Kohlendioxid. Das ist auch gut so, denn genau davon müssen und können wir jede Menge einsparen. Aber wir müssen auch über andere Treibhausgase reden, zum Beispiel über Methan (CH_4). Auch dieses Gas ist geruch- und farblos, und es handelt sich um ein Treibhausgas, das nicht zu unterschätzen ist. Es kommt in der Natur schon immer vor, allerdings in minimalen Anteilen. Damit Sie sich davon ein Bild machen können: 2019 befanden sich in einer Million Liter Luft etwa zwei Liter Methan – das ist wenig. Aber die Methankonzentration steigt, und Wissenschaftlern bereitet das große Sorgen. Der Methananteil in der Atmosphäre ist derzeit so hoch wie in den letzten 650 000 Jahren nicht mehr, und das ist sehr beunruhigend.

Seit 1800 ist die Methankonzentration in der Atmosphäre um den Faktor drei gestiegen. Aktuell liegt die Konzentration bei 1890 ppb (parts per billion; Stand: 2021). Allerdings ist recht schwer herauszubekommen, woher das Methan kommt.

Methan spielt eine entscheidende Rolle in unserem Alltag. Es befindet sich im Magen jeder Kuh und eines jeden Rinds; es entsteht in Mooren, Sümpfen, auf Reisfeldern und Mülldeponien. Außerdem ist Methan Hauptbestandteil von Erdgas, womit wir heizen. Zudem ist es auf dem Meeres- und im Permafrostboden zu finden. Methan entsteht immer dann, wenn organisches Material (das heißt beispielsweise Pflanzen) unter Ausschluss von Sauerstoff abgebaut wird, meist geht das mit Gärung und Fäulnis einher. Sie vermuten nicht, wie häufig das passiert!

Warum nun ist aber Methan gefährlich? In kleinen Mengen tut es uns nichts, in größerer Konzentration kann es zu Atemnot führen, aber die indirekte Wirkung von Methan ist fatal. Dieses Gas ist nämlich etwa 28-mal klimaschädlicher als Kohlendioxid, außerdem ist Methan eine Vorläufersubstanz für bodennahes Ozon. Ein Fünftel des globalen Temperaturanstiegs sind auf Methan zurückzuführen, damit ist Methan das zweitwichtigste Treibhausgas.

Eine gute Nachricht: Methan ist nicht so langlebig wie Kohlendioxid, da es nur etwa neun Jahren in der Atmosphäre verweilt – im Gegensatz zu CO_2, von dem nach 1000 Jahren immer von 14 bis 40 Prozent vorhanden sind. Aber Methan kann teils mehr als Kohlendioxid anrichten, es sorgt schneller für einen Temperaturanstieg und es entsteht in ziemlich vielen Prozessen und ist an ziemlich vielen Orten zu finden. Schauen wir uns das mal der Reihe nach an.

Reis

Wussten Sie, dass Reis das wichtigste Grundnahrungsmittel auf der Erde ist? Über zwei Milliarden Menschen ernähren sich hauptsächlich von Reis. Allein 2020 wurden weltweit gesehen fast 500 Millionen Tonnen Reis gegessen. Auch in Deutschland hat sich der Reiskonsum im Gegensatz zu den 1950er Jahren verdreifacht.

Etwa 6,7 Kilogramm Reis isst jeder Deutsche im Schnitt im Jahr. Jeder Chinese vertilgt in der gleichen Zeit etwa 90 Kilogramm. Neben Mais und Weizen ist Reis das am meisten produzierte Getreide auf der Erde und verursacht eine Menge Methan. Etwa zehn Prozent der weltweiten Methanemissionen gehen aufs

Konto der Reisfelder, das sind ca. 100 Millionen Tonnen pro Jahr. Laut der Bundeszentrale für politische Bildung könnte das noch deutlich mehr werden, denn in den nächsten Jahren steigt der Bedarf an Reis weiter. Man geht von knapp einer Milliarde Tonnen Reis weltweit pro Jahr aus.

Hauptsächlich gedeiht Reis auf gefluteten Feldern. Das benötigt viel Wasser, zudem entsteht Methan, denn das Wasser unterbindet den Zustrom von Sauerstoff im Boden. Aber man kann Reis auch klimafreundlicher anbauen. Die perfekte Lösung gibt es noch nicht, dazu wird noch viel geforscht. Doch es gibt Lösungsansätze. So wird zum besseren Wachstum auf den Reisfeldern bisher Sulfat verwendet. Man könnte laut einigen Forschern auf Schwefel umstellen, wodurch chemische Reaktionen in der Reispflanze ausgelöst werden, die das Austreten von Methan verringern. Zudem können Reisbauern ihre Felder für kürzere Zeit unter Wasser setzen, auch das würde helfen, weil sich dann der Zeitraum der Methanentstehung verkleinern würde. Mittlerweile gibt es neue Reissorten, die in kürzerer Zeit reifen.

Das umzusetzen ist nicht ganz leicht, weil Reis vor allem in Schwellen- und Entwicklungsländern Grundnahrungsmittel ist, in denen die Bauern eher ums Überleben kämpfen, als sich für eine klimafreundlichere Anbaumethode zu interessieren. Aber dennoch passiert auch hier einiges, und Sie und ich können das beeinflussen, indem wir Reis kaufen, der mit einem Siegel versehen ist, welches zeigt, dass der Reis klimafreundlicher angebaut wurde.

Viehwirtschaft

Schauen wir uns nun die Viehwirtschaft etwas genauer an. Hier lässt sich weltweit gesehen eine der größten Quellen des klimaschädlichen Gases finden. Durch eine Kuh entstehen übers Jahr gerechnet unglaubliche Mengen an Methan. Wiederkäuer haben mehrere Mägen, in denen Bakterien für die Verdauung ihres Futters, hauptsächlich des Grases, sorgen. Dabei entstehen verschiedene Gase, unter anderem Methan. Beim Pupsen und Rülpsen entlässt die Kuh dieses Gas in die Atmosphäre. Ungefähr alle 40 Sekunden rülpst eine Kuh und stößt damit etwa 300 bis 500 Liter Methangas pro Tag aus. Das ist ganz natürlich und eigentlich in der Natur so vorgesehen, aber wir Menschen haben die Anzahl der Wiederkäuer wie Rinder, Milchkühe, Ziegen oder Schafe durch unsere Essgewohnheiten immer weiter vergrößert. Damit liegt das nicht mehr in natürlichen Dimensionen. Ohne uns Menschen gäbe es längst nicht so viele Wiederkäuer und damit so viel Methan, das in die Atmosphäre gelangt.

Neben dem Verdauungsmethan, das in der Viehwirtschaft entsteht, gibt es noch eine andere Methanquelle in der Landwirtschaft. Knapp ein Drittel der Methanemissionen entweichen nämlich im Wirtschaftsdüngermanagement, und hier fast ausschließlich bei der Lagerung von Gülle, Mist und Gärresten.

Gülle und Mist aus den Kuhställen werden als natürlicher Dünger auf die Felder gebracht, was besser ist als Chemie, aber auch hier entstehen bei der Zersetzung Methan und Ammoniak (NH_3). Ammoniak gilt als ein indirektes Treibhausgas, denn daraus kann Lachgas entstehen, das rund 300-mal so klimaschädlich wie Kohlendioxid ist. Vor allem auf Feldern und in Ställen ist es zu finden, denn Ammoniak entsteht aus den Exkrementen der Nutztiere, in denen Eiweiße und Harnstoff enthalten sind. Für Deutschland gilt: Ewa 95 Prozent dieses stechend riechenden Gases stammen aus der Landwirtschaft, vor allem aus Mist und Gülle. Die Landwirtschaft ist also für einen Großteil von Methanemissionen verantwortlich, und da kann eine Menge optimiert werden, vor allem bei der Lagerung von Wirtschaftsdünger. Kalkstickstoff könnte ein neues Wundermittel beim Düngen werden.

Es ist ein neuartiger Zusatzstoff, der qualitativ hochwertigen und emissionsarmen organischen Dünger erzeugt – das klingt doch gut.

Zudem können Landwirte die Futtermischungen ihrer Rinder umstellen, wodurch sich die Methanemissionen aus der Verdauung etwas reduzieren lassen. Das wird seit vielen Jahren untersucht, die nachhaltige Wirksamkeit ist jedoch nach wie vor umstritten. Perfekte Lösungen gibt es hier noch nicht. Um Emissionen einzusparen, wäre der beste und einfachste Weg: weniger Viehwirtschaft. Dazu können wir alle etwas beitragen – zum Beispiel, indem wir weniger Wiederkäuerprodukte wie Kuhmilch und Rindfleisch konsumieren.

Müll

Kommen wir nun zum dritten großen Methanverursacher: Müll. Nach Angaben der EU entsteht bis zu ein Viertel der europäischen Methanemissionen auf Mülldeponien. Das ist eine ganze Menge. Um auch in diesem Bereich Methan einzusparen, müssen nach den aktuell geltenden EU-Verordnungen Deponiebetreiber das entstandene Gas sammeln und danach wenigstens verbrennen, wenn möglich aber wiederverwerten. Es gibt also klimafreundliche Richtlinien aus politischen Kreisen.

Unser Müll wird zum Teil verbrannt, teils wird er durch chemische Prozesse und Bakterien zersetzt. Dabei entsteht Deponiegas, was hauptsächlich aus Kohlendioxid und Methan besteht. Methan entweicht sehr leicht, sodass ein hoher Aufwand zur Gasabsaugung betrieben werden muss. Nach dem VDI (Verein deutscher Ingenieure) entstehen jedes Jahr etwa 500 000 Tonnen Methan auf deutschen Mülldeponien – das ist eine ganze Menge. Da ist auch der Bund hinterher, er hat die Deponiebetreiber verpflichtet, bis

2027 zusätzlich eine Million Tonnen Methan pro Jahr einzusparen. Das ist nicht nur möglich, es kann sogar als neue Energiequelle gesehen werden, jedoch müssen Deponiebetreiber dafür investieren. Wenn der Abfall gas- und wasserdicht abgeschlossen zersetzt und verbrannt wird, kann aus dem entstehenden Deponiegas Strom und Wärme produziert werden. Kreislaufwirtschaft kann hier also zum Einsatz kommen, sodass aus »schlechtem« Gas »gute« Energie wird. Wir sind in Deutschland auf diesem Gebiet schon sehr weit und sollten Vorzeigefunktion übernehmen. Mir persönlich wird in den Mittelmeerländern immer schlecht, wenn ich die Massen an Müll sehe, die dort entstehen.

Übrigens entsteht auch in Klärwerken Methan, das in Zukunft sogar extrem sinnvoll genutzt werden könnte. Aus dem in Klärwerken entstandenen Methan könnte Strom produziert werden. Erste Kläranlagen produzieren bereits ihren eigenen Strom, und in die Zukunft gedacht könnten Klärwerke eine Pufferfunktion übernehmen, wenn der Strom aus Wind und Sonnenenergie nicht ausreicht. Wir können also ein Treibhausgas zur Stromgewinnung nutzen. Wenn das nicht eine Erfolgsgeschichte ist!

Bergbau, Erdöl, Erdgas und Energieversorgung

Auch im Bergbau entweicht Methan, und zwar beim Abbau, beim Transport und während der Lagerung von Kohle. Dabei ist das Alter der Kohle dafür entscheidend, wie viel Methan in ihr steckt. Methan ist leicht entzündlich, kann teils sogar explosiv sein. Tödliche Grubenunglücke waren in der Vergangenheit der Beweis dafür. Auch für die Kumpel in den Berggruben ist eine hohe Methankonzentration in der Luft ein Risiko. Vorübergehend führt sie zu Atemnot, auch Taubheitserscheinungen in Armen und Beinen sowie Gedächtnisstörungen können auftreten – zum Glück gibt es meist keine bleibenden Schäden. Was viele vergessen: Nach der Stilllegung von Bergwerken entweicht weiterhin Methan über Schachtanlagen und Risse im Gestein.

Gaskraftwerke gelten im Gegensatz zu Kohlekraftwerken als klimaschonend. Aber ist dem eigentlich so, wenn auch dort jede Menge Methan entsteht? Da Methan farblos ist und man es nicht riechen kann, wird es selten bemerkt. Vor allem aber entweicht Methan beim Transport von Erdgas. Wenn eine Gaspipeline undicht ist, tritt meistens genau dieses Gas aus.

In den 1980er Jahren ist die Konzentration von Methan in der Atmosphäre stark angestiegen. Die Sowjetunion investierte damals extrem in ihre Gasproduktion. Aber auch zwischen 2019 bis 2020 wurden von Forschern weltweit rund 1800 sehr große Methanlecks vor allem in der Öl- und Gasverarbeitung entdeckt. Die Wissenschaftler konnten nachweisen, dass stündlich jeweils mehr als 25 Tonnen Gas entwichen. Die meisten Lecks wurden in Russland, Turkmenistan, den USA, Iran, Kasachstan und Algerien entdeckt. Aber warum tun die Energiefirmen nichts gegen diese Lecks, sie könnten doch mehr Erdgas verkaufen, wenn nicht so viel beim Transport verloren gehen würde? Die Gewinnmargen sind zu gering, als dass sich eine aufwendige Sichtung und Reparatur lohnen würde. Das ist natürlich der falsche Ansatz, um klimafreundlich Energie zu erzeugen. Im Herbst 2022 wurden riesige Lecks der Nordstream-Pipeline in der Ostsee bekannt, die heftig diskutiert wurden. Wie viel Methan trat da wirklich aus, welche Erwärmung hat das zur Folge, was macht das mit der Tier- und Pflanzenwelt in der Ostsee, war es ein Unfall oder ein Anschlag? Wie man hier sieht, bergen Energiequellen wie Erdgas, das zu 89 bis 98 Prozent aus Methan besteht, jede Menge Risiken.

Doch so gefährlich Methan auch als Treibhausgas ist, eine wichtige Funktion hat es dennoch für uns. Methan ist Hauptbestandteil von Erdgas und Biogas, die einen wichtigen Anteil unseres täglichen Energiebedarfs abdecken. Der richtige, kontrollierte Umgang mit Methan und innovative Methoden sind gefragt – so kann es uns sogar helfen, etwa Fahrzeuge oder Heizungen klimaneutral zu betreiben.

Ausgereift ist das Verbrennen von Methan als Antriebstechnik in Autos noch nicht, aber das könnte sich in Zukunft ändern. Beispielsweise wird bei der Power-to-Gas-Methode synthetisches Methan erzeugt. Zunächst wird dabei purer Wasserstoff produziert, der dann mit CO_2 angereichert wird, woraus Methan entsteht, das für den Antrieb von Autos oder zum Heizen genutzt werden kann.

Permafrostböden

Dass in Permafrostböden große Mengen Methan lagern, wissen Forscher schon lange, und es bereitet ihnen erhebliche Sorgen, wenn durch die Erderwärmung vor allem in Sibirien und den Polarregionen große Flächen tauen und somit die Methankonzentration in der Atmosphäre steigt. Bisher gingen Wissenschaftler davon aus, dass in den nächsten Jahren einige Permafrostböden auftauen werden. Bis 2100 könnte das zu einer globalen Erwärmung von rund 0,2 Grad Celsius führen. Nach einer neuen Studie könnte der Wert auch höher liegen, denn Methan kann bei Hitzewellen auch aus Gesteinsschichten, vor allem aus Kalkstein, entweichen. Welche Folgen das hätte, ist noch nicht abzusehen. Zudem stehen andere Forscher den Ergebnissen der Studie kritisch gegenüber. Klar ist: Wir wissen auf diesem Gebiet noch sehr wenig, die Ausmaße, die eine weitere Erderwärmung mit sich bringen würde, sind derzeit nicht einzuschätzen.

Wissenschaftler gehen zudem davon aus, dass sich in Permafrostböden etliche unbekannte Viren befinden. In einer unveröffentlichten Studie konnten Forscher über Jahrtausende hinweg konservierte Viren quasi wieder zum Leben erwecken und im Labor vermehren, was sogar die Experten beängstigte. Auf diesem Gebiet muss noch viel geforscht werden, aber das Risiko von Viren, die auch den Menschen anstecken könnten, wächst mit dem Auftauen der Dauerfrostböden.

Stauseen

Haben Sie schon einmal davon gehört, dass sich vor allem in unseren Stauseen Methan befindet? Eigentlich schützen Stauseen mit ihren Talsperren das Klima, sie regulieren Hoch- und Niedrigwasser und können zur klimafreundlichen Stromgewinnung aus Wasserkraft beitragen. Doch Stauseen haben auch eine negative Seite, dort entsteht nämlich Methan. Wie viel ist das, und müssen wir uns darüber Sorgen machen? In den Medien hat man darüber noch nicht viel gehört.

Ich habe letztens einen Film über genau dieses Thema gedreht und mich mit vielen Wissenschaftlern ausgetauscht. Interessant fand ich vor allem, dass Ruanda ein Drittel seiner Stromproduktion mit Methan aus einem Stausee gewinnt. Ein Entwicklungsland hat durch Methan auf einmal eine gute Stromanbindung, und das soll in Ruanda wie auch im Kongo noch viel stärker genutzt werden. Die Energiequelle liegt im Kiwusee, von dem es heißt, er sei einer der gefährlichsten Seen der Welt. Aber dieser See gibt Ruanda und Kongo die Chance, Energie zu gewinnen. Auf dem Grund des Sees wurde extrem viel Methan gefunden, mit dem Strom erzeugt werden kann. Der Kiwusee ist ein Vulkansee, der in 1500 Meter Höhe liegt, er ist fünfmal so groß wie der Bodensee. Besonders in seinen tieferen Schichten sind viele Millionen Tonnen Gas gespeichert: CO_2 und Methan.

Da der See geschichtet ist, ist er extrem gefährlich: Oben befindet sich Süßwasser, in den Tiefen Salzwasser, das schwerer ist. Wirbelt irgendetwas diese Schichten durcheinander, entsteht giftiges Gas, das aufsteigt und für Mensch wie Tier große Gefahren birgt. Im absoluten Ausnahmefall könnte eine Kettenreaktion entstehen, die in sehr kurzer Zeit sehr viel Gas freisetzen würde, sodass alles Leben rund um den See vernichtet werden würde. Allerdings schätzen Wissenschaftler das Risiko als sehr gering ein. Mit der richtigen Technik und einem sorgsamen Umgang kann dieses Methangas genutzt werden. Mithilfe von Entwicklungshilfeprojekten konnte Ruanda ein riesiges Gaskraftwerk auf den See bauen. Die Gasförderplattform ist fast so groß wie ein Fußballfeld und kann etwa ein Drittel der Bevölkerung des Landes mit Strom versorgen, und es soll noch mehr werden.

Allerdings ist die Förderung des Methans sehr riskant und umstritten. Es muss extrem auf Sorgfalt geachtet werden, damit nichts passiert. Aber mit guter Wartung und vielen Vorkehrungsmaßnahmen ist so eine verlässliche Energieversorgung entstanden. Geht das in Deutschland auch? Die Antwort lautet nein, denn am Grund unserer Stauseen lagern nur minimale Mengen an Methan, viel zu wenig, um genutzt werden zu können. Wissenschaftler, die seit einigen Jahren dieses Thema untersuchen, berichten, dass Stauseen mehr Methan enthalten als andere Gewässer, weil mangels Zuflüssen nicht ständig neues organisches Material ankommt. So kann sich alles, was da ist, im stehenden Gewässer abssetzen. Besonders im Sommer, wenn nur wenig Sauerstoff auf dem Grund der Stauseen vorhanden ist, entsteht beispielsweise beim Zersetzen von Blättern und Zweigen Methan. Aber wie gesagt, die Mengen sind nicht vergleichbar mit denen in Afrika.

Sie sehen, das Thema Methan ist ein weites Feld mit vielen Fragen für die Wissenschaft. Dennoch sehe ich in den Ansätzen, beispielsweise aus Abwasser Strom zu produzieren, weil in Klärwerken das Methan genutzt werden kann, als gute Chance für die Wirtschaft, aus einer Last eine Tugend zu machen.

Wussten Sie schon, dass mittlerweile viele Prominente wie Gwyneth Paltrow, Olivia Wilde, Jonny Depp, Jared Leto, Natalie Portman, Ben Stiller, Mike Tyson, Demi Moore und Bryan Adams, um nur einige zu nennen, ihre Ernährung dem Klimaschutz zuliebe auf vegan umgestellt haben? Mittlerweile kann man sich wunderbar auch ohne tierische Produkte abwechslungsreich gesund ernähren.

CO_2-neutrales Reisen – wie sieht der Urlaub der Zukunft aus?

Die schönste Zeit im Jahr ist die Urlaubszeit! Ich liebe es zu arbeiten, ich mache das wirklich gern und viele von Ihnen sicher auch. Aber nur arbeiten ist nicht gesund, wir brauchen Auszeiten. Jeder hat da seine eigene Vorstellung, wie man am besten abspannt und herunterkommt. Klar ist: Man muss regelmäßig raus aus seinem Alltag, um neue Energie zu schöpfen.

Ehrlich gesagt, habe auch ich vor Jahren kaum darüber nachgedacht, wie nachhaltig unsere Ferien sind und ob wir damit der Umwelt schaden. Aber diese Denkweise hat sich bei mir und wohl auch bei vielen anderen geändert, und das ist gut so.

Klar, spielt hier mal wieder die Pandemie mit rein, denn während Corona konnte man sich zwar in Reisekatalogen aalen und von tollen Reisen träumen, aber wegfahren? Fehlanzeige! Andererseits haben wir in den kurzen Verschnaufpausen von COVID unser schönes Deutschland wieder zu schätzen und wahrscheinlich überhaupt erst kennengelernt. Unser Land ist so abwechslungsreich und sehenswert, es gibt so viele wunderbare Örtchen und Landschaften. Es muss nicht immer eine Fernreise sein. Camping ist wieder sehr in Mode gekommen, zurück zur Natur, Urlaub ohne viel Schnickschnack. Und günstig, ein sehr umweltfreundlicher Trend! Natürlich ist das nicht für jeden etwas, aber viele haben eine neue Leidenschaft in sich entdeckt. Das könnte der Anfang von vielen Umstellungen und neuen Denkweisen in unserem Leben sein: Wenn wir merken, dass uns neue Dinge guttun und sie vielleicht gar nicht so kompliziert sind, wie wir es uns vorher gedacht haben, könnten sich auch neue Urlaubsgewohnheiten etablieren, die ökologisch sind.

Ja, auch ich möchte meinen Kindern die Welt zeigen, andere Kulturen, andere Gerüche und Geschmäcker. Städte und Orte, die wir gemeinsam entdecken und die uns Erinnerungen für die Ewigkeit schenken, die uns keiner mehr nehmen kann. Unsere Welt ist so bunt, und je mehr man davon sieht, desto offener wird man anderen Menschen gegenüber, und ich glaube, das tut dem Miteinander von uns allen gut. Deshalb möchte ich persönlich auf Reisen nicht verzichten, doch natürlich wird dabei CO_2 produziert.

Aber man kann sanften Tourismus betreiben, Ökotourismus und keinen Massentourismus, der die Umwelt oft aus dem Blick verliert. An viele schöne Orte kommt man mit der Bahn, dem Fahrrad oder zu Fuß. Ab und zu bewusst eine Flugreise zu unternehmen, finde ich nicht problematisch. Aber Fliegen müsste wieder mehr kosten, und es sollte automatisch einen CO_2-Kompensationsaufschlag geben. So muss man nicht ganz drauf verzichten, aber man überlegt es sich zweimal, ob man fliegt – das sollte für Urlaub- wie Geschäftsreisen gelten. Ich möchte hier nicht missionieren, sondern zum Umdenken anregen. Jeder erholt sich auf seine Art, aber wir sollten auch beim Planen des Urlaubs unseren schönen Planeten Erde im Hinterkopf behalten und nicht unnötig Emissionen in die Luft jagen. Kreuzfahrtschiffe beispielsweise haben zwar vor allem für ältere Menschen, die nicht mehr so gut zu Fuß sind, ihre Vorteile. Sie können etwas von der Welt sehen, ohne sich viel bewegen zu müssen. Aber müssen so viele junge Menschen auf diese Weise ihre Ferien verbringen? Unmengen an Schweröl werden verbrannt, viel Energie verbraucht und viel weggeworfen, teils direkt ins Meer – das ist nicht gut.

Immerhin tut sich auch in dieser Branche etwas, auch dort gibt es nachhaltigere Anbieter. Mittlerweile werden umweltbewusste

Schiffsreisen angeboten, deren ökologischer Fußabdruck sich in Maßen hält, die Antriebsform ist emissionsärmer, und Lebensmittel und Energie werden nicht unnötig verschwendet. Aber wirklich nachhaltig ist ein Urlaub auf einem Kreuzfahrtschiff nicht, zudem ist er sehr teuer, das kann sich natürlich nicht jeder leisten – hier wird die soziale Schere sichtbar, die sich in der Gesellschaft weiter öffnet. Für die Urlaubsanbieter sollte es zudem von der Regierung Auflagen geben, wie für die Wirtschaft, sodass Urlaub grün werden muss, klimaneutral.

Aber auch hier sehe ich schon ein großes Umdenken. Ich bin immer wieder unterwegs zu Kongressen und muss in Hotels schlafen. Dort wird mittlerweile schon sehr nachhaltig gedacht. Fast nirgendwo gibt es noch das tägliche Saubermachen der Zimmer, dafür werden Bäume gepflanzt. Handtücher werden häufiger als einen Tag benutzt, und die Buffets und Kaffeeangebote tragen eine ökologische Handschrift. Das ist gut und der richtige Trend.

Versuchen Sie doch mal einen Urlaub auf dem Rad, wandern Sie von Hütte zu Hütte oder machen Sie Ferien auf dem Biobauernhof. Testen Sie es für sich und Ihre Lieben – vielleicht entdecken auch Sie Ihre neue Leidenschaft. Noch eine Idee, gerade im Urlaub, wenn man entspannt ist: Probieren Sie es mal, sich vegan zu ernähren, einen Versuch ist es wert.

Wussten Sie, dass Herzogin Kate früher Pfadfinderin war und Camping liebt? Auch Jamie Oliver fährt gern mit seiner Familie in den Ferien zum Camping.

Müll – auch das gehört zum Klimaschutz

Ich weiß ja nicht, wie es Ihnen geht, aber ich verzweifle manchmal beim Thema Müll. Dazu muss ich Ihnen zwei Geschichten erzählen. Es passiert selten, aber in der kalten Jahreszeit kommt es als Familienevent manchmal vor, dass wir ins Kino gehen. Wir fahren mit der Bahn dorthin, und die Kinder freuen sich, in eine andere Welt eintauchen zu dürfen. Ausnahmsweise gibt es für die drei Kinder gemeinsam eine kleine Packung Popcorn – das ist unser Deal. Aber wenn ich dann im Kino stehe, finde ich unsere Wegwerfmentalität erschreckend: riesige Tüten Popcorn, Unmengen Nachos auf Plastiktellern, literweise Cola. Zwei Kinder bekommen einen Liter Cola – alles Einweg und viel zu groß und viel zu viel. Die Mülleimer können nach einer Vorstellung die Berge an Tüten & Co. nicht aufnehmen. Ist das zeitgerecht? Sollte es da nicht Auflagen geben, was Kinobetreiber anbieten dürfen? Nicht anders geht es auf vielen Großveranstaltungen zu.

Nun meine zweite Assoziation: Wenn ich den Großeinkauf für unsere fünfköpfige Familie mache, ist unser Plastikmülleimer in der Küche unter der Spüle schon voll, obwohl noch niemand irgendetwas gegessen hat. Allein beim Auspacken von Möhren, Gurken, Joghurts, Käse und Toilettenpapier fällt unheimlich viel Müll an, vor allem Plastikmüll, der vermeidbar wäre.

Ich finde das Konzept der Unverpacktläden sensationell, aber leider existiert in unserer Nähe noch keiner dieser Läden, und der

Alltagsstress gibt es selten her, 15 Minuten mit dem Auto oder 25 Minuten mit dem Rad dorthin zu fahren. Immerhin schaffen wir es einmal die Woche, dort Basics zu besorgen, aber es beansprucht viel Zeit, viel Budget und viel Organisation, und mir ist klar, dass das nur für wenige umsetzbar ist.

Hinzu kommt wieder mal das soziale Problem. Unverpacktläden haben ein teureres Angebot als der Discounter, und viele, viele Menschen können sich das einfach nicht leisten. Wir sollten diese Läden unterstützen, denn wenn es mehr von ihnen gäbe, wären sie nicht so teuer, und wir könnten unseren Verpackungsmüll deutlich einschränken. Lebensmittel werden mit Unmengen Plastikverpackung drumherum nicht frischer oder schöner. Für den Transport ist es praktisch, aber es ist nicht immer notwendig, und weniger Verpackung schränkt uns in unserem Genuss eindeutig nicht ein.

Wie viel Müll kommt im Alltag zusammen?

632 Kilogramm Abfall pro Kopf hat jeder Deutsche im Durchschnitt im Jahr 2020 produziert. Damit lag unsere Abfallmenge deutlich über dem EU-Durchschnitt. Und das hat mich erstaunt, ich dachte, die Mittelmeerländer sind an der Spitze. Nein, bei den Dänen kommt pro Kopf am meisten Müll zusammen. 2021 wuchs unser Müll pro Haushalt noch einmal, was an Corona lag. Wir waren mehr zu Haus und haben aufgrund geschlossener Restaurants sehr häufig daheim gegessen.

Immerhin wird in Deutschland schon recht gut Müll getrennt. Es ist erstaunlich: Seitdem es in unserem Landkreis neben der blauen Tonne für Pappe und Papier, der gelben Tonne und den Glascontainern eine Biomülltonne gibt, haben wir fast keinen Restmüll mehr – die graue Tonne wurde bei uns zur Aufbewahrung des Heus für die Hasen, unseren Haustieren, umfunktioniert. Wer konsequent trennt, kann auf die Restmülltonne fast vollkommen verzichten. Auch auf Bahnhöfen wird mittlerweile strikt getrennt, und das ist auch gut so. In unseren Köpfen ist es zur Normalität geworden, und so sollte es in vielen anderen Lebensbereichen und in Bezug auf Müll in anderen Ländern auch sein.

Dennoch produzieren wir immer noch viel zu viel Müll, vor allem Kunststoffabfälle. Davon fielen 2019 in Deutschland 6,3 Tonnen an, wobei unglaubliche 86 Prozent von privaten und gewerblichen Endverbrauchern stammten und nur 14 Prozent von der Industrie. Extrem viel ist in Kunststoff verpackt: Flaschen, Dosen, aber auch Käse, Wurstwaren sowie Obst und Gemüse sind häufig von Plastik ummantelt. An Kiosken, im Kino, auf Großveranstaltungen ist viel extra verpackt. Statistisch gesehen haben sich die Kunststoffabfälle durch Verpackungen in den vergangenen 20 Jahren mehr als verdoppelt. Was passiert eigentlich damit? Ein Teil wird recycelt, ein Teil wird verbrannt. Und was ich Ihnen nun erzähle, ist ein Wahnsinn: Weil die gültige gesetzliche Recyclingquote in Deutschland von 36 Prozent bereits übererfüllt wurde, passierte in der Müllwirtschaft in den letzten Jahren auf diesem Gebiet wenig. Man hätte mehr und besser recyceln können, aber da es der Staat nicht fordert, wird es nicht gemacht – eine traurige Wahrheit. Zum Glück hat die Politik das gemerkt und im Januar 2019 mit einer neuen gesetzlich verbindlichen Recyclingquote bis zum Jahr 2022 63 Prozent als Marke festgesetzt. Aber da ginge durch Kreislaufwirtschaft noch mehr, weshalb diese gesetzliche Vorgaben und Zielquoten vom Staat extrem wichtig sind.

Abfall kann sich lohnen

Sicher fragen sich einige von Ihnen, ob Mülltrennung wirklich sinnvoll ist oder ob nicht ohnehin alles in dieselbe Müllverbrennungsanlage gelangt. Die Frage ist berechtigt, aber guten Gewissens spricht das Bundesumweltamt davon, dass Abfälle begehrte Rohstoffquellen und Handelsgüter sind. Und man kann sie besonders gut weiterverarbeiten, wenn sie sortenrein sortiert wurden. Sowohl von der Bundesregierung als auch von der EU gibt es zahlreiche Vorgaben und auch Kontrollen.

In Deutschland liegt die Müllentsorgung und -verwertung in der Hand der Kommunen, und je besser sie das umsetzen, desto weniger müssen wir Steuerzahler dafür aufkommen. Einige Kommunen sind in ihrer Zusammenarbeit mit Unternehmen sehr erfinderisch: Aus Bioabfällen kann Biogas oder Strom gewonnen werden. Bei Restmüll ist es mit dem Recycling leider nicht ganz so einfach, aber dieser Müll kann immerhin in Heizkraftwerken verbrannt und daraus kann Strom oder Fernwärme gewonnen werden. Altpapier wird recycelt und erneut zu Papier verarbeitet.

Der Müll aus der gelben Tonne wird teils wiederverwendet, muss dafür aber viel gereinigt werden, teils wird er verbrannt. Aber denken Sie mal über die Entsorgung unserer vielen Handys nach, die mittlerweile ja auch ständig erneuert werden. In einer Tonne alter Handys oder Smartphones lassen sich 250 Gramm Gold finden. Auch in Computerteilen befinden sich Gold, Silber und seltene Erden. Damit kann richtig Geld verdient werden, und das ist auch gut so, weil auch hier die Ressourcen an ihre Grenzen kommen. Die meisten Abfälle sind viel zu wertvoll, um sie auf riesigen Müllhalden sich selbst zu überlassen.

Müll trennen lohnt sich, aber …

… Müll vermeiden ist noch besser, und das ist gar nicht so schwer. Plastikflaschen kann man komplett vermeiden, indem man Wasser aus der Leitung trinkt. Andere Getränke kann man in Glasmehrwegflaschen besorgen. Verwenden Sie wieder mehr Schraub- und Einweckgläser für Marmeladen, Joghurts und Saladressings. Kaufen Sie wieder ein Stück Seife statt Flüssigseife, das macht genauso sauber und spart Kunststoffverpackung. Und wenn etwas verpackt sein muss, gibt es mittlerweile auch ökologisch abbaubare Verpackungen. Die Wissenschaft ist da schon sehr weit.

Plastikfreie Kleidung ist eindeutig ökologischer und trägt sich auch besser. Wir können auch einfach mal etwas reparieren oder flicken – nicht jede Socke muss gleich in den Müll, wenn sie ein Loch hat. Es gibt also viele kleine Puzzleteile, die eine klimafreundliche Welt auch beim Thema Müll in die richtige Richtung bringen können.

Ich weiß: Wann soll ich denn Socken stopfen und in den Unverpacktladen gehen? Mein Tag ist so voll, ich schaffe kaum den Alltag. Viele von Ihnen haben sicher dieses Problem. Deshalb hier mal eine Idee:

Vier-Tage-Woche

Was halten Sie von einem Haushalts- oder Klimaschutztag? Ich habe das Gefühl, bei vielen von uns scheitert es wirklich an der Zeit, Klimaschutz zu betreiben. Viele würden gern auf dem Wochenmarkt oder im Unverpacktladen einkaufen und statt dem Auto öfter mal das Rad benutzen, aber uns allen fehlt die Zeit dazu. Unser Alltag ist voll, frisst uns auf, und es bleibt so wenig Zeit für wirklich wichtige und schöne Dinge.

In Belgien gibt es per Gesetz mittlerweile die Vier-Tage-Woche. Belgische Angestellte haben zwar das gleiche Arbeitspensum und den gleichen Lohn wie früher, können aber selbst entscheiden, ob sie ihre Arbeit an vier oder fünf Tagen pro Woche abarbeiten wollen. Auch in deutschen Betrieben und in einigen anderen Ländern gibt es dazu Modellversuche. Gleitzeit ist ja schon Normalität geworden, aber einfach mehr Zeit, weniger Stress, im Sinne der Natur Ressourcen sparen und bewusster leben könnte ein Teil der Lösung für besseren Klimaschutz sein.

Wussten Sie schon, dass viele Promis, unter anderem Nina Bott oder Nicky Hilton, sich immer ihren eigenen mitgebrachten To-go-Becher in Coffee-Shops füllen lassen. So einfach kann man Müll vermeiden.

Kleidung – wie viel brauchen wir wirklich?

Haben Sie schon einmal bewusst mit dem ökologischen Blick in Ihren und den Kleiderschrank Ihrer Kinder geschaut? Ich weiß, das ist für viele ein heikles Thema. En vogue angezogen sein, sich wohlfühlen, nicht jeden Tag das Gleiche tragen ist vielen Menschen wichtig, und das ist auch ihr gutes Recht. Wir sind alle verschieden, jedem ist etwas anderes wichtig, und für manche sind es halt die Klamotten. Aber wie sehr lässt sich das mit einem umweltfreundlichen Denken verbinden? Wie nachhaltig ist die Bekleidungsindustrie, und wie gehen Models damit um? Wie kleidet man sich wirklich klimafreundlich? Müssen wir wieder zurück zu den Fellen der Jäger und Sammler? Nein, auf keinen Fall, wir haben uns weiterentwickelt, und auch in der Modebranche gibt es wunderbare Leuchttürme, die uns zeigen können, wie es geht.

Erst einmal wäre es an der Zeit, den eigenen Kleiderschrank zu durchstöbern und zu schauen, was man hat, was man braucht und wovon man sich trennen kann. Ich bin immer wieder erstaunt, wie viele Klamotten man hat und wie wenig man davon wirklich gern anzieht. Diese Kleidung sollte aber bitte nicht im Restmüll landen. Wie wäre es, wenn Sie mit Freundinnen einen Klamotten-Tausch-Abend organisieren? Wir machen das öfter, und da ja die Geschmäcker verschieden sind, tauschen wir wild miteinander, und alle haben danach neue Kleider im Schrank, ohne etwas gekauft zu haben. Zudem sind die Abende einfach schön. Mit

Kinderklamotten geht das sogar noch besser. Die Mäuse wachsen so schnell, dass die Kleidung gefühlt wie neu ist, wenn sie zu klein wird. Meine Kinder haben eigentlich nur Sachen von Freunden an. Natürlich geht das bei Schuhen und bei Fußball spielenden Jungsjeans nicht immer, aber im Großen und Ganzen macht das Spaß und ist wirklich ein Beitrag für die Umwelt, der nicht weh tut. Außerdem frage ich mich manchmal, warum man vier Bikinis und 15 Pullover im Schrank haben muss, man kann doch immer nur einen davon anziehen und hat eh seine Lieblinge.

Bewusst einkaufen zu gehen und nur das zu nehmen, von dem man sich ganz sicher ist, dass man es auch anzieht, ist ein weiterer guter Schritt. Und man hat auch wieder etwas mehr Platz im Schrank. Natürlich geht es auch darum, was man kauft. Mittlerweile gibt es viele Labels, die nachhaltig Kleidung produzieren. Sie achten auf Materialien, die umweltfreundlich sind, auf Produktionsmethoden, die wenig Wasser und Energie verbrauchen, und auf kurze Lieferwege. Haben Sie schon einmal etwas von Kleidung aus Bambus gehört? Die bewährt sich in den letzten Jahren mehr und mehr, denn Bambus wächst am Tag bis zu einem Meter. Zudem wird bei nachhaltiger Kleidung genau darauf geachtet, dass wenig Pestizide oder andere schädliche Substanzen verwendet werden. Damit tun wir nicht nur etwas für den Umweltschutz, sondern vor allem auch für die Gesundheit der Arbeiterinnen, die unsere Kleidung fertigen.

Nun erzähle ich Ihnen noch eine verrückte Geschichte, die mir eine Freundin aus der Textilbranche berichtete. In Portugal gibt es eine Firma, die Kleidungsfetzen sammelt, sie nach Farbe sortiert und daraus wieder neues Garn herstellt, quasi Stoffkreislaufwirtschaft in der Textilbranche. Alte Klamotten müssen nicht entsorgt werden, sondern sind nützlicher Rohstoff. Da die Textilfetzen außerdem nach Farben sortiert werden, entsteht farbiges Garn, sodass nicht noch aufwendig gefärbt werden muss, was eine schlechte Klimabilanz zur Folge hätte. Das Problem sind bislang die Nähte, die häufig aus Polyester oder Elasthan sind und nicht wieder zu Garn umfunktioniert werden können. Aber daran wird geforscht. Ein weiterer Aspekt in dieser Textilfabrik in Portugal ist, dass aus den Flusen, die entstehen, recyceltes Papier hergestellt wird. Sie kennen das vielleicht von Ihrem Wäschetrockner, dass im Netz immer extrem viele Flusen hängen. Die bilden nun die Basis von neuem Papier, erneut wird aus Abfall ein Rohstoff. Ein wunderbarer Leuchtturm, der häufig kopiert werden sollte. Ursprünglich stammt die Idee vom Nachhaltigkeitspionier Michael Braungart, einem deutschen Verfahrenstechniker und Chemiker. Er ist ein kreativer Kopf, der viele wunderbare Ideen für energiesparende, effizientere Produktionsprozesse in der Wirtschaft entwickelt.

Ich glaube, viele von Ihnen haben ein schlechtes Gewissen, wenn Sie an die Arbeitsbedingungen in Bangladesch und Indien denken, woher der Großteil unserer Kleidung stammt. Doch mittlerweile gibt es etliche Biomarken und Läden, die eine große Auswahl an nachhaltiger Kleidung anbieten. Auch hier müssen wir den sozialen Aspekt wieder betrachten – viele können sich so etwas einfach nicht leisten. Das stimmt, aber ich finde, durch eBay-Kleinanzeigen und Secondhandläden kann man auch mit einem kleinen Geldbeutel und ein bisschen Muße gesunde Kleidung für die Umwelt und für sich bekommen. Nachhaltige Fasern sind nämlich auch für unsere Haut viel besser. In Zeiten der Klimakrise nehmen Allergien zu, und da gibt es auch oft Hautprobleme, die durch Kleidung, in der Plastik und chemische Fasern überwiegen, verursacht werden.

Wir können auch darüber nachdenken, ein besonderes Kleid zu leihen und nicht zu kaufen. Zudem ist auch hier Qualität besser als Quantität. Ich bin jemand, der sich schwer von etwas trennen kann, und Einkaufen ist mir persönlich nicht wichtig.

Das hat sicher auch damit zu tun, dass wir beim Moderieren im Fernsehen eingekleidet werden, und da werde ich von unseren Kostümbildnern immer sehr verwöhnt. Daher trage ich privat die Jeans von vor 20 Jahren und habe nicht besonders viel im Kleiderschrank. Aber wie gesagt, ich kann gut verstehen, wenn anderen das wichtiger ist. Dennoch ist die Textilindustrie eine riesige Branche, in der viel für den Klimaschutz getan werden kann, und wir alle haben darauf Einfluss.

Unser Konsum kann, nein, er sollte eine Richtung einschlagen, die mehr an den Umweltschutz denkt. Socken stopfen mag in unserer schnelllebigen Wegwerfgesellschaft unpopulär geworden sein. Aber ich mache das schon lange, denn ich finde die Klamotten meiner Kids so schön, dass ich mich nicht von ihnen trennen will. Nadel und Zwirn in die Hand nehmen und die Nähmaschine anwerfen tut gut, erdet und lässt viele Klamotten länger leben. Ich liebe es auch zu häkeln, auch das tut in unserem vollen Leben gut – runterkommen, sich einer Sache ganz widmen und etwas mit der Hand schaffen, für mich ist das Balsam für die Seele.

Sie sehen, wir können auch in diesem Bereich eine Menge tun und müssen nicht wie unsere Vorfahren mit einem Lederleibrock herumlaufen. Aber auch die Wertigkeit, was wer anhat, sollte sich ändern. Immer noch werden Menschen nach ihrem Aussehen beurteilt, in der Schule, aber auch bei uns Erwachsenen. Das darf keine Rolle spielen. Und so wäre ich dafür, dass beispielsweise in der Branche, in der ich viel arbeite, nicht mehr so viel Wert auf Äußeres gelegt wird. Wir im Fernsehen sollten eine Vorbildfunktion einnehmen, und die Moderatorinnen müssen nicht jeden Tag etwas anderes anhaben, das würde ich mir wünschen.

Wussten Sie schon, dass die wunderschöne Barbara Meier auf nachhaltige Klamotten Wert legt? Machen wir es ihr doch nach.

Seegras – ein nachhaltiges Multitalent

Haben Sie schon einmal etwas von Seegras gehört? Dem einen oder anderen ist es sicher ein Begriff, aber wahrscheinlich haben Sie sofort die Assoziation von stinkendem Grünzeug, das an der Ostsee angespült wird und die Strände verunreinigt. Aber das ist ein völlig falscher Eindruck: Erstens riecht Seegras nicht, das sind Seetang und Algen. In getrocknetem Zustand riecht Seegras sogar ein bisschen wie Heu mit einer sanften Note von Meer und Strand. Und auf alle Fälle ist Seegras nicht nervig, sondern etwas Wunderbares. Es kann so viel, das hat auch mich überrascht, nachdem ich mich näher damit beschäftigt habe.

Lebensraum für unzählige Lebewesen

Seegraswiesen sind ein wahres Eldorado für unzählige Meerestiere. Verschiedenste Jungfische, Algenarten und Würmer finden hier ihre Nahrung und Verstecke gegen Fressfeinde. 17 unterschiedliche Korallenrifffischarten nutzen die dreidimensionale Struktur der Seegraswiesen und verbringen ihre gesamte Jugend in deren Schutz. Auch viele Fischmütter legen hier ihre Eier ab, um ihren empfindlichen Nachwuchs in den ersten Wochen nach dem Schlüpfen in guter Obhut zu wissen. Die langen bandartigen Blätter des Seegrases sorgen dafür, dass die Wellenbewegung im

Meer gebremst wird und es weniger Strömung gibt – es entsteht also ein Art Frauenruheraum.

Gleichzeitig ernähren sich Fische, Krabben, Gänse, Schwäne, aber auch einige Schildkrötenarten von Seegras. Unzählige andere kleine Tiere, die im grünen Dschungel der Seegraswiesen leben, fressen kleine Flechten oder verschiedenste kleinen Algen, die hier zwischen den Seegraspflanzen zu finden sind. Einige Wissenschaftler bezeichnen Seegraslandschaften als die tropischen Regenwälder unter Wasser, weil sie so vielfältig sind.

Natürliche Filteranlage

Aber Seegras kann noch viel mehr: Es säubert unsere Meere und verbessert die Wasserqualität deutlich. Schadstoffe wie zum Beispiel Schwermetalle können durch das Seegras aus dem Wasser herausgefiltert werden. Und wissen Sie, was? Seegras macht das aus Eigennutz, denn die Pflanzen lieben das Licht, sie wachsen so einfach schneller. Seegras ist zudem ein wunderbarer natürlicher Filter für die Industrie. Dünger und jede Menge Nährstoffe gelangen über Flüsse und das Grundwasser in die Meere und verunreinigen sie. Intakte Seegraswiesen halten unsere Meere sauber, gesund und filtern Bakterien und Viren heraus. Zum Beispiel wurden in der Ostsee über 60 Prozent weniger gefährliche Vibrionen-Bakterien gefunden als auf vergleichbaren Flächen ohne Seegras. Auch Nährstoffe werden recycelt sowie Stickstoff und Mikroplastik gebunden. Besonders der Plastikaspekt ist spannend. Das Team um die Meeresbiochemikerin Anna Sanchez-Vidal hat herausgefunden, dass sich kleine und größere Plastikteile in den Seegraswiesen sammeln. Es bilden sich sogenannte Neptunbälle, fasrige Kugeln, die an den Strand gespült werden. In ihnen wurde jede Menge Plastik nachgewiesen. Seegras hilft uns also, die Meere von Plastik zu befreien.

Seegras als Hochwasserschutz

Außerdem dient Seegras als Hochwasserschutz. Dass Seegraswiesen einen sehr effizienten Beitrag zum Küstenschutz leisten können, ist noch gar nicht lange bekannt. Sie können die Kraft der Wellen stark eindämmen. Gesunde Seegraswiesen sorgen dafür, dass die Wucht der Wellen Küstenabschnitte teils um 25 bis 45 Prozent weniger stark trifft. Aus diesem Grund nehmen Seegraswiesen einen immer größeren Stellenwert bei naturnahen Küstenschutzkonzepten ein. Neben Deichen können sie zu einem langfristig wirksamen Küstenschutz beitragen. In Sturmlagen die Kraft des Meeres im Wasser abzumildern, finde ich eine sehr sinnvolle und vor allem günstige Lösung, zudem muss die Küste nicht weiter zugebaut werden. In Zeiten von immer extremer werdenden Wetterereignissen wird das gebraucht und ist letztendlich kostengünstiger, auf natürlicher Basis und vor allem wird weniger Schaden angerichtet.

Seegras als CO_2-Speicher

Seegras ist auch auf diesem Gebiet ein absolutes Ausnahmetalent und wird deutlich unterschätzt. Zehn Prozent des Kohlenstoffs im Ozean werden von Seegras gespeichert, obwohl es weltweit gesehen gerade einmal 0,2 Prozent des Meeresbodens bedeckt. Dabei ist die Effizienz der Speicherung von Kohlenstoff extrem unterschiedlich. Seegraswiesen vor der dänischen Insel Thurø speichern zum Beispiel etwa 27 Kilogramm Kohlenstoff pro Quadratmeter im Meeresboden. Das sieht vor der deutschen Küste ganz anders aus, obwohl wir uns auch an der Ostsee befinden. Hier speichert Seegras zehnmal weniger Kohlenstoff. Dass das so ist, überrascht teils auch die Wissenschaftler – die Forschung auf diesem Gebiet steckt mancherorts noch in den Kinderschuhen.

Das GEOMAR Helmholtz-Zentrum für Ozeanforschung schätzt die Seegraswiesen in der Ostsee auf etwa 285 Quadratkilometer, womit zwischen 29 und 56 Tonnen Kohlendioxid pro Jahr gespeichert werden. Damit gelingt es einem Quadratmeter Seegras, mehr Kohlenstoff zu speichern als ein Quadratmeter im Regenwald und ein Vielfaches dessen, was ein Quadratmeter in einem Mischwald in Europa übernimmt. Wahrscheinlich hat die große Speicherkapazität etwas mit dem Wurzelwerk des Grases zu tun. Dieses kann mehr als tausend Jahre alt sein, und so wird viel Kohlenstoff im Meeresboden selbst gespeichert.

Früher sprach man bei Seegraswiesen vom »hässlichen Entlein« des Meeresschutzes, mittlerweile gelten sie als Wunderwaffe. Ihr besonderes Potenzial, naturbasiert Kohlendioxid zu speichern, ist grandios. Somit kann Seegras einen wesentlichen Beitrag zur Speicherung von CO_2 leisten.

Das Getreide aus dem Meer

Heutzutage wird Seegras in großem Stil in Aquakulturen als Lebensmittel gezüchtet. In Deutschland ist das kaum bekannt – hier ist Seegras eher noch exotisch, aber in China, Japan und Indonesien sieht das anders aus, dort baut man Seegras im großen Stil an. 85 Prozent der weltweiten Produktionsmenge kommen aus diesen Ländern. 2018 wurden in Ost- und Südostasien 32,4 Millionen Tonnen Seegras und Algen zum Verzehr produziert.

Die Zucht gilt als umweltfreundlich und als möglicher Geheimtipp für gesunde Sattmacher, denn Seegras ist zwar keine Alge, aber wie Algen ein wahres Kraftpaket: Es ist äußerst gesund und hat einen höheren Nährwert als Weizen oder Reis. Seegras kann auf verschiedenste Arten verarbeitet und angerichtet werden und ist nicht ohne Grund seit hunderten von Jahren in der asiatischen und vor allem der japanischen Küche zu finden. Auch in der Bretagne und in Großbritannien wird Seegras sehr geschätzt. Man nennt es dort Dulse. Da es zwar mild, aber auch salzig-würzig schmeckt, findet man es häufig in Fischgerichten oder in Suppen. Seegras wird aber auch als Salat oder Spinatersatz gegessen.

Probieren Sie es mal, es schmeckt außergewöhnlich und ein bisschen exotisch, aber ein kleiner Klecks zum Kosten lohnt sich. Ich fand den Geschmack zwar ungewöhnlich, aber nicht schlecht. In Zeiten von Dürre und immer noch steigenden Bevölkerungszahlen könnte die nahrhafte Pflanze, die im Salzwasser gedeiht, in Zukunft eine bedeutende Rolle in unserer Ernährung spielen.

Mit Seegras ökologisch bauen

Man kann Seegras also essen, es dient als Hochwasserschutz, macht das Wasser sauber, ist Lebensraum für viele Tiere und Pflanzen und speichert Unmengen CO_2. Und nun erzähle ich Ihnen noch, dass man mit Seegras auch bauen und vor allem dämmen kann. Wer schon mal am Mittelmeer war, kennt sie: die oben bereits erwähnten Neptunbälle. Es sind zwei bis zehn Zentimeter große filzartige Kugeln, die am Strand herumliegen. Mit den Kindern haben wir uns damit wahre Schlachten geliefert. Aber sie sind nicht nur als Spielzeug geeignet, sondern vor allem zur Dämmung von Häusern.

Neptunbälle müssen dafür erst mal von Sand und anderen Fasern aus dem Meer befreit und kleingehäckselt werden. Dann kann diese Seegrasdämmwolle für die Innen- und Außendämmung bei Dächern und Fassadensanierung genutzt werden. Das Gute ist: Da die Neptunbälle aus dem Meer stammen, können sie wunderbar Flüssigkeit aufsaugen und sind resistent gegen Fäulnis, Schimmel und Pilze. Durch ihren natürlichen Salzgehalt kommt ihnen zudem ohne chemische Zusätze eine gute Brandschutzklasse zu. Sie dämmen gegen Kälte im Winter, aber bieten auch im Sommer einen guten Hitzeschutz.

Auch mit dem Ostseegras kann gedämmt und vor allem gepolstert werden. Schon in den 1950er Jahren wurden Matratzen an der Ostsee mit Seegras gefüllt, und darauf schläft man auch heute noch gut. An der Ostsee bilden sich keine Kugeln, hier trifft man auf sogenanntes Seeheu, das an den Ostseestränden geerntet wird. Als Dämmmaterial aufbereitet kann es gut in die Ecken und Winkel des Dachbodens gestopft werden oder Matten und Matratzen als Innenleben dienen. In der Entwicklung ist gerade eine Trittschalldämmplatte aus Seeheu. Es wird also auch auf diesem Gebiet getüftelt und geforscht.

Unser Seegras ist also wirklich ein absolutes Mulitalent.

Seegras in Not

Aber leider ist Seegras wie so viele Pflanzen bedroht. Nach dem Umweltprogramm der Vereinten Nationen ist Seegras eines der am wenigsten beachteten Ökosysteme weltweit und gleichzeitig eine der am stärksten bedrohten Pflanzenarten. Seit 1980 gehen jährlich geschätzt ein bis sieben Prozent der Seegraswiesen weltweit verloren. Mittlerweile stehen etwa 25 Prozent aller Seegrasarten auf der Roten Liste bedrohter Arten. Vor allem im Mittelmeer sterben viele Seegraswiesen und -arten ab. Forscher des spanischen Forschungsinstituts Imedea gehen davon aus, dass man Mitte des Jahrhunderts im Mittelmeer überhaupt kein Seegras mehr finden wird. Die Gründe hierfür sind vielfältig und hauptsächlich mit uns Menschen verbunden.

Allgemein leiden die Seegräser sehr unter der Meeresverschmutzung. Vor allem durch die industrielle Landwirtschaft gelangen große Mengen Phosphate und Stickstoffe in die Meere, die in Küstennähe einen Algenbewuchs verursachen, der das lichtliebende Seegras verdrängt. Fischer mit ihren Schleppnetzen vernichten Seegraswiesen im großen Stil. Und auch der Tourismus tut in einigen Regionen der Pflanze nicht gut. Urlauber mögen keinen Pflanzenbewuchs in Küstennähe, sondern lieben unbewachsenen, sandigen Meeresboden. Hinzu kommen Schäden durch Fischer, die über zu flache Küstenabschnitte fahren oder fahrlässig ankern. Und dann schlägt nun auch noch der Klimawandel mit der Erwärmung der Meere zu.

An sich ist Seegras sehr anpassungsfähig: Es kommt mit natürlichen Schwankungen wie Stürmen, zeitweiliger Austrocknung und kalten Phasen gut zurecht. Aber extrem hitzetolerant ist Seegras nicht. Hier ein Beispiel: Durch die Hitzewellen 2010/2011 in Westaustralien wurden im Shark Bay Marine Park in Westaustralien bis zu 699 Quadratkilometer Seegras beschädigt oder zerstört. Erst nach drei Jahren begann sich das Seegras wieder zu erholen und wuchs nach.

Seegrasplantagen aus Menschenhand

Man kann Seegras jedoch gezielt anpflanzen und kultivieren. Das wird auf der ganzen Welt versucht, teils mit größerem, teils mit mäßigem Erfolg, denn das ist sehr aufwendig. Wie in der Landwirtschaft muss auch der Meeresboden fruchtbarer gemacht werden. Die Jungpflanzen werden dann von Tauchern per Hand eingesetzt. Ob sie anwachsen oder nicht, hängt vom Wetter und den jeweiligen Strömungen im Meer ab. Immer wieder passiert es, dass Pilze die Sprösslinge befallen. Da es sich um eine neue Form der Unterwasserwirtschaft handelt, steckt sie noch in den Kinderschuhen, könnte sich aber in naher Zukunft deutlich verbessern.

Australische Wissenschaftler versuchen es mit geklonten Seegraspflanzen. Allgemein ist es jedoch sehr schwierig, Samen von Seegras zu gewinnen. Vor der Westküste Floridas werden Seegraswiesen im großen Stil rekultiviert, und das mit großem Erfolg. Forscher des Southwest Florida Water Management District konnten Ende Januar 2022 festgestellen, dass es zwischen 2016 und 2020 immer mehr Seegraswiesen geworden sind.

In der Ostsee gibt es das vom Bundesministerium für Bildung und Forschung geförderte Projekt Seastore. Hier möchte man herausfinden, welche Möglichkeiten uns Seegras in der Ostsee bietet, Kohlenstoff zu speichern und gleichzeitig das Ökosystem Ostsee zu stabilisieren. Arten aus wärmeren Regionen versucht man zu kultivieren, mit dem Ziel, die gesamte deutsche Ostseeküste wieder mit Seegraswiesen zu besiedeln.

Sind Sie nun auch so begeistert vom Seegras wie ich? Wir sollten Seegras ernst nehmen, schützen und nutzen – für uns Menschen, aber vor allem auch für unsere Ökosysteme im Ozean.

Wussten Sie schon, dass Promis wie Leonardo DiCaprio, Kate Moss und Cristiano Ronaldo sehr gern mit ihren Jachten vor der Küste Formenteras ankern? Dort ist das Wasser besonders sauber und karibisch blau, und das liegt am vielen Seegras, das sich hier wohlfühlt und unter strengem Naturschutz steht. Es ist die natürliche Kläranlage des Mittelmeers.

Braucht jedes Haus ein Solardach?

In diesem Kapitel geht es um die Sonne. In Vorträgen, egal ob für Kinder oder Erwachsene, lautet einer meiner ersten Sätze immer: »Wenn es um das Wetter geht, hängt eigentlich alles an der Sonne. Sie ist quasi an allem schuld.« Wenn es allerdings ums Klima geht, spielt die Sonne zwar auch eine wichtige Rolle, aber nicht die wichtigste. Da würde ich uns Menschen als Hauptakteure bezeichnen.

Aber die Sonne kann uns dabei helfen, Treibhausgase einzusparen, denn wir können sie als kostenlose, saubere Energiequelle nutzen. Und es ist beeindruckend, wie viel Energie von der Sonne kommt – eine Fläche in der Sahara von 300 mal 300 Kilometer würde theoretisch reichen, um die ganze Erde mit Strom zu versorgen. Es steckt also viel Power in der Sonnenstrahlung, die uns erreicht.

Unterschied Photovoltaik und Solarthermieanlage

Unendlich viel Strom aus der Sahara für die ganze Welt wird es leider in absehbarer Zeit nicht geben, wir müssen uns schon hier vor Ort darum bemühen. Aber durch viel Forschungs- und Tüftelarbeit der Industrie ist mittlerweile viel möglich geworden. Mithilfe der Sonne kann jede Menge Warmwasser erzeugt und Strom produziert werden.

Und wie geht jetzt was?

Bei Photovoltaikanlagen wird Sonnenenergie in elektrische Energie umgewandelt, es wird Strom erzeugt, der sich vielseitig zum Eigenbedarf nutzen lässt. Beispielsweise kann man damit zu Hause seine elektrischen Geräte betreiben, das Elektroauto aufladen oder den erzeugten Strom ins allgemeine Stromnetz einspeisen. Solarmodule bestehen aus Halbleitern, meist Siliziumzellen, die quadratisch angeordnet sind. Sie sind einfach von Solarthermieanlagen zu unterschieden, denn sie haben im Gegensatz zu den gestreiften Solarthermie-Kollektoren ein Karomuster.

Einige reine Silizium-Solarmodule haben derzeit beim Einfangen der Sonnenenergie den besten Wirkungsgrad von etwa 22 Prozent. Mithilfe eines Wechselrichters wird der produzierte Gleichstrom in Wechselstrom umgewandelt. Speichereinheiten können den Strom dann vorübergehend zwischenlagern, oder der Strom kann ins öffentliche Netz gebracht werden.

Immer wieder hört man in den Medien, dass die Produktion von Photovoltaikpanelen mehr Energie benötigt, als diese produzieren. Aber das stimmt nicht mehr, da die Lebensdauer von Photovoltaikmodulen mittlerweile bei 25 bis 35 Jahren liegt und ihre gesteigerte Effizienz schon nach zwei bis sechs Jahren eine Photovoltaikanlage amortisiert. Die Investition lohnt sich also, sie wird auch vom Bund gefördert, allerdings ist der Bedarf an Photovoltaikanlagen durch die Energiekrise seit Herbst 2022 so hoch, dass Produktion und Lieferung gar nicht mehr hinterherkommen.

Wichtig ist in unseren Breiten die Ausrichtung der Anlage, da im Winterhalbjahr die Sonne sehr tief steht. Zudem muss man in einigen Regionen teils mit vielen Nebeltagen rechnen. Die Technologien werden immer besser, sodass mittlerweile nicht mehr ganze Solarpanele ausfallen, wenn beispielsweise ein Laubblatt auf einem Modul liegt, sondern nur die betreffenden Abschnitte in diesem Moment keinen Strom erzeugen. Das war früher anders. Aber die Entwicklung und die Materialien werden immer ausgereifter.

Schauen wir uns nun Solarthermieanlagen an. Hier werden Röhren aufs Dach gebracht, durch die ein Wasser-Frostschutz-Gemisch geleitet wird. Diese Flüssigkeit wird durch die Sonne erwärmt, und über einen Wärmetauscher wird das teils bis zu 95 Grad Celsius heiße Wasser in einen Solarspeicher geleitet. Die thermisch erzeugte Energie kann für Warmwasser im Haus oder für die Heizung genutzt werden. Im Kreislauf wird das Wasser später wieder in die Kollektoren gepumpt, und neues Warmwasser kann erzeugt werden. Der Wirkungsgrad der Solarthermie liegt mit rund 50 Prozent deutlich höher als bei Photovoltaik, er hängt natürlich ebenfalls von den eingesetzten Kollektoren und vom Einfallswinkel der Sonne ab.

Wie bei der Erzeugung von Strom ist ein Nachteil der Solarthermie, dass man nicht zuverlässig Wärme bekommt, sondern dies von der Sonneneinstrahlung abhängt. Das bedeutet: Wenn sie am dringendsten gebraucht wird – in der dunklen Jahreszeit –, liefert Solarthermie am wenigsten Wärme. Im Klartext kommen Sie derzeit mindestens von Oktober bis April meist nicht ohne eine andere Energiequelle aus. Aber es ist eine gute Ergänzung, sie ist klimafreundlich und entlastet auf Dauer Ihren Geldbeutel, auch wenn die Erstinvestition teils recht hoch ist. Das Nachrüsten bei schon gebauten Häusern ist zudem manchmal etwas aufwendiger und teurer, bei Neubauten werden mittlerweile meist schon automatisch die Dachflächen zur Nutzung der Sonnenenergie genutzt.

Da Deutschland bis 2045 klimaneutral werden will und bereits 2030 80 Prozent des Strombedarfs aus erneuerbaren Energien stammen sollen, gibt es in einigen Bundesländern mittlerweile für Neubauten und Dachsanierungen eine Solarpflicht.

Um die Frage der Kapitelüberschrift aufzunehmen: Natürlich wird nicht jedes Dach mit Solarzellen gepflastert, aber es werden viele werden. In Berlin sind elf Prozent der Stadt bebaut, wenn man hier möglichst viele Dächer mit Solarpanelen und Kollektoren bestückt, erhält man jede Menge saubere Energie.

Leuchttürme in der Solarbranche

Es gibt viele tolle Ideen, und vor allem in der Baubranche und in der Städteplanung passiert jede Menge. Langfristig denken, in die Zukunft denken und in die Zukunft investieren, das sind die Zauberwörter. Mit der Solarenergie ist wie bei der Windkraft ein neues Arbeitsfeld entstanden, das viele Arbeitskräfte benötigt und etliche neue sichere Jobs mit sich bringt. Die regionale Wirtschaft kann gestärkt werden, Firmen und Unternehmen können voneinander profitieren. Solarthermische Kraftwerke könnten zukünftig eine wichtige Energiequelle sein. Durch Spiegelkollektoren wird konzentriert die Energie der Sonne gebündelt und genutzt. Das ist natürlich in Ländern sinnvoll, die deutlich mehr Sonne abbekommen als Deutschland. Zum Beispiel existiert in Marokko schon seit 2016 ein Parabolrinnen-Kraftwerk, das sehr viel Strom erzeugt. Auch die Solarturmtechnologie wird entwickelt und verbessert. Hier werden durch die Sonne mithilfe von Bündelungen Temperaturen von rund 600 Grad Celsius erreicht. Als Speicher wird Flüssigsalz verwendet, sodass auch nachts gleichbleibend Strom zur Verfügung steht. Bisher waren ja vor allem die Speichermöglichkeiten von Sonnenenergie ein Problem, aber die Technologien werden immer besser.

Aber auch in Deutschland sind Leuchttürme zu finden. Vor allem die Sanierung von Plattenbauten macht Wunder wahr. Durch Solarstrom sind diese Mehrfamilienhäuser teils schon energieautark, Wohnbaugesellschaften haben tolle Ideen, sodass nicht nur Dächer, sondern auch manche Fassaden mit Solar bestückt werden und Elektroautos damit aufgeladen werden können.

Und von Balkonkraftwerken haben viele von Ihnen sicher auch schon einmal etwas gehört. Sie sind erschwinglich, und wenn Ihr Balkon gut zur Sonne ausgerichtet ist und wenig beschattet wird, lohnt es sich allemal. Schon nach fünf Jahren hat sich das amortisiert, und danach sparen Sie jede Menge Stromkosten.

Ich glaube, in dieser Branche ist noch viel Luft nach oben, wir sind noch lange nicht bei der bestmöglichen Nutzung der Sonnenenergie angekommen – lassen wir uns in den nächsten Jahren überraschen und offen sein für neue Ideen.

Wussten Sie schon, dass Musiker der Hip-Hop-Band Die Fantastischen Vier auf einem Bauernhof sehr nachhaltig leben. Hier gibt es Solarzellen auf dem Dach und geheizt wird mit Pellets.

Streitpunkt Windkraft – wie viele Windräder soll es geben?

Es gibt etliche Themen, die kontrovers diskutiert werden, und die Windkrafträder gehören zweifellos dazu. Bei all dem Pro und Kontra, das über sie zu hören ist, sollte man aber immer das Gesamtpaket betrachten und sich nicht einen Aspekt herauspicken, ihn in den Medien hochspielen, damit eine Mehrheit erst einmal in Abwehrhaltung verharrt.

Klar ist: Wir brauchen regenerative Energiequellen, denn Kohle, Gas und Öl werden irgendwann ausgeschöpft sein. Energie brauchen wir dennoch, und zwar mit Blick auf den Trend weltweit jedes Jahr mehr. 2021 belief sich der globale Verbrauch an Primärenergie auf rund 595 Exajoule, 1980 waren es noch knapp 280 Exajoule. Jetzt fragen sich wahrscheinlich viele von Ihnen: Was ist bitte Exajoule? Eine berechtigte Frage, denn das sind Zahlen, die man sich schwer vorstellen kann. Exajoule entspricht einer Trillion Joule (eine Eins mit 18 Nullen), und Joule ist die Einheit für Arbeit, Wärme und Energie – also es ist eindeutig viel Energie, die wir für unser aktuelles Leben benötigen, und klar ist: In den letzten 40 Jahren haben wir unseren Energiebedarf verdoppelt. Etwas vereinfacht kann man sagen: Die Energienachfrage auf der Erde wird immer höher, aber die Quellen neigen sich dem Ende zu.

In meinen Vorträgen zeige ich immer eine sehr eindrucksvolle Grafik des *Katapult*-Magazins, die verdeutlicht, dass wir auf dem Meer theoretisch nur eine Fläche von 1500 mal 1500 Kilometern bräuchten, um überall auf der Welt Strom zu haben. Wind gibt es umsonst, und in einigen Regionen weht er permanent und könnte genutzt werden. Wenn man diese Bewegungsenergie in elektrische Energie umwandeln würde, wäre das Stromproblem behoben. Leider geht es nicht so einfach.

Windräder werden zwar immer effizienter, bisher liegt ihr Wirkungsgrad im Schnitt bei knapp 50 Prozent. Und eine Windkraftanlage mit einer Leistung von gut fünf Megawatt kann theoretisch etwa 4000 Haushalte im Jahr mit Strom versorgen. Haben oder nicht haben, das ist hier die Frage.

Innerhalb der erneuerbaren Energien stehen die Onshore-Windanlagen (das sind Windräder auf dem Land) auf Platz eins, gefolgt von Photovoltaik und der Biomasse. Gab es in Deutschland 2001 etwa 11 438 Onshore-Anlagen, wurden 2020 29 604 Windkraftanlagen gezählt. 2021 ist die Zahl wieder etwas zurückgegangen, da alte Windräder zurückgebaut wurden. Dafür entstehen zwar weniger neue, aber effizientere Windkraftanlagen. Insgesamt ist die installierte Windkraftleistung in Deutschland gewachsen. Innerhalb Europas stehen wir auch gar nicht so schlecht da, nach Großbritannien und Schweden produziert Deutschland täglich als drittstärkstes Land Windenergie.

Neben den Onshore-Anlagen gibt es ja noch die riesigen Windparks auf den Meeren, die an sich viel, viel mehr Energie erzeugen, jedoch ist ihre Montage sehr aufwendig, und der Strom muss erst mal zum Verbraucher kommen. Das bedeutet: Off-Shore-Windanlagen sind extrem effektiv, aber nur in der Kombination mit Windrädern an Land ein guter Mix, der uns viel Strom liefern kann.

Ende 2021 gab es auf der Nord- und Ostsee insgesamt 1500 dieser Windkraftanlagen, die 7749 Megawatt Strom produzierten, also eine ganze Menge. Vor England allerdings steht ein einziger Windpark (aber der größte auf der ganzen Welt, Stand Herbst 2022), der allein 1218 Megawatt erzeugt.

Vor- und Nachteile

Natürlich gibt es auch hier immer ein Für und Wider. Man hört, Windräder würden die Landschaft verschandeln. Da stelle ich mir die Frage: Wie sieht es mit Regionen aus, wo Kohle abgebaut wird? Dort wurde die Landschaft wirklich verschandelt. Das betrifft jedoch nur die Menschen, die in unmittelbarer Nähe wohnen, ja – aber nur, weil wir es nicht kennen, muss ein Windrad nichts Schlechtes, nichts Hässliches sein. Über Hochspannungsmasten und Stromleitungen regt sich auch keiner auf. Wir brauchen Strom, und irgendwoher muss er kommen.

Die Diskussionen, wie nah ein Windkraftwerk an Grundstücken stehen darf, haben ihre Berechtigung. Da sollte es bundesweite Regelungen geben, um dem Ausbau regenerativer Energien nicht im Wege zu stehen und sie nicht zu bremsen. Weniger Bürokratie und mehr Flexibilität täte dem Ganzen sehr gut.

Daneben gibt es die Diskussion, dass viele Vögel an Windrädern sterben. Ja, es sind geschätzt etwa 100 000 Vögel pro Jahr, die in Deutschland Windkrafträdern zum Opfer fallen – das ist sehr traurig. Aber im Vergleich zu Vögeln, die an Glasscheiben sterben – im gleichen Zeitraum rund 18 Millionen –, ist das das kleinere Problem. Zudem ergab eine elfjährige Studie des norwegischen Instituts für Naturforschung, dass ein einzelnes schwarzes Rotorblatt den Vogelschlag um bis zu 72 Prozent reduzieren konnte. Besonders große Vögel profitierten sehr davon. Vielleicht sollte man über ein neues Farbenkonzept beim Bau neuer Windräder nachdenken.

Ein großes Problem ist die Speicherung des Stroms, den ein Windkraftwerk produziert, und die Unstetigkeit. An Tagen ohne Wind können wir ja nicht auf Strom verzichten. An vielen Tagen kommt es entweder zur Unterversorgung oder Überlastung des Stromnetzes, und es muss sogar noch Energie aufgebracht werden, um die Rotorblätter zu drosseln, wenn es zu windig ist.

Windkraft kann also keine ausschließliche Energiequelle sein, aber sie trägt einen sehr wichtigen Teil zur Energiewende bei.

An der Speicherkapazität wird bei allen regenerativen Energiequellen jede Menge geforscht, und auch wenn das Problem noch nicht gelöst ist, gibt es viele Prototypen und Ideen, die sicher in den nächsten Jahren umgesetzt werden können. 2021 konnte in Deutschland immerhin schon eine Gesamtleistung von 1,3 Gigawatt in stationären Stromspeichern aufbewahrt werden. Laut Fraunhofer-Institut sind stillgelegte Atom- und Kohlekraftwerke als Standorte für Großspeicher eine stille Hoffnung, da hier die benötigten Anschlüsse und Transformatoren schon vorhanden sind. Bis 2030 soll es 22-mal so viel Speicher wie 2021 geben.

Über den Schattenschlag, Infraschall und Lärm müssen wir natürlich auch reden. Es gibt reichlich Anwohner, die über Symptome wie Kopfschmerz und Schlafstörungen klagen. Aber es gibt keine Studien, die das belegen. Zudem ist durch den Mindestabstand von 1000 Metern zu Wohngebieten eine gesunde Regelung gefunden worden. Natürlich besteht ein hoher Materialaufwand von Beton und Stahl beim Bau von Windkraftanlagen, vor allem auch bei Windparks im Meer, aber Aufwand und Nutzen fallen eindeutig zugunsten des Stromertrags über die Jahre bei mittlerweile moderaten Wartungskosten aus. Die Materialien und Techniken werden immer ressourcenschonender und umweltfreundlicher. Onshore-Anlagen haben sich bezüglich der energetisch anfallenden Kosten schon nach etwa 2,5 bis elf Monaten amortisiert.

Windkraft ist eine saubere, nicht erschöpfbare, erst einmal kostenlose, regionale Energiequelle, die unabhängig macht und viele Arbeitsplätze mit sich bringt. Eine neue Branche ist entstanden, die viele gut ausgebildete Fachkräfte benötigt. Inzwischen wurden auch Alternativen zu Schwefelhexafluorid gefunden, ein sehr gefährliches Treibhausgas, das beim Bau von Windkraftanlagen bisher verwendet wurde.

Und auch die Befürchtung einiger, wir müssten Deutschland mit Windrädern zupflastern, um die Energie zu erzeugen, die wir benötigen, kann man entkräften. Die Energy Watch Group hat herausgefunden, dass wir statt der derzeit 30 000 existierenden Windräder nur ca. 24 000 Windkraftanlagen benötigen würden, um bis 2030 jederzeit eine vollständige Energieversorgung Deutschlands in den Bereichen Strom, Wärme, Industrie und Verkehr allein aus erneuerbaren Energien bereitstellen zu können. Dazu braucht es natürlich einen Mix aus Windkraft und anderen regenerativen Energiequellen, aber nicht jedes freie Stück Land muss mit einem Windrad bestückt werden.

Vor allem die Kombination aus Windkraft- und Solarfeldern auf einer Fläche ergibt in einigen Regionen Sinn. Nach Angaben des Deutschen Wetterdiensts könne man die fehlende Energie von wind- und sonnenarmen Tagen mithilfe eines europäischen Stromverbundes auffangen, indem man Windkraftanlagen auf dem Meer und auf dem Land installiert und gezielt Photovoltaik einsetzt. Wenn wir nur Deutschland betrachten, gibt es im Schnitt nicht mehr als zwei Tage im Jahr, an denen wir nicht, meteorologisch gesehen, durch Wind von der See, vom Land oder der Sonne ausreichend mit Strom versorgt werden könnten. Das macht doch Hoffnung, oder?

Kleine und große Windräder – was ist sinnvoll?

Immer wieder hört man in den Medien nun von Windrädern, die man sich auf den Balkon oder aufs Dach montieren kann, um so seinen eigenen Strom zu produzieren. Eine feine Idee, aber die Umsetzung ist noch nicht ausgereift und meteorologisch auch in vielen Fällen nicht sinnvoll. Viel Wind hat man auf den Berggipfeln und an der See, wo nichts herumsteht, was bremsen könnte oder Reibung erzeugt. In einer Wohngegend steht gefühlt immer etwas im Weg. Zudem sind diese kleinen Windräder nicht eben günstig, da sie noch nicht im großen Stil produziert werden. Das ist bei mittelgroßen Hausgebrauch-Windrädern nicht anders.

Gut dagegen könnte das größte Windrad der Welt funktionieren, das 2023 in der Lausitz in Betrieb geht. Es ist 300 Meter hoch, die Nabenhöhe beträgt 240 Meter und der Rotordurchmesser 120 Meter. Zum Vergleich: Ein derzeit reguläres Windrad ist etwa 100 Meter hoch. Je höher man kommt, desto stärker weht der Wind. In der Lausitz soll eine bis zu 40 Prozent höhere Windausbeute möglich sein. Dieser Riesenkoloss wurde in einen schon vorhandenen Wind- und Solarpark eingebaut, sodass man Energie auf drei Etagen produzieren kann. Gleich nebenan entsteht ein Gewerbepark, der viel Energie benötigt, somit sind die Transportkosten nicht hoch, und tagtäglich kann die viele Energie, die erzeugt wird, gleich genutzt werden.

Ich glaube, in solchen Projekten liegt die Zukunft. Sie sind auch etwas ganz anderes als die vielen einzelnen Windkraftanlagen in der Nähe von Wohnsiedlungen. Natürlich muss es auch die geben, aber wie immer sollten wir im goldenen Mittelweg denken und offen für Neues sein und nicht gleich von vornherein nein sagen.

Wussten Sie schon, dass sich Stephanie Kloß, die Sängerin von Silbermond, für Klimaschutz einsetzt und auf regenerative Energien setzt? Sie fordert von der deutschen Politik mehr Engagement und bezieht nur grünen Strom.

Woher soll die Energie der Zukunft kommen?

Das ist in unserer heutigen Welt eine der wichtigsten Fragen. Wir leben nicht mehr wie die Jäger und Sammler, wir brauchen für fast alles, was wir tun, Energie, und das nicht nur in den Industrieländern, sondern weltweit.

Und da möchte ich Ihnen wieder eine kleine private Geschichte erzählen. Ich glaube, vielen von uns ist gar nicht klar, wie abhängig wir in unserer zivilisierten Welt vom Strom sind. Im Herbst 2022 passierte es bei uns zu Hause in Markkleeberg, also mitten in Deutschland, dass der Strom für 17 Stunden ausfiel. Bei Straßenbauarbeiten wurde ein Kabel durchtrennt, und das Reparieren hat eine Weile gedauert. Vor allem für unsere Kinder brach eine Welt zusammen. Wir konnten nicht mehr kochen, es gab also geschmierte Schnitten zum Abendbrot, und das alles bei Kerzenschein. Weil es so dunkel war, fürchteten sich die Kinder im eigenen Haus. Das Wasser beim Duschen war kalt, es gab weder eine Wärmflasche noch heißen Tee, und die Handyakkus waren alle und konnten nicht aufgeladen werden. Dass Strom einfach da ist, ist eine Selbstverständlichkeit in unserer modernen Welt, und dass mal nicht alles funktioniert, kann sich hier in Deutschland keiner so richtig vorstellen. Aber wissen Sie, was? Die stromlose Zeit bleibt unseren Kindern lange in Erinnerung, nicht wegen der Sachen, die nicht funktionierten, sondern wegen der Marshmallows … Das hört sich jetzt komisch an, bringt mich aber immer wieder zum Grinsen: Marshmallows sind eine ganz furchtbar süße Süßigkeit, die die Kinder an diesem stromlosen Abend im Dunklen über einer Kerze braten durften – das war so etwas Besonderes und Heimeliges für sie, dass ihnen das immer in Erinnerung bleiben wird und sie auch jetzt noch darüber reden.

Energie brauchen wir in allen Lebenslagen, aber die fossilen Energiequellen versiegen mehr und mehr, und doch wächst unser Energiebedarf. Eine langfristige Lösung muss her, die dauerhaft und bezahlbar Energie liefert. Dabei gibt es nicht die eine Lösung, sondern eine Kombination aus vielen, komplexen Bausteinen, die ineinandergreifen – anders wird es nicht gehen. Wind- und Solarquellen werden hier eine wichtige Rolle spielen, aber allein darauf können wir nicht setzen. Es braucht mehr.

Vonnöten ist vor allem viel Forschung im Bereich Speicherkapazität und im Transport von Energie. Aber wer hätte zum Beispiel vor 20 Jahren gedacht, dass Photovoltaikanlagen gar nicht mehr so teuer sind? Gerade im Bereich Energie finden dynamische technologische Entwicklungen und Innovationen statt, die Anlass zu viel Optimismus sind. Grüner Wasserstoff und Geothermie, Biomasse sowie Fusionskraftwerke sind einige Stichworte, auf die ich gleich noch intensiver zu sprechen komme. Außerdem könnte künstliche Intelligenz unsere Stromversorgung optimieren.

Klar ist, dass in der Industrie, in der Landwirtschaft, im Verkehr und Handel, bei Dienstleistungsunternehmen und im Gewerbe sowie in allen Privathaushalten jede Menge Energie benötigt wird. Um das klimaneutral zu bewerkstelligen, muss ein komplett neues Energiesystem gedacht werden, wobei wir nicht ganz ohne Emissionen auskommen werden. Vor allem in der Landwirtschaft und in der Zementherstellung lässt sich das nicht verhindern. Um das zu kompensieren, muss es »negative Emissionen« geben. Was ist das nun schon wieder?

Wir sollten entweder CO_2 aus der Atmosphäre ziehen oder durch Aufforstung und Wiedervernässung von Mooren mehr Kohlenstoff binden als wir produzieren. Mehr dazu im Kapitel zur Dekarbonisierung.

Zudem müssen wir einfach überall energieeffizienter werden. Theoretisch geht das alles, schauen wir uns nun einmal die Geothermie etwas genauer an.

Geothermie

Wissen Sie, wie warm es im Inneren der Erde ist? Vermutlich herrschen im Erdkern rund 6700 Grad Celsius, und damit ist es dort heißer als auf der Sonnenoberfläche. Als Geothermie wird zum einen einfach die Wärme aus dem Inneren der Erde bezeichnet, zum anderen das Verfahren, um sie zu nutzen. Und da gibt es verschiedene Methoden. Allgemein gilt: Je tiefer man in die Erde bohrt, umso wärmer wird es. Pro 100 Meter Tiefe steigen die Temperaturen im Schnitt um drei Grad Celsius. Jedoch gibt es Regionen, wo es knapp unter der Erdoberfläche schon sehr warm ist. Wer schon einmal auf Island war, weiß, was ich meine. Hier gibt es durch eine große Zahl an Vulkanen viele heiße Quellen und Geysire, und Island steht bei der Nutzung von Erdwärme weltweit an der Spitze.

27 Prozent der Primärenergie des Landes werden durch Geothermiekraftwerke produziert. Ein Viertel des Stroms und 90 Prozent der Wärme in Haushalten stammen aus Erdwärme. Die komplette Warmwasserversorgung der Stadt Reykjavík wird durch Heißwasserspeicher gewährleistet, die auf zwei Hügeln in der Stadt stehen. So wird nicht einmal eine Pumpe zur Verteilung benötigt, also Energie eingespart. Zudem werden mit Erdwärme Gehwege und Straßen beheizt – was für ein Luxus! Man kann hier

recht günstig und dauerhaft die Erdwärme nutzen, allerdings geht das nicht überall so einfach, nur in bestimmten Regionen ist es knapp unter der Erdoberfläche so warm wie auf Island.

Dennoch ist die Nutzung von Geothermie auch in Deutschland möglich, man kann seine Heizung mit Erdwärme betreiben. Dazu muss gebohrt werden, meist etwa 100 Meter tief, was natürlich nicht ganz günstig ist. Aber wenn erst einmal die Wärme aus dem Erdinneren angezapft ist, geht es recht problemlos und geldbeutelfreundlich. Jedoch sollte Ihr Haus gut gedämmt sein, das heißt einen niedrigen Energiebedarf haben und mit Niedrigtemperaturtechnik betrieben werden, sprich am besten mit Fußbodenheizung. Eine Erdwärmeheizung funktioniert im Prinzip wie ein Kühlschrank, nur in umgekehrter Richtung.

In Deutschland wird im großen Stil über Geothermie nachgedacht. In Hamburg gab es 2022 die ersten Bohrungen für ein großes Erdwärmekraftwerk, woran auch der Bund beteiligt ist. Zudem gibt es hier ein Reallabor für Forschungszwecke. Bis in etwa 3500 Metern Tiefe wurde gebohrt und warmes Thermalwasser angezapft. Diese Energie fließt jetzt schon ins lokale Nahwärmenetz. Überschüssige Wärme kann mittlerweile in den warmen Sommermonaten, in denen weniger Wärme benötigt wird, in wasserleitendem Gestein zwischengespeichert werden, das sich knapp unter der Erde befindet. Zudem wird hier eines der modernsten und ökologisch nachhaltigsten Logistikterminals Europas entstehen, das die gewonnene Energie sofort vor Ort nutzt. Auch in Schwerin bohrt man fleißig, um das Fernwärmenetz klimafreundlich umzustellen. Hier wurden die Erwartungen der Temperatur in einer Tiefe von etwa 1200 Metern sogar übertroffen – es war wärmer als erwartet, und es kann mehr Energie produziert werden. So ist man dem Ziel, Schwerin bis 2035 klimaneutral zu bekommen, einen Schritt näher gekommen.

Geothermie ist also eine nahezu unerschöpfliche Energiequelle, dabei ist ihr großes Plus, dass wir Energie wetter- und jahreszeitenunabhängig gewinnen können, hier steckt noch viel Potenzial.

Grüner Wasserstoff

Viele Wissenschaftler gehen davon aus, dass Wasserstoff eine der wichtigen Säulen für die Energiewende sein wird. Grüner Wasserstoff ist nämlich ein Alleskönner. Mit ihm können wir im Verkehr – vor allem bei LKW, Schiffen und Flugzeugen – und in der Industrie klimaneutral werden. Auch zur Erzeugung von Strom und Wärme ist Grüner Wasserstoff geeignet. Zudem ist er eine der wenigen Möglichkeiten, bestimmte Prozesse der Chemie- und Stahlindustrie klimafreundlicher zu gestalten und von der Kohle wegzukommen. Wasserstoff wäre zudem eine Alternative, Öfen anzufeuern.

Warum nennen wir ihn hier Grünen Wasserstoff, an sich ist Wasserstoff doch ein farbloses Gas? Weil er grün hergestellt wird, was bedeutet: Um Energie aus Wasserstoff zu gewinnen, brauchen wir den Vorgang der Elektrolyse, und der wird beim Grünem Wasserstoff ausschließlich aus regenerative Energiequellen genutzt. Wie funktioniert das Ganze? Mithilfe von Strom wird Wasser bei der Elektrolyse in seine Bestandteile Wasserstoff und Sauerstoff zerlegt. Es wird also die elektrische Energie in chemische umgewandelt, die im Wasserstoff gespeichert wird. Die aufgewendete Energie kann dabei aus fossilem Erdgas oder durch die thermische Spaltung von Methan entstehen, dann sprechen wir von Grauem, Blauem oder Türkisem Wasserstoff. Auch auf diesen Wegen entsteht Energie, aber nur Grüner Wasserstoff ist wirklich klimafreundlich, denn nur hier wird auf fossile Rohstoffe verzichtet. Dazu braucht man jedoch ausreichend Wind- oder Sonnenenergie, was in Deutschland bisher nicht wirklich leistbar ist. Der Aufwand und die Kosten, um Grünen Wasserstoff zu produzieren, sind hierzulande noch recht hoch, aber in Teilen Afrikas und Australiens sind die Bedingungen deutlich besser. Dort lässt sich heutzutage ein Kilo Grüner Wasserstoff teils schon für 2,50 Euro herstellen. Jedoch der Transport ist noch das Problem.

Allgemein werden etwa 70 Prozent der Energie, die für die Elektrolyse aufgewendet wird, auch in Wasserstoff gebunden – eine gute Aufwand-Nutzen-Rechnung. In Australien versucht man, Wasserstoff aus der Luft zu extrahieren und mithilfe von Solar- und Windenergie den Wirkungsgrad weiter zu erhöhen. So könnte man die Herstellung von Grünem Wasserstoff unabhängig vom Trinkwasservorkommen der jeweiligen Region hinbekommen, und auch seltene Metalle bräuchte man nicht. Für dieses Verfahren ist Schwefelsäure am geeignetsten. Die Effizienz dieser Art von Elektrolyse ist zudem höher als die der bisher üblichen Methode mit Wasser.

Diese neue Methode, Wasserstoff aus der Luft als Energiequelle zu gewinnen, kann sowohl mit Sonnenenergie als auch mit Wind angetrieben werden. Allerdings gibt es das Ganze bisher nur als Prototyp. Spannend klingt es dennoch, denn schon eine Luftfeuchtigkeit von vier Prozent scheint laut Studien wirkungsvoll, somit wäre diese neue Methode auch für Regionen wie die Sahelzone interessant.

In Deutschland wird Grüner Wasserstoff bisher vor allem in der Chemie- und Stahlindustrie verwendet, weil es hier keine einfachen klimaneutralen Alternativen gibt. Aber im Bereich Grüner Wasserstoff kann noch jede Menge geforscht, entwickelt und verbessert werden – hier ist viel Potenzial zu finden.

Biomasse

Biomasse ist ein weitgreifender Begriff, der sich nicht in einem Satz beschreiben lässt. Es geht um natürlichen Abfall. Stroh, Kuhmist, Gülle, Zuckerrüben oder Holzreste, Obstabfälle – in all diesem natürlichen Abfall steckt wertvolle Energie, die wir nutzen können. Als Strom, Wärme und Treibstoffe kann Biomasse in fester, flüssiger und gasförmiger Form gewonnen und genutzt werden. 2021 nahm sie in Deutschland mit 55 Prozent den größten Anteil bei der Bereitstellung von erneuerbarer Endenergie ein. (Auf Platz zwei stand übrigens die Windenergie mit 24 Prozent.)

Biomasse ist ein vielseitiger erneuerbarer Energieträger, denn sie setzt bei ihrer Verbrennung nur so viel klimaschädliches Kohlendioxid frei, wie beim Wachstum in den Pflanzen gebunden wurde. Ein großer Vorteil von Bioenergie ist, dass sie speicherbar ist. So können Flauten der Wind- und Solarenergie aufgefangen werden. Zudem ist Bioenergie zur Stromgewinnung, zur Wärmeerzeugung und im Verkehr extrem variabel nutzbar. Aber es gibt auch einige Nachteile, die immer wieder in den Medien diskutiert werden und nicht außer Acht gelassen werden dürfen. Bei der Biogaserzeugung entstehen Methan und Lachgas in Biogasanlagen, zwei extrem klimaschädlichen Gase.

Es kommt zur Geruchsbelästigung, und vor allem stehen der Flächenverbrauch und der Naturschutz im Fokus, da für Biomasse mittlerweile beispielsweise extra Weizen, Zuckerrüben, Raps und Mais angebaut werden, womit der Bauer teils mehr verdient als beim Anbau von Lebensmitteln. Monokulturen sind nicht klimafreundlich. Das Nutzen von Ackerfläche, die eigentlich für Lebensmittel gedacht ist, ist es erst recht nicht. Hier muss umgedacht werden. Kleegras könnte helfen. Wenn man Kleegras zwischendurch auf den Feldern wachsen ließe, könnten sich die Böden erholen. Ein großes Potenzial liegt zudem in Abfällen und Reststoffen, die zu Biomasse verarbeitet werden, woraus Energie erzeugt wird. Nach Berechnungen des Deutschen Biomasseforschungszentrums konnten 2020 allein mit Kompost und Grünschnitt aus der Landschaftspflege in Deutschland etwa 22 500 Terrajoule zur Strom- und Wärmegewinnung umgewandelt werden. 2021 übernahm Biomasse als Quelle etwa 7,5 Prozent des erzeugten Stroms in Deutschland.

Vor allem bei der Wärmebereitstellung spielt Biomasse als erneuerbarer Lieferant in Deutschland eine extrem wichtige Rolle, nur wie sie genutzt wird und woraus sie entsteht, muss in Zukunft noch besser von der Politik definiert und von der Wirtschaft umgesetzt werden. Biomasse wird weiterhin ein wichtiger Baustein in der Energiewende sein, nur darf sie nicht überstrapaziert werden.

Fusionskraftwerke

Puh, was für ein gewagtes Thema! Atomkraftwerke sollen mehr und mehr abgeschaltet werden, weil sie gefährlich sind und das Endlagerproblem immer noch nicht gelöst ist, und nun sollen Fusionskraftwerke womöglich die Lösung für das Energieproblem der Zukunft sein? Wie passt das zusammen?

Die Sonne dient hier wieder als das große Vorbild. Man braucht einen Brennstoff, extrem viel Hitze und Plasma wie in der Sonne, um die gewonnene Energie stabil einzuschließen und heiß zu halten. Das geht mit viel Druck, Lasertechnik oder Magnetfeldern. Als Brennstoff nimmt man Deuterium und Tritium, zwei Wasserstoffvarianten, die sich teils aus Meereswasser gewinnen lassen. Tritium gewinnt man auch aus Lithium, das Sie aus Batterien kennen. In Fusionskraftwerken könnte man extrem viel Energie herstellen, ohne ein Sicherheitsrisiko zu haben und ohne viel Kohlendioxid in die Atmosphäre zu blasen. Das hört sich traumhaft an, allerdings funktioniert es bisher nur theoretisch. Im Moment verschlingen diese Fusionsanlagen mehr Energie, als sie erzeugen. Die Forschung steckt noch in den Kinderschuhen und sagt selbst, dass vor 2060 mit einer kommerziellen Nutzung von Fusionsenergie nicht zu rechnen ist. Dennoch ist im Dezember 2022 amerikanischen Forschern ein Durchbruch gelungen. Die durch einen Laser in Gang gesetzte Fusion erzeugte mehr thermische Energie, als die Zündung benötigte. Es geht also mit großen Schritten in der Forschung voran.

Ich finde, dieses Kapitel macht extrem viel Mut und Optimismus, dass wir unsere Energiewende hinbekommen können, und zwar global, denn natürliche Quellen, die Energie liefern, gibt es zuhauf, und die Forschung ist grandios. Dennoch müssen wir auch auf diesem Gebiet all das noch schneller umsetzen, was wir schon wissen und können.

Wussten Sie schon, dass die Band Die Ärzte neben ihrem Engagement gegen Rechtsradikalismus sich auch für den Klimaschutz einsetzt? Schon seit 2013 touren sie klimaneutral und sind damit Vorreiter. Immer wieder spielen sie ohne Gage auf Umweltveranstaltungen und setzen sich für die Umwelt ein.

Womit werden wir in Zukunft bauen?

Zum Glück sind unsere Geschmäcker verschieden. Der eine wohnt gern in der Stadt, der andere im Grünen. Für manche kann es nicht groß genug sein, dem nächsten ist eine Dachgeschosswohnung wichtig. Wir Menschen sind Individuen und wollen nicht alle das Gleiche. Jedoch sollten wir hier in Deutschland den Trend zu immer größerer Wohnfläche in Klimawandelzeiten überdenken.

Eine Frage: Wie viel betrug 2021 die durchschnittliche Pro-Kopf-Wohnfläche in Deutschland? Es waren 13 Quadratmeter mehr als vor 30 Jahren, mittlerweile liegen wir bei 48 Quadratmetern. Zum Vergleich: In Tokio stehen jedem nur 15 Quadratmeter zur Verfügung. Klar, Tokio ist eine der bevölkerungsreichsten Städte der Welt. Aber nachhaltig ist der Trend hier in Deutschland nicht. Wir sollten uns nicht ständig vergrößern und neu bauen. Nachhaltig sanieren, was wir haben, ist der richtige Weg – genug Wohnraum gibt es eigentlich. Wenn wir Flächen fürs Wohnen einsparen, haben wir mehr Fläche für Grünanlagen und versiegeln weniger Land. Muss es wirklich immer größer, neuer und großzügiger werden?

Bestehende Bauten sanieren, darin gebundene »graue Energie« weiter nutzen, richtig dämmen und mit den richtigen Materialien umbauen, das sind die Zauberwörter in der Baubranche. Es muss nicht alles neu gebaut werden, vor allem beim Ausbessern kann viel für bessere Energieeffizienz getan werden.

40 Prozent der deutschen Treibhausgase entstehen durch den Bau selbst und das Betreiben von Gebäuden. Beim Klimaschutz reden wir immer viel über die Wirtschaft, übers Auto und Fliegen, aber vor allem auf das Bauen kommt es an. Etwa 40 Millionen Gebäude gibt es in Deutschland, und die sind im jetzigen Zustand nicht unbedingt ökologisch. Immobilien selbst sollte man als Rohstoffe sehen. Alte Gebäude können als Basis genutzt werden, um sie in neue Gebäude einzubauen, sodass ältere Häuser nicht abgerissen werden müssen.

Dezidierter Rückbau kostet natürlich Geld, aber dennoch ist es besser, als neuen Zement zu mischen. Mit dieser Einstellung bekommt die Baubranche ein ganz anderes Gesicht. Aber auch die Prozesse beim Bauen müssen nachhaltiger werden. Dank Digitalisierung und digitaler Strukturierung kann zeitsparender umgebaut werden. Man braucht so beispielsweise kein Zwischenlager mehr. Und eigentlich muss systemartig gebaut werden, wie bei unseren Kindern im Legokasten. Es gibt viele Siedlungen, in denen ein Haus dem anderen gleicht. Gerade hier können bestimmte Bauteile in Serie gefertigt werden. In Hamburg gibt es in der Speicherstadt Wohnhäuser und Bauvorhaben, wo genau das schon umgesetzt wird. Durch Kreislaufwirtschaft haben wir hier sogar eine positive CO_2-Bilanz: Kohlendioxid wird gespeichert, statt in die Atmosphäre gepustet.

Wenn gebaut werden muss, sollte es ressourcenschonend geschehen. Es können bessere Materialien verwendet werden, die gut dämmen, im Sommer wie im Winter. Zwar muss durch ein Umdenken in der Baubranche viel umgeschult werden, aber es entstehen auch etliche neue Jobs (Klimaarbeitsplätze). Die Bauausbildungen an Universitäten sind mittlerweile sehr nachhaltig und auf klimaneutrales Denken und Bauen ausgelegt. Neue Arbeitsprofile entstehen, neues Know-how, wobei auch hier der Fachkräftemangel ein großes Thema ist. Nachhaltigkeit und ökologische Unternehmensführungen sind bei der Vergabe von Ausschreibungen (Green Finance) mittlerweile entscheidend und eine wichtige Grundlage der Kreditvergabe.

Zudem könnte die durch den Angriff Russlands auf die Ukraine ausgelöste Gaskrise als Chance gesehen werden, noch schneller und intensiver in die Sanierung und Dämmung von Altbauten zu investieren. Aus der Not eine Tugend zu machen, bringt die Baubranche ökologisch weiter und spart Energie und auf Dauer unser aller Geld.

Aber mit welchen Materialien dürfen wir eigentlich noch bauen? Zement und Beton werden es nicht sein, sie haben eine äußerst schlechte Ökobilanz.

Holz als Baustoff

Holz ist ökologisch, heimisch, es wächst nach, ist komplett recyclebar und bringt ein gutes Wohnklima. Ich weiß ja nicht, ob Sie das schon einmal ausprobiert haben – es ist wirklich erstaunlich, wie es sich in einem Haus komplett nur aus Holz anfühlt. Wir haben mal in den Bergen eine Woche in einem Holzhaus gewohnt, und es war traumhaft. Man hat so gut geschlafen, es war nie zu warm oder zu kalt. Es roch gut, und man fühlte sich mit dem Haus verbunden. Mein Sohn, der Allergiker ist, hustete deutlich weniger als sonst. Zudem sind Holzhäuser schnell zu bauen, haben einen sehr guten Dämmwert und, man mag es kaum glauben, sie haben einen guten Brandschutz. Wie das? Holz brennt sehr langsam, und es fängt nicht gleich an zu brennen, andere Baustoffe geraten viel schneller in Brand. Zudem ist Holz als Baustoff sehr leicht, kann aber ähnlich stark belastet werden wie Beton. Außerdem bleibt der Kohlenstoff in Bauholz weiterhin gebunden und gelangt nicht in die Atmosphäre. Also viele, viele Vorteile, aber natürlich können wir jetzt nicht nur noch aus Holz bauen, denn so viel Holz ist gar nicht da.

Wichtig ist, woher das Holz kommt. Tropenholz ist keine gute Idee. Für einen Tisch, Schrank oder eine Terrasse Bäume aus dem tropischen Regenwald, der eh schon immer kleiner wird, zu fällen, ist nicht mehr tragbar – zudem gibt es lange Transportwege. Holz aus der Region ist ein guter Mittelweg. Aber wie gesagt: Gar nicht erst neu zu bauen, ist noch besser.

Carbonbeton als Baustoff

Haben Sie davon schon einmal etwas gehört? Aus Carbon kann man nicht nur leichte Fahrräder bauen, sondern viel, viel mehr. In der Industrie nimmt der Anteil an Carbon immer weiter zu – beim Autobau, der Luftfahrt, im Maschinenbau, in der Pharmabranche sowie bei der Medizintechnik kommt Carbon mehr und mehr zum Einsatz. Diese Kunststofffaser ist nicht nur extrem leicht, sondern auch flexibel einsetzbar. Und so kann man mittlerweile aus Carbon auch Beton machen und daraus Häuser fertigen.

Auf dem Gelände der TU Dresden findet man das weltweit erste Gebäude aus Carbonbeton. Hier wird seit 28 Jahren zu diesem Material geforscht. Carbonbeton ist im Gegensatz zu Stahl deutlich leichter, dennoch belastbar und flexibler formbar, zudem rostet es nicht. Momentan wird Carbon meist aus Erdöl hergestellt, was nicht besonders nachhaltig ist. Aber alternativ könnte man es auch aus dem Lignin von Holz gewinnen (das ist der Stoff, der dafür verantwortlich ist, dass man auf Holz klopfen kann) oder das CO_2 aus der Luft ziehen und zu Kohlenstofffasern, Carbon, verarbeiten. Ein Wissenschaftler aus München hat eine Blaualge entdeckt, die sich von CO_2 aus der Luft ernährt und als

Ergebnis ihres Stoffwechsels Polyacrylnitril ausstößt – ein Ausgangsmaterial für Carbon. Im Labor klappt es schon, diese Blaualge zu züchten und ihr Ausscheidungsprodukt zu separieren. Wir sind auch hier erst am Anfang von tollen Ideen, die noch eine Weile brauchen, um im großen Stil umgesetzt zu werden. Aber der Baustoff an sich hört sich interessant an und birgt viel Potenzial.

Passivhäuser

Gibt es Aktivhäuser und Passivhäuser? Ja, man mag es kaum glauben, das ist wirklich so. Schauen wir uns erst einmal die Passivhäuser etwas genauer an. Eine andere Bezeichnung für sie ist Niedrigenergiehaus, und da ist man im Gegensatz zu Carbonhäusern schon richtig weit. Diese Häuser sind sowohl über die Hauswände als auch über die Fenster extrem gut gedämmt, sodass wenig Wärme entweicht.

Zudem nutzt man passiv vorhandene Wärmequellen wie die Sonneneinstrahlung und die Abwärme, die im Haus beispielsweise durch elektrische Geräte und die Wärmerückgewinnung der Lüftungsanlage entsteht. Es ist nur eine einfache Zusatzheizung nötig, die an wirklich kalten Tagen den Spitzenbedarf abdeckt. Die Technik der Passivhäuser folgt der Devise: Energie sparen, wo immer es geht. Zudem werden hauptsächlich natürliche Materialien verwendet, es gibt große Glasflächen, sodass möglichst viel der Sonnenenergie als Wärme genutzt werden kann. Zum anderen aber versucht man, durch bestmögliche Wärmedämmung keine Wärme zu verlieren. Die Dämmplatten sind teils 25 bis 40 Zentimeter dick.

Da keine Wärme verloren gehen soll, braucht das Haus ein besonderes Lüftungssystem. Durch eine ausgefeilte Technik müssen die Fenster nicht geöffnet werden, Frischluft gelangt durch bestimmte Filtersysteme in die Räume, was vor allem für Allergiker von Vorteil sein kann. Auch die Heizanlage ist eine besondere, hier wird viel mit Warmwasserspeichern gearbeitet. So kann bis zu 90 Prozent der Heizenergie eingespart werden. Wahnsinn, das ist erstaunlich, was da geht! Und so teuer sind Niedrigenergiehäuser mittlerweile gar nicht mehr. Sie sind besonders hell und sehr klar gebaut, kleine Erkeranbauten und Ähnliches sind nicht möglich. Vom Staat werden Passivhäuser ordentlich gefördert, und das kommt an. Man schätzt ihre Zahl auf derzeit etwa 10 000 Häuser, Tendenz steigend.

Aber was ist nun ein Aktivhaus? Das kann noch mehr, denn es ist fast schon eine Art Kraftwerk – es erzeugt nämlich mehr Energie, als es verbraucht. Das geht vor allem bei Mehrfamilienhäusern. Auf dem Dach und an den Fassaden wird durch Solarmodule Energie erzeugt, und im Keller gibt es einen großen Speicher, auf den zurückgegriffen wird, wenn mal nicht die Sonne scheint. Zudem gibt es noch einen Kreislauf, der die Wärme aus dem Abwasserkanal zurückholt und damit neues Warmwasser produziert und als Heizungswärme nutzt. Dazu wird im Haus eine spezielle Pumpe installiert, die natürlich mit Solarstrom betrieben wird. Elektroautos stehen in der Tiefgarage, die mit selbstproduziertem Solarstrom betankt werden. Man nennt diese Häuser auch Plusenergiehäuser.

Dann hört man auch immer mal wieder etwas von autarken Häusern. Sie kommen gänzlich ohne Energie von außen aus und sind nicht einmal an die öffentliche Energieversorgung angeschlossen – in den Alpen findet man diese Häuser zum Beispiel.

Die Kritik an all diesen Konzepten lautet, dass die Dämmstoffe wie etwa Styropor teils nicht umweltfreundlich sind, aber auch hier gibt es mittlerweile natürliche oder recyclebare Materialien. Der Ansatz ist toll, und das wird die Zukunft werden.

Ich bin gespannt, wie wir in 50 Jahren wohnen werden. Ich glaube, in diesem Lebensbereich wird sich eine Menge tun. Hier können wir viel verändern, was uns allen guttut und uns nicht einschränkt. Und wir müssen auf nicht viel verzichten. Es ist ein extrem wichtiges Thema, denn zu Hause müssen wir uns wohlfühlen, um unseren oft viel zu stressigen Alltag bewältigen zu können. Wir können im Einklang mit der Natur leben und ökologisch bauen, sodass wir die Natur nicht verschandeln und es dennoch zu Hause richtig schön haben.

Wussten Sie schon, dass die Schauspielerin Natalia Wörner öffentlich immer wieder auf die Missstände im Bereich Umweltschutz hinweist. Sie hat zudem ihr Haus umgebaut, nun ist es sehr energieeffizient.

Der Wald der Zukunft

Wer liebt es nicht, durch einen grünen, vor Kraft strotzenden Wald zu laufen? Ich kenne niemanden, der sich nicht mal gerne so eine Auszeit gönnt. Schon als Kinder haben wir es geliebt, durch den Wald zu stromern, wilde Krabbeltiere und merkwürdige Pflanzen zu erkunden, Buden aus Holz und Blättern zu bauen, stundenlang Ameisen beim Bauen zuzuschauen. Manchmal riecht es muffig, dann wieder ganz frisch. Die Blätter der Bäume im Frühling, wenn sie ihr schönstes Grün zeigen, sind eine Wonne. Aber auch im Herbst, wenn es nach Pilzen duftet und man förmlich spürt, wie sich die Natur auf die kalte Jahreszeit vorbereitet und die Sonne die schönsten Farben des Jahres zaubert, ist der Wald eine Wohltat.

Die Natur kann wunderbare Sachen, und daran sollten wir uns orientieren. Wälder allein sind sicherlich nicht die Wunderwaffe in unserem Klimanotzustand, aber Bäume sind eine fantastische und angenehme Therapie, die wir auf alle Fälle nutzen sollten, so viel und so oft es geht.

Bäume speichern Unmengen Kohlendioxid, nicht nur in ihren Blättern, auch im Stamm und im Boden. Zudem produzieren sie Sauerstoff. Und sie säubern die Luft. Ein einziger Baum entzieht der Luft pro Jahr etwa fünf Kilogramm Feinstaub, auch andere Schadstoffe werden herausgefiltert. Bäume schützen im Sommer vor Hitze und Sonne, spenden uns Schatten, Feuchtigkeit und angenehme Luft. Wälder bieten vielen Pflanzen und Tieren eine

Lebensgrundlage, sie regulieren den Wasserhaushalt, schützen vor Hochwasser, aber auch vor Erosion, und sie dämmen Lärm. Außerdem schenken uns Wälder nachwachsende Ressourcen, und sie tun unserer Seele gut. Eigentlich kann uns nichts Besseres passieren, als viele Wälder um uns zu haben.

Ich bin nicht der geduldigste Mensch. Ich liebe Wälder, aber ob Förster für mich der geeignete Beruf wäre, möchte ich bezweifeln. Denn Bäume wachsen deutlich langsamer, als wir Menschen leben, daher muss man in diesem Arbeitsfeld sehr geduldig und weit vorausschauend sein. Den Erfolg der Arbeit der Förster können meist erst die nächsten Generationen ernten. Man muss in langen Zeiträumen denken. Aber wir können vieles richtig für unsere Kinder und Enkel tun, und dafür lohnt sich die Arbeit.

Unser Klima verändert sich, das haben wir alle gespürt, und das merken auch die Pflanzen. In der Erdgeschichte gab es schon so einige Klimawandelphasen. Flora und Fauna haben sich angepasst, und wenn es wärmer wurde, sind Wälder beispielsweise weiter nach Norden gewandert. Je nachdem, wie sich die äußeren, aber auch internen Bedingungen ändern, passt sich die Natur an. Allerdings gilt hier das Prinzip: Der Stärkere setzt sich durch, und da bleiben einige Arten auf der Strecke. Das war schon immer so und wird auch immer so bleiben. Nun aber haben wir den menschengemachten Klimawandel mit großen Temperaturänderungen in kurzer Zeit und extremerem Wetter wie Dürren und Stürmen. Hinzu kommt der vom Menschen veränderte Wald. Aus Mischwäldern wurden Monokulturwälder, die in relativ kurzer Zeit viel Holz bringen, was schon seit dem Mittelalter zum Bauen und Heizen nötig war. Damals wussten die Menschen noch nicht, dass das keine gute Idee war – reine Fichten- und Kiefernwälder sind anfälliger gegenüber Schädlingen und Waldbränden. Die Böden versauern, der Lebensraum vieler Tiere geht verloren – aber dafür hatte man damals keinen

Blick. Heute sind wir schlauer und können eine Menge richtig machen, in unseren Wäldern wie auch in bebauten Gegenden.

Der deutsche Wald der Zukunft

Vielen ist klar: Wir brauchen wieder mehr Mischwälder. Also Waldgebiete, die aus Nadel- und Laubhölzern bestehen. Wenn man derzeit durch einige Wälder wie zum Beispiel den Harz geht, kommt einem das Grauen: Waldsterben, so weit das Auge reicht. Nur abgestorbene, umgefallene Baumruinen. Die Dürrejahre 2018/19 in Kombination mit dem Borkenkäfer haben schlimme Schäden in unseren Wäldern angerichtet, die nicht von heute auf morgen zu beheben sind. Im Waldzustandsbericht von 2021 findet man erschreckende Zahlen: Deutschland hat in drei Jahren 300 Millionen Bäume verloren, eine Fläche so groß wie das Saarland. Die Holzwirtschaft leidet, aber natürlich auch die Natur selbst.

Es gibt verschiedene Ansätze, die Forstwirtschaft wie auch unsere Wälder wieder auf Vordermann zu bringen. In Naturschutzgebieten überlässt man der Natur selbst das Regenerieren. Totholz wird kaum entfernt, und es ist erstaunlich, wie schnell sich so ein Wald wieder erholt. Sieht man etwas genauer hin, entdeckt man schon wieder viel neues Grün. Es ist bemerkenswert, wie die Natur kämpft und sich regeneriert. Aber viele Bäume werden mehrere hundert Jahre alt, und ehe ein abgestorbenes Waldstück wieder einigermaßen gut aussieht, ziehen einige Jahrzehnte ins Land. Dennoch sprechen Rancher in den Naturschutzgebieten davon, dass der Borkenkäfer quasi ein Katalysator war, der den Prozess des Waldwechsels beschleunigt hat. Wegen des Klimawandels musste sich etwas ändern, vor allem die Fichte als Flachwurzler hat in tieferen Lagen bei den neuen Klimabedingungen mit längeren Trockenperioden keine Chance mehr.

Aber natürlich sind die Borkenkäfer in Kombination mit der Dürre der letzten Jahre vor allem für die Holzindustrie eine Katastrophe. Unglaublich, wie viele Millionen Bäume gefällt werden mussten und nicht mehr als Bauholz verwendet werden konnten! Die Unmengen schnellwachsender Monokulturen von Fichten waren auch extrem anfällig und alles andere als ein natürlicher Wald, sondern eher Baumplantagen, die nun einem Schädling zum Opfer gefallen sind, der leichtes Spiel hatte. Und der Borkenkäfer wird nicht das letzte Ungeziefer sein, das unseren Wäldern in Zukunft zu schaffen macht. Daher sollten wir widerstandsfähige, gesunde Mischwälder anpflanzen.

Forstwirte testen und probieren ausgiebig, welche Arten sich in unserem veränderten Klima wohlfühlen und sowohl mit Trockenstress und mehr Hitzetagen im Sommer zurechtkommen wie auch strengen Frost vertragen, mit dem trotz des Klimawandels weiter gerechnet werden muss. Wir brauchen gesunde Wälder, aber auch Forstwirtschaft – Holz als Rohstoff ist unverzichtbar. Und da muss die bisher vorherrschende schnellwachsende Fichte in Deutschland ersetzt werden. Amerikanische Douglasien, Roteichen, Küstentannen oder Rubinien setzen sich gebietsweise durch, aber auch die chinesische Paulownia kommt auf einigen Waldstücken etwa in Baden-Württemberg gut zurecht.

Eine große Vielfalt an Baumarten ist eine Strategie, aber das Ausprobieren erfordert einen langen Atem und ist nicht immer von Erfolg gekrönt. Schädlinge, falsche Böden, ungebremstes Ausbreiten bestimmter Arten und das Verdrängen einheimischer Sorten sowie extreme Wetterbedingungen in den ersten Jahren des Anwachsens bringen viele Probleme mit sich. Waldmonitoring gehört nun zu den Aufgaben von Waldbesitzern, und viele weitere neue Herausforderungen verändern das Berufsbild des Försters sehr. Es geht nicht mehr nur ums Waldernten, Wildschießen und um Holzpreise. Naturverjüngung, Waldumbau, Trockenschäden beheben und Vorbeugung gegen Waldbrände sind neue Aufgabenbereiche.

Aber auch jeder von uns kann etwas tun. Immer wieder gibt es Baumpflanzaktionen, bei denen Helfer gebraucht werden. Hier gilt: Je mehr Bäume gepflanzt werden, desto besser, und je größer die Vielfalt, desto widerstandsfähiger werden unsere Wälder.

Viele Hotels haben inzwischen eine tolle Idee: Für jeden Tag, an dem man nicht das Zimmer gesäubert bekommen möchte, pflanzen sie einen Baum. Super! Und damit sind wir auch schon beim nächsten Thema: Welche Bäume fühlen sich in Zukunft in unseren Städten wohl?

Stadtbäume der Zukunft

Wie wir eben gesehen haben, geht es unseren Wäldern nicht gut, aber bei den Bäumen in unseren Städten sieht es nicht besser aus. Aus meiner Kindheit kenne ich vor allem Linden, Platanen, Eichen und Eschen, die auf Straßen oder in Parks zu finden waren. Aber vielen dieser Bäume geht es nicht gut, sie kommen mit der Hitze und den langen Trockenphasen nicht zurecht. Deshalb suchen Forscher nach geeigneten Baumarten für die Zukunft. Zudem werden Bäume in unseren Städten immer wichtiger. Sie spenden Kühle und Schatten, reinigen die Luft und schlucken Lärm. Immer mehr Menschen leben in Städten, und die Hitzeperioden im Sommer häufen sich und werden immer heftiger. Damit unsere Städte unter diesen Bedingungen lebenswert bleiben, brauchen wir viele Bäume, die dem veränderten Klima besser standhalten. Doch für die Bäume heißt das: Stress pur. Durch versiegelte Böden und Fundamente haben die Wurzeln viel zu wenig Platz und finden kaum Wasser, sie kommen nur schwer an Nährstoffe. Hunde nutzen Bäume als Toilette, im Winter wird Salz gestreut, Unmengen an Schadstoffen sind in der Luft, und immer wieder entstehen Schäden durch Bauarbeiten – die Anforderungen sind also hoch. Besonders empfindlich reagieren Bäume auf Wassermangel, auch durch zunehmende Dürreperioden, gefolgt von Tagen mit extrem viel Niederschlag auf einmal. Zunehmend macht sich Sonnenbrand an den Blättern bemerkbar, aber auch Pilze und andere Krankheiten beuteln die Vegetation in unseren Städten.

In vielen verschiedenen Forschungsprojekten wurden unterschiedlichste Baumarten unter den extremen Bedingungen geprüft, und herauskam, dass sich einige Arten bei uns wohlfühlen. Zum Beispiel die Hainbuche, der Französische Ahorn, die Spanische Eiche, die Rotesche, der Asiatische Ginkgobaum oder der Japanische Dreizahn-Ahorn. Silberlinde, Ungarische Eiche und Blumenesche könnten die Stadtbäume der Zukunft werden. In Kombination mit einer klimaangepassten Stadtplanung, was heißt: weniger versiegeln, mehr Grünflächen sowie Dächer- und Fassadenbegrünung und Verkehrsberuhigung, könnte das Wohnen in unseren Städten auch in Zukunft lebenswert bleiben.

Auch in Zukunft wird es Wälder geben, und die Natur schafft hier viel allein. Aber wir sollten sie unterstützen, denn wir profitieren sehr von unseren Wäldern. Vielfalt lautet hier das Zauberwort. Außerdem können wir eine Menge tun, beispielsweise keine Tropenhölzer und kein Palmöl verwenden. Und in unserer digitalisierten Welt benötigen wir weniger Papier – es muss ja nicht alles ausgedruckt werden.

Wenn Sie wüssten, wie noch vor zehn Jahren Wettervorhersagen gemacht wurden, würden Sie die Hände über dem Kopf zusammenschlagen. Wir haben alle Wettermodelle ausgedruckt und mit Tesafilm zusammengeklebt und an die Wand geheftet. So hatten wir einen tollen Überblick und konnten gute Prognosen für Radio und Fernsehen erstellen. Aber das waren zig Blätter Papier, die im Laufe des Tages im Mülleimer landeten. Mittlerweile läuft alles online, und die Vorhersagen sind nicht schlechter, sondern durch bessere Modelle sogar akkurater geworden.

Privat möchte ich nicht auf gedruckte Bücher verzichten. So ein E-Book ist toll, aber ich liebe Papier – allein der Geruch ist einzigartig. Aber um mein Gewissen zu beruhigen, kaufe ich nur gebrauchte Bücher, so werden sie immerhin mehrfach genutzt, und das Papier ist mittlerweile ja fast durchweg recycelt. Lassen Sie uns möglichst viel tun für unsere Wälder und verschenken Sie zum Beispiel zum Geburtstag statt einem Strauß Schnittblumen einen kleinen neuen Baum.

Wussten Sie schon, dass Ryan Reynolds laut Gala *für American Forests den 50-millionsten Baum gepflanzt und ihn auf den Namen »Gordon« getauft hat?*

Dekarbonisieren, was ist das überhaupt?

Ich weiß nicht, welche Assoziationen Sie bisher bei dem Wort Dekarbonisierung hatten. Ich finde, Karbon bleibt erst mal hängen, und da denke ich an eine erdgeschichtliche Phase vor vielen Millionen von Jahren. Andererseits kommt mir aber auch das Material Carbon in den Sinn, aus dem beispielsweise leichte Fahrräder gefertigt werden.

Was hat das jetzt mit dem Klimawandel zu tun? Eine ganze Menge, denn die Dekarbonisierung ist einer der wichtigen Wege, um unsere Welt zu retten. Vor allem für Wirtschaft und Industrie ist sie das Transformationskonzept für eine klimaneutrale Zukunft. Sie hat also nichts mit der Erdgeschichte zu tun und wenig mit Drahteseln, wobei in Fahrrädern das Material Carbon steckt, das aus Kohlenstoff besteht. Aber Dekarbonisieren ist viel, viel mehr. Es bedeutet, dass wir kohlenstofffrei produzieren und sogar Kohlendioxid aus der Atmosphäre herausziehen. Das sind ziemlich komplizierte Maßnahmenpläne, deren Umsetzung nicht leicht sein wird.

Ich versuche in diesem Kapitel, das komplexe Thema anzukratzen, wirklich tief in die Materie können wir nicht einsteigen, dazu bräuchten wir etliche Seiten mit sehr viel schwerverständlichem Insiderwissen, viel Politik und viel Technik, denn es ist nicht einfach.

Industrie und Verkehr

Schauen wir zuerst auf die Industrie, sie ist der zweitgrößte Emittent von Treibhausgasen in Deutschland, und hier muss viel zur Klimaneutralität getan werden. Schon 2010 hat die Bundesregierung festgelegt, dass bis im Jahr 2050 80 bis 95 Prozent der Treibhausgasemissionen im Vergleich zu 1990 eingespart werden müssen. 2016 unterstrich der Bundestag dieses Ziel: Treibhausgasneutralität muss bis 2050 angestrebt werden, und auch die EU hat mit dem European Green Deal ihre Klimaziele verschärft.

In der Industrie wird viel Energie benötigt, und hier brauchen wir etliche neue tiefgreifende Prozesse, die Emissionen einsparen. Richtig viel, nämlich zwei Drittel der Emissionen der Industrie können durch den Einsatz von treibhausgasneutralen Energieträgern und der dafür nötigen Technologie eingespart werden. Allerdings gibt es in der Zement-, Stahl- und Chemieindustrie Produkte, die nicht klimaneutral hergestellt werden können. Es entstehen Restemissionen, die unvermeidbar sind. Damit wir insgesamt dennoch klimaneutral wirtschaften, müssen diese Prozesse kompensiert oder die Emissionen anderweitig genutzt werden, und das ist technisch nicht so leicht. Außerdem muss es in vielen Branchen zu einer Effizienzsteigerung kommen. Hier liegt viel Potenzial, weniger Energie zu verbrauchen. Je früher wir das schaffen, desto weniger Kohlendioxid muss aus der Atmosphäre herausgezogen werden.

Insgesamt handelt es sich bei der Dekarbonisierung um langfristige Prozesse, Maßnahmenpläne müssen erstellt werden, die immer wieder zu korrigieren und kontrollieren sind. Und natürlich kostet das Geld, das eigentlich niemand hat. Deshalb sind Vorgaben von der Regierung wichtig, denn von sich aus nehmen viele Unternehmen, die gerade guten Umsatz machen, nicht viel

Geld in die Hand, um alles auf Öko umzustellen. Das hört sich jetzt sehr theoretisch an, aber wie kann das konkret aussehen?

Dekarbonisierung funktioniert, indem kohlenstoffarme Energie überall in der Wirtschaft und Industrie genutzt und der Einsatz fossiler Brennstoffe mehr und mehr reduziert wird. Erneuerbare Energiequellen wie Windkraft, Sonnenenergie, Biomasse, Geothermie, Wasserstoff rücken mehr und mehr in den Vordergrund und ersetzen frühere Energiequellen. Zum Dekarbonisierungsprozess gehört natürlich auch der Verkehrssektor. Der verstärkte Einsatz von mit Wasserstoff oder Brennstoffzellen angetriebenen Fahrzeugen reduziert die Emissionen. Elektromobilität im öffentlichen Nahverkehr, aber auch bei kurzen Transportwegen in der Wirtschaft kann da zu schneller Klimaneutralität beitragen.

Eine abnehmende Kohlenstoffintensität sowohl im Energie- als auch im Verkehrssektor ist der große Hebel, um die Netto-Null-Emissionsziele zu erreichen. Wir schimpfen immer über die Politik, aber es gibt jede Menge Fördertöpfe, die die Transformation zur Klimaneutralität voranbringen. Sicher, die Bürokratie mit ihren Formularen ist sehr oft nervenaufreibend und zermürbend, auch hier muss eine Menge passieren und transparenter werden. Aber das Geld und die Bereitschaft zur Förderung für viele kleine und große Unternehmen sind da.

Wasserstoff

Gehen wir nun ein bisschen mehr auf Wasserstoff ein und auf die großen Hoffnungen, dass wir mit diesem Gas viele Probleme lösen. Wasserstoff könnte eine wichtige Rolle für eine Dekarbonisierung der globalen Wirtschaft spielen. Der weltweite Bedarf von 76 Megatonnen im Jahre 2021 soll auf bis zu 600 Megatonnen pro Jahr im Jahre 2050 aufgestockt werden. Viele energieintensive Prozesse in der Wirtschaft und bei Transportdienstleistungen können auf Wasserstoff umgepolt werden, allerdings muss dazu auch die passende Infrastruktur geschaffen werden.

In den Industrienationen und besonders in der EU passiert schon eine Menge, in vielen Sektoren kommt hier bereits Grüner Wasserstoff zum Einsatz. Zudem wird auf diesem Gebiet viel Manpower in die Wissenschaft gesteckt, um möglichst schnell in der Praxis umsetzbare Strategien zu bekommen. Vor allem in der Technologie, Wasser in seine Bestandteile Wasserstoff und Sauerstoff zu spalten, möchten Deutschland und Frankreich Vorreiter werden, und sie sind auch auf einem guten Weg dahin. In Deutschland versucht man zunächst in der chemischen sowie stahlerzeugenden Industrie, möglichst viel auf Wasserstoff umzustellen, aber auch im LKW-, Bus- und Luftfahrtverkehr. Frankreich dagegen konzentriert sich darauf, kohlenstoffbasierten Wasserstoff in Raffinerien und der Agrarwirtschaft zu ersetzen. Gleichzeitig entstehen hier erste Pilotprojekte im See- und Luftfahrtsektor.

Die Produktionskosten für einsetzbaren Wasserstoff müssen allgemein noch sinken und die Technologien noch ausgefeilter werden, aber dann ist auf mittel- bis langfristige Sicht Grüner Wasserstoff ein entscheidender Hebel, um der Klimaneutralität näher zu kommen.

CO_2 aus der Atmosphäre ziehen

Klar ist: Nur durch Einsparen von Emissionen werden wir eine klimaneutrale Zukunft nicht hinbekommen. Es braucht mehr, nämlich Kohlendioxid wieder aus der Atmosphäre herauszuholen. Dazu gibt es viele Ideen und viele Start-up-Unternehmen, die sehr kreativ werden. Einige Ansätze sind sehr interessant wie zum Beispiel die CCS-Methode. Das bedeutet: Carbon Capture and Storage und heißt, dass Treibhausgasemissionen aus Kraftwerken aufgefangen und unterirdisch gespeichert werden sollen. Eine Technologie, die vor allem in Kohlekraftwerken sowie in Stahl- und Zementfabriken genutzt werden kann. In Norwegen wird Kohlendioxid direkt in den Fabriken abgeschieden, dann verflüssigt und später tief im Erdboden gespeichert. Allerdings ist dieses Verfahren umstritten, denn Kohlendioxid im Boden kann zu Erdbeben führen. Wenn sich die Erde bewegt, entweicht das gespeicherte CO_2 wieder. Bislang ist die Wirkung begrenzt, und die bisherigen Technologien sind noch sehr kosten- und energieintensiv.

Dann gibt es das Direct-Air-Capture-Verfahren, bei dem man Kohlendioxid direkt aus der Atmosphäre ziehen will. Das funktioniert, wenn große Luftmengen eine Kammer durchströmen, in der ein CO_2-Filter eingebaut wurde. Ist der Filter voll, schließt sich die Kammer, und mithilfe von Wärme und chemischen Prozessen kann man konzentriertes Kohlendioxid separieren und anschließend zu Carbonat verpressen. Das kann dann beispielsweise in kohlensäurehaltigen Getränken und in Gewächshäusern genutzt werden. Die Idee ist grandios, aber auch hier ist bisher der Energieaufwand sehr hoch – die Anlagen leisten noch längst nicht annähernd das, was im Labor für möglich gehalten wird.

Aber auch hier gibt es Leuchtturmprojekte: Beispielsweise betreibt in der Schweiz das Unternehmen Climeworks bereits Anlagen, die sich rentieren. Und auch die isländische Anlage Orca filtert schon jetzt jährlich rund 4000 Tonnen Kohlendioxid aus der Luft. Und eine nächste Anlage namens Mammoth ist im Bau, die bald 36 000 Tonnen CO_2 filtern soll. In Island wird das abgeschiedene Kohlendioxid tief im Boden eingelagert. Das hier vorhandene Vulkangestein reagiert mit CO_2 zu Kalk. Dieser Prozess wird immer bezahlbarer, sodass das Unternehmen Profit macht.

Forscher gehen davon, dass Direct Air Capture and Storage spätestens bis 2050 so ausgefeilt ist, dass mit dieser Methode viele Gigatonnen CO_2 aus der Atmosphäre geholt werden und wir so Treibhausgasemissionen ausgleichen können.

Auch in Deutschland beschäftigen sich mehr und mehr Unternehmen mit der CCU-Methode: CO_2 wird aus Industrieprozessen oder direkt aus der Luft abgeschieden, aber sofort wieder für andere industrielle oder chemische Verwendungen mit eingebunden – es wird quasi recycelt. Das könnte in Zukunft ein wichtiger Baustein zum Erreichen der Klimaneutralität in einigen Industriezweigen werden.

Zudem wird natürlich durch Aufforstung von Wäldern und mehr Humus CO_2 in Pflanzen und im Erdboden gebunden. Auch Pflanzenkohle und Mineralien in Gesteinen können Kohlenstoff binden. Meeresdüngung mit Eisen kann den Nährstoffgehalt im Ozean erhöhen, sodass mehr Plankton wächst und CO_2 gebunden wird.

Es muss noch viel geforscht und ausgetestet werden, aber Sie sehen, es passiert eine Menge, was kaum in den Medien kommuniziert wird. Ja, es ist kompliziert, was alles entwickelt wird, aber eigentlich sind das doch gute Nachrichten, wie viel dazu geforscht und getüftelt wird. Somit bin ich guten Mutes, dass wir vor allem bei vielen großen Emissionsverursachern in der Industrie in den nächsten zehn Jahren ein gutes Stück vorankommen.

Wussten Sie schon, dass Arnold Schwarzenegger 2005 für Kalifornien verbindliche Regeln zur CO_2-Reduktionen einführte? Auch heute setzt sich der über 70-Jährige für den Klimaschutz ein und unterstützt Greta Thunberg.

CO_2-Besteuerung – wer muss wie viel bezahlen?

Puh, mit Finanzen kenne ich mich nicht wirklich aus, aber auch dieses Thema müssen wir kurz ansprechen, denn damit können wir eine Menge regeln.

Leider ist es in unserer Welt so, dass Geld einen extrem großen Einfluss auf unser Leben hat und man häufig Dinge nur über die Preise verändert. So auch beim Erreichen von Klimazielen. Hier gilt es, Sparanreize zu schaffen, um ökologischer zu wirtschaften. Leider bringt meist nur wirtschaftlicher Druck Unternehmen dazu, in klimafreundliche Technologien zu investieren. Ähnliches gilt auch für jeden von uns im Privaten: Nur wenn es sich für Pendler lohnt, in ein Elektroauto zu investieren, macht es die breite Masse auch. Natürlich gibt es auch viele überzeugte E-Auto-Käufer, aber es darf nicht beim Einzelnen bleiben, ein Großteil der Bevölkerung muss sein tägliches Handeln und Tun ändern. Dabei dürfen wir allerdings den sozialen Aspekt nicht aus den Augen verlieren. Beim Thema Klimakrise trifft es die Wenigverdiener wie auch die kleinen Unternehmen am härtesten. Da muss es Ausnahmeregelungen geben und Unterschiede bei der Besteuerung.

Wir Deutschen sind sehr spät dran mit der CO_2-Steuer, aber seit 2021 gibt es für den Sektor Wärme und Verkehr eine CO_2-Bepreisung. Damit soll der Anreiz angekurbelt werden, in klimaschonende Technologien wie Wärmepumpen und Elektromobilität zu investieren. Ein weiteres Ziel ist, Häuser besser zu dämmen und umweltfreundliche Wärmeerzeugung zu forcieren. Insgesamt soll es sich mehr lohnen, Energie einzusparen und erneuerbare Energie zu nutzen.

Die CO_2-Besteuerung soll keine neue Steuer sein, die dem Staat mehr Einnahmen verschafft. Man kann sie eher als eine Art Lenkungshilfe für mehr Klimaschutz verstehen. Wenn man im Bereich Heizung, Strom und Mobilität auf klimafreundliche Alternativen umsteigt, tut man etwas Gutes für die Klimaziele, aber auch für den eigenen Geldbeutel. Das Geld der CO_2-Steuer nutzt die Bundesregierung für Klimaschutzmaßnahmen und will uns Bürger und Unternehmen bei steigenden Strompreisen unterstützen.

Aber was ist diese Bepreisung überhaupt? Das Grundprinzip lautet: Wer viel Emissionen von Kohlendioxid produziert, muss dafür Steuern zahlen. Allerdings gibt es schon seit Jahren große Diskussionen darüber, wie viel eine Tonne CO_2 kosten darf und soll. Einerseits muss es einen Anreiz geben, klimafreundliche Alternativen zu suchen, überfordern darf man die Bürger und Unternehmen jedoch nicht.

Wir Deutschen sind, europäisch gesehen, wirklich spät dran. Schon 1990 wurde in Finnland eine CO_2-Steuer auf fossile Brennstoffe eingeführt, damit waren die Finnen die Ersten. Um die Jahrtausendwende herum zog der Rest Skandinaviens, aber auch Polen und Slowenien nach. Dabei hat jedes Land aber seinen eigenen Preis und seine eigenen Regeln. Sie beziehen sich auf unterschiedliche Sektoren und sind so schwer miteinander vergleichbar.

Neue Steuern sind dabei nie populär, Applaus wird es nicht geben. Dennoch sind diese Maßnahmen extrem wichtig, denn es ist zwar wieder nur ein Puzzleteil, aber eines, das etwas in vielen Wirtschafts- und Industriesektoren bewirkt.

Schauen wir noch einmal auf Deutschland, da betrug der CO_2-Preis im Januar 2021 zunächst 25 Euro pro Tonne. Seitdem wird er schrittweise auf bis zu 55 Euro im Jahr 2025 angehoben werden. Seit 2023 wird dabei beispielsweise beim Wohnen der CO_2-Preis auf Mieter und Vermieter aufgeteilt.

Europäischer Emissionshandel

Um die Klimaziele des Kyoto-Protokolls erreichen zu können, wird auf EU-Ebene schon seit 2005 mit Zertifikaten gehandelt. Dafür gibt es den Europäischen Emissionshandel (EU-ETS), der Firmen aus der energieintensiven Industrie, dem Luftverkehr und allgemein der Energiebranche Emissionszertifikate verkauft. Sie berechtigen die Unternehmen, bestimmte Mengen an Kohlendioxid und anderen Treibhausgasen auszustoßen. Vom EU-Parlament wird dabei festgelegt, wie viele Zertifikate es insgesamt gibt, wobei der Preis den Markt bestimmt.

Der EU-ETS sammelt Daten von etwa 10 000 europäischen Anlagen aus der Energiebranche und der energieintensiven Industrie, sie stoßen ca. 36 Prozent der Emissionen in Europa aus, das ist schon eine Menge. Man kann also viel mit diesem Handel bewegen. Seit 2012 ist auch der Luftverkehr innerhalb Europas im EU-ETS dabei. Neben Kohlendioxid werden seit 2013 zudem Lachgas und perfluorierte Kohlenwasserstoffe berücksichtigt. Es wird eine Obergrenze festgelegt, wie viele Treibhausgasemissionen ausgestoßen werden dürfen. Die Mitgliedsländer geben dann entsprechenden Mengen an Berechtigungen heraus. Zum Teil sind diese Emissionsberechtigungen umsonst, teils werden sie versteigert. Allerdings sind die Ziele bisher wenig ambitioniert. Glaubt man Ökonomen, sind die Preise zu niedrig angesetzt, um wirklich etwas zu bewirken. So haben sich in den letzten Jahren viele überschüssige Emissionsberechtigungen angesammelt und zu einem Preisverfall geführt. Mitte 2017 gab es bei der EU-ETS eine Reform, die dazu führte, dass die Preise wieder deutlich höher liegen. Allerdings muss krisenbedingt immer wieder nachjustiert werden. Es ist kompliziert, alles zu berücksichtigen, und ich möchte nicht in der Haut der Entscheider stecken, aber immerhin tut sich was. Laut Bundesumweltamt lagen die Emissionen der Anlagen europaweit seit Beginn des Emissionshandels im Jahr 2005 um etwa 36 Prozent unterhalb des Ausgangswerts von 2005. Man sieht also, es hat eine Wirkung, auch wenn es nicht ganz einfach ist.

Die CO_2-Besteuerung kann man aber nur als eine begleitende Maßnahme zum Klimaschutz sehen. Im Kern ist eine umfassende Klimapolitik mit viel Kreativität in allen Bereichen nötig, um einen tiefgreifenden Wandel in Gang zu setzen.

Wussten Sie schon, wie vielen Prominenten gute Klimapolitik am Herzen liegt? Beispielsweise Benno Fürmann oder Comedian Carolin Kebekus und viele weitere setzen sich für ein Umdenken in der Politik ein. Ein Statement von Iris Berben dazu: »Wer immer uns demnächst regiert, es braucht richtig guten, schnellen und gerechten Klimaschutz für alle.«

Warum Moore nicht nur sumpfig, sondern vor allem großartig sind

Ich weiß ja nicht, was Sie als erste Assoziation haben, wenn Sie an Moore denken. Für mich waren Moore in der Kindheit etwas Gruseliges und Gefährliches. Des Öfteren sind meine Eltern mit uns Kindern wandern gegangen, und da gab es immer wieder Wege, die durchs Moor führten. Ich habe noch die Stimme meiner Mutter im Ohr: »Kinder, ihr müsst hier unbedingt auf den Wegen bleiben, sonst versinkt ihr – das alles hier sind Moore, die gefährlich sind.« Nach solchen Wanderungen habe ich immer schlecht geschlafen. In meinen Träumen kamen mein Bruder und ich vom Weg ab, es wurde schon dunkel, Mama und Papa waren irgendwie weg, und wir wurden quasi vom Moor eingesogen.

Das waren meine Gedanken beim Stichwort Moor noch vor wenigen Jahren, mittlerweile hat sich das komplett gedreht und ich liebe Moore. Moore sind so etwas Tolles und Faszinierendes, und sie werden von vielen noch völlig unterschätzt, sie haben ein Imageproblem. Moore sind eine Wunderwaffe im Kampf gegen die menschengemachte Erderwärmung.

Warum?

Die Kraft der Moore

Weil Moore Unmengen CO_2 speichern und deutlich schneller zu renaturieren sind als beispielsweise kaputte Wälder. Moore machen zwar nur knapp vier Prozent der Landfläche auf unserer Erde aus, sind aber der größte Kohlenstoffspeicher aller Landbiotope.

Ja, Sie haben richtig gehört: Moore speichern mehr CO_2 als alle Pflanzen auf der Erde zusammen. Ein gesundes Moor speichert nicht nur Kohlenstoff, sondern kann es der Atmosphäre sogar entziehen, weil es Kohlenstoff einlagern kann. Das hört sich sensationell an, oder?

Allerdings gibt es beim Thema Moore auch die Schattenseite: Wenn wir Menschen Moore austrocknen, passiert genau das Gegenteil: Sie schaden dem Klima, denn sie geben ihren Kohlenstoff ab und heizen damit unseren Planeten auf – sie tragen also dann ebenfalls zu mehr Emissionen bei und sind ein Klimakiller und keine Wunderwaffe.

Trockenlegen von Mooren

Überall auf der Welt werden seit Jahrhunderten Moore zur Landgewinnung trockengelegt, 15 Prozent aller Moorflächen weltweit wurden bereits zerstört. In Mooren entsteht Torf, und der kann als Brennmaterial dienen. Bevor in Deutschland die Stein- und Braunkohle Hauptenergiequelle und Holz als Brennstoff rar wurde, legte man Feuchtgebiete trocken und gewann Torf. In den Niederlanden war im 17. Jahrhundert Torf sogar *die* Grundlage für das goldene Zeitalter. Als reichlich vorhandener, leicht zu transportierender und billiger Energieträger ermöglichte Torf der holländischen Industrie- und Warenproduktion eine Blütezeit im internationalen Markt.

Auch wenn wir heute den Kopf darüber schütteln – hätten wir damals gelebt, wären uns wahrscheinlich die gleichen Fehler passiert, denn die Wissenschaft war noch lang nicht so weit. Es ging ums Überleben, und da war jedes brennbare Material Gold wert und wurde gefördert. Dass Torf eine schlechtere Klimabilanz als beispielsweise Braunkohle hat, das war damals nicht bekannt und ist auch heute nicht nur in vielen Entwicklungsländern nicht angekommen. Auch in Finnland und Russland wird weiterhin mit Torf geheizt, gekocht und sogar Strom erzeugt, obwohl Torf eigentlich nicht besonders energiereich ist.

Neben seiner Nutzung als Brennmaterial dient Torf als guter Dünger in der Landwirtschaft. Bevor ich mich intensiv mit dem Thema befasst habe, habe auch ich Torf als Dünger für den Garten gekauft. Aber das ist keine gute Idee, und mittlerweile gibt es Alternativen für unsere Blumenbeete. Wir fahren beispielsweise zweimal im Jahr auf einen Reiterhof und besorgen uns dort Pferdemist.

In der Landwirtschaft, die ja auch oft ums Überleben kämpfen muss, sind aber torfhaltige Böden für einige Jahre eine Goldgrube. Zusätzlicher Dünger ist nicht nötig, und die Ernte wird meistens ein Erfolg. In Südostasien wird dabei richtig Raubbau an Moorflächen betrieben, dort werden durch Rodungen und Waldbrände riesige Areale zerstört, mit weiter steigender Tendenz. Größtenteils werden daraus geldbringende Palmöl- und Faserholzplantagen. Tatsächlich ist das einer der Gründe, warum Indonesien so viel Treibhausgase emittiert.

Auch in Deutschland ist viel natürliches Moor verloren gegangen. Mehr als fünf Prozent der Landfläche Deutschlands bedeckte ursprünglich Moor. Durch unser Handeln sind es aktuell nur noch 1 280 000 Hektar, gerade mal die Fläche der Stadt Bremen. Und noch immer legt man in Deutschland Moore trocken, um sie für die Land- und Forstwirtschaft nutzbar zu machen. Laut dem Greifswald Moor Centrum gelangen so jährlich 53 Millionen Tonnen Treibhausgase in die Atmosphäre – das sind fast sieben Prozent der gesamten Emissionen Deutschlands.

Das hat leider einige Haken: Wie oben schon beschrieben, stoßen Moore bei der Trockenlegung unglaublich viel Kohlendioxid aus. Außerdem sind Moorböden nicht für eine dauerhafte Landwirtschaft geeignet, da beim Trockenlegen Abbauprozesse vonstattengehen, die die Moore absacken lassen und sie damit unattraktiv für den Ackerbau machen.

Was passiert dann damit? Und wie kurzsichtig ist diese Denkweise? Leider finden wir das in vielen Bereichen, wo es um Natur und Umwelt geht, sehr häufig.

Regeneration von Mooren

Ließen wir die Moore dagegen in Ruhe, könnten sie Unmengen an CO_2 speichern. Zudem sind sie ein Eldorado für viele mittlerweile selten gewordene Pflanzen und Tiere. Durch unser Trockenlegen zerstören wir also auch den Lebensraum von sehr viel Flora und Fauna. Wenn man dann noch bedenkt, dass Pflanzen ihr ganzes Leben lang CO_2 aufnehmen und speichern und auch nach ihrem Absterben eine Menge Kohlendioxid nicht wieder in die Atmosphäre abgeben, sondern im Moor binden, werden Moore noch interessanter. So kann Kohlenstoff für die Ewigkeit gespeichert bleiben.

Ich war mit einigen Wissenschaftlern im Erzgebirge in einem Moor. Dort haben wir eine Art Riesenkorkenzieher drei Meter tief in die Erde gebohrt, ihn in sich gedreht (wie man das bei einigen Korkenziehern auch machen muss) und ihn dann mit viel Kraft wieder aus dem Moor gezogen. Man konnte diesen Moorkorkenzieher dann aufklappen und anhand des Torfs, der kleben blieb, 3000 Jahre in die Vergangenheit schauen. Es war beeindruckend! Sogar Getreidepollen von vor 500 Jahren haben mir die Moorexperten zeigen können.

Auch für sie ist es immer wieder spannend, was die Natur so leisten kann, und sie lernen bei jeder Bohrung aufs Neue etwas und nehmen es in ihre wissenschaftliche Analyse mit auf. Denn die Moorforschung und vor allem der Schutz der Moorgebiete steckt immer noch in den Kinderschuhen. Moore müssen kartografiert und überwacht werden. Man muss wissen, wo sie sich befinden und was mit ihnen geschieht, um angemessen handeln zu können. Auch wie Moore auf die Klimaerwärmung reagieren, ist noch unklar. Eindeutig sichtbar ist aber, dass sie im nassen Zustand eine heilende Wirkung auf unser Klima und die Flora und Fauna haben.

Man weiß schon viel, tappt aber bei einigen Themen noch im Dunkeln, zum Beispiel, wie viel Kohlenstoff wirklich im Torf eingelagert ist. Es kann von einem typischen Kohlenstoffgehalt von über 50 Prozent ausgegangen werden. Weltweit gesehen schätzen die Wissenschaftler, dass Moore 500 bis 600 Gigatonnen Kohlenstoff speichern, also doppelt so viel wie alle Wälder zusammen. Damit werden Moore bei der Kohlenstoffspeicherung nur von unseren Ozeanen übertroffen.

Klar ist, dass die saure, anaerobe Umgebung tief im Moor alles konserviert, auch sterbliche Überreste. Es wurden sogar schon Moorleichen gefunden, die aus der Eisenzeit stammen. Bei genügend Zeit, Druck und Wärme verwandelt sich Torf übrigens in Kohle.

Nun zum Aspekt der Regeneration: Wir hören immer wieder in den Medien, dass wir Bäume pflanzen müssen, dass wir das Abholzen der Regenwälder eindämmen müssen – jeder Baum im Kampf gegen die Erderwärmung helfe. Ja, dem ist so, und ja, wir sollten natürlich mehr Wälder retten und aufforsten, was das Zeug hält. Aber Bäume wachsen nun mal ganz schön langsam. Mit Mooren ist das einfacher: Innerhalb von zehn Jahren kann ein Moor wieder ganz gut renaturiert werden. Es muss wieder Wasser ins trockengelegte Moor geleitet und der Grundwasserspiegel angehoben werden. Das ist zum Teil recht aufwendig: Mit viel Gerät müssen die Austrocknungsgräben wieder verfüllt und sogenannte Plomben, also verdichtete Lehmpfropfen, die ein Abfließen des Wassers verhindern, gesetzt werden. Aber es ist machbar. Es gibt Förderprogramme vom Bund, und es geht deutlich schneller als das Nachwachsen von Bäumen, zudem braucht man keine neue Flächen. Wir können die CO_2-Freisetzung, die durch das Trockenlegen von Moorflächen entsteht, sofort stoppen und riesige Kohlenstoffspeicher wieder aktivieren. Das Abfließen des Wassers wird gestoppt, und die Böden werden wieder geflutet. Wenn die Moorflächen nass sind, hören die Oxidationen und die Freisetzung von Kohlendioxid auf. Bestimmte Nutzpflanzen wie etwa Orangen und Teebäume oder bei uns in Deutschland Wiesen, aus denen Heu gemacht wird, können in diesem Moorökosystem gedeihen – die komplette Landwirtschaft muss also nicht aufgegeben werden, man muss sich nur anpassen und umdenken.

Einen kleinen Wermutstropfen gibt es bei der Wiedervernässung: Bei diesem Vorgang wird Methan (ein Klimakiller) freigesetzt. Mikroorganismen im wasserdurchtränkten Boden produzieren dieses Methan. Wissenschaftler haben herausgefunden, das vor allem zu Beginn der Wiedervernässung besonders im Sommer hohe Konzentrationen von Methan gemessen werden. Von Jahr zu Jahr nimmt der Ausstoß dieses Treibhausgases dann ab. Und es lohnt sich auf alle Fälle: Die CO_2-Methan-Balance fällt eindeutig zu Gunsten des Kohlenstoffspeichers aus.

Weitere Vorteile der Moore

Mit dem Vernässen der Moore schaffen wir für viele Pflanzen und Tiere wieder einen phantastischen Lebensraum und reaktivieren CO_2-Speicher. Und es gibt noch weitere Aspekte: Moorgebiete filtern die Luft, machen sie also sauberer. Moore kühlen die Landschaft, und das ist in Zeiten der Erderwärmung auf alle Fälle von Vorteil. Moore können vor Überschwemmungen schützen, aber auch vor Bränden. Beides tritt ja leider durch den Klimawandel immer häufiger auf. Dieser natürliche Schutz ist Gold wert und ökologischer und günstiger als jede Deichmauer.

Auch daran sollte man denken, dass Moore extrem viel Wasser speichern können. Sie funktionieren wie eine Art Schwamm. Das bedeutet: Moore können Wasser schnell aufnehmen, geben es aber langsam ab, was in Zeiten von häufiger auftretenden Dürreperioden ein wichtiges Hilfsmittel für Mensch, Tier- und Pflanzenwelt sein kann.

Vegetarier helfen den Mooren

Und da kommt jetzt noch ein Gedanke dazu, den Sie schon so einige Male von mir gehört haben: Essen Sie weniger Fleisch, damit retten Sie unser Klima! Eigentlich ist es naheliegend: Wenn wir alle weniger Fleisch essen, brauchen wir weniger Weideflächen und weniger Ackerland für Futterpflanzen, wir könnten diese Nutzflächen wieder zu Mooren machen, die uns dabei helfen, das Klima zu retten.

Wenn wir zum Beispiel zunächst nur zweimal die Woche Fleisch essen, merken wir vielleicht, dass es uns guttut und auch unsere Verdauung deutlich entspannter ist, dass wir mehr Kraft, Energie und Lebensfreude haben. Und dann essen wir nach einigen Wochen womöglich nur noch einmal die Woche Fleisch und nach einem halben Jahr nur noch einmal im Monat – wir fühlen uns besser und haben etwas Gutes fürs Klima getan, ganz langsam, Schritt für Schritt ändern wir unsere Gewohnheit, viel Fleisch zu essen.

Was denken Sie jetzt über Moore? Mein Bild hat sich nach den ganzen Recherchen zum Thema eindeutig geändert. Meiner Meinung nach sollte es viel mehr Moore geben, sie schenken uns Lebenskraft und Energie – beides können wir in der heutigen Zeit ganz sicher gebrauchen.

Wussten Sie schon, wer Hans Joosten ist? Dieser fantastischer Forscher aus Greifswald wurde für sein Engagement für Moore und Klimaschutz im September 2021 vom Bundespräsidenten mit dem Bundesverdienstorden ausgezeichnet, und das zu Recht.

Die Waffen der Werbebranche nutzen

Wer kennt ihn nicht, den Slogan »Haribo macht Kinder froh«? Er ist schon uralt, stammt aus den 1930er Jahren und gehört wohl zu den sich am längsten im Umlauf befindlichen Werbeslogans überhaupt.

Werbung spielt in unserer Welt eine wichtige Rolle. Unternehmen wollen in ihrer Zielgruppe hervorstechen und sich bekannter, beliebter machen. Klares Ziel ist natürlich ein besserer Umsatz. Werbung darf man nicht unterschätzen, denn mit Werbung kann man wirklich – siehe Haribo – eine Menge erreichen. Ein positives Image spricht uns Endverbraucher an und macht Lust auf das jeweilige Produkt oder auf eine entsprechende Dienstleistung.

Ich bin kein aktiver Werbekonsument. Wir schauen zu Hause kaum Fernsehen und vor allem keine Privatsender, wo man an der Werbung ja einfach nicht vorbeikommt. Und doch glaube ich, indirekt wirkt sie auf unsere Psyche mehr, als vielen bewusst ist, und auch ich lasse mich natürlich von Dingen beeinflussen, die eine Art Werbung sind.

Warum nutzen wir das nicht für den Klimaschutz? Klimaschutz ist ein unbequemes Thema, mit dem viele vor allem Verzicht verbinden, es kostet Geld, und es schränkt uns ein – aber so muss es ja nicht unbedingt sein. Wir können Klimaschutz als etwas Positives in die Welt rufen, ohne zu lügen. Unsere Welt kann schöner werden, wenn wir ökologischer leben. Wir hätten saubere Luft, weniger Lärm, würden uns gesünder ernähren. Wir hätten nicht so viel Stress und mehr Zeit, unseren schönen Planeten Erde zu genießen. Das sind doch eigentlich alles Argumente, die jede Werbeagentur überzeugen würde, oder?

Wenn man ein bisschen genauer hinschaut, hat die Werbebranche schon seit einigen Jahren das Thema entdeckt, und gerade in letzter Zeit hat es Fahrt in der Werbeindustrie aufgenommen. Klima, Energie und Umwelt sind längst zu einem der großen Aufmacher in der Werbung geworden.

Nachhaltigkeit hat sich inzwischen als Gegenpol zu bisherigen Hinguckern wie jung bleiben, besonders sein und Außergewöhnliches haben positioniert. Ein guter Trend, aber es geht noch mehr. Wenn wir, egal wo und wie wir uns im Alltag bewegen, positive Einflüsse zu einer klimaneutralen Welt bekommen, fällt es uns leichter, unsere Gewohnheiten umzustellen.

Mir fehlt allerdings immer noch, dass man im Supermarkt nicht automatisch regionale Bioware bekommt, sondern dass ungesundes Billigfleisch und abgepacktes Fastfood-Essen günstiger ist und so im Regal liegt, dass der Großteil der Menschen dahin greift und eben nicht das nachhaltige Produkt wählt. Da kommt natürlich wieder der soziale Faktor ins Spiel. Viele können es sich einfach nicht leisten, drei Euro mehr für Waren des täglichen Bedarfs auszugeben.

Aber es gibt den Trend in die richtige Richtung. Und eine Geschichte dazu erzähle ich immer wieder gern: Ich musste für meine Kinder Hefte fürs neue Schuljahr besorgen. Und tatsächlich lagen in einem Großmarkt die recycelten Hefte ganz vorn und waren auch noch deutlich billiger als die Hochglanzhefte von anderen Anbietern. Alle Eltern, die ich traf, haben zum günstigen Ökoprodukt gegriffen. So einfach geht das – theoretisch. Mir ist klar, ein Biohuhn kostet mehr als ein Hühnchen aus der Massentierhaltung. Aber bei vielen Produkten, die wir im Alltag brauchen, könnte es schnell eine Umstellung geben, wenn man es wollte. Die Nachfrage bestimmt den Konsum, und die Werbung kann viel dazu beitragen.

Klimabahn Bremen

Klimakommunikation in der Tram. Können Sie sich so etwas vorstellen? Die von den Scientists for Future initiierte Idee wurde in Bremen das erste Mal umgesetzt.

In der Straßenbahn auf dem Weg zur Arbeit werden dem Bürger Fakten zum Klimawandel nahegebracht. Schon von weitem erkennt man die Klimabahn an ihren blauen und roten Streifen, den sogenannten Klimastreifen, auch »Warming Stripes« genannt. Diese Darstellung des langfristigen globalen Temperaturverlaufs hat sich der britische Klimatologe Ed Hawkins ausgedacht. Jeder Streifen stellt ein Jahr dar. Wenn es zu warm war, ist es rötlich gekennzeichnet, zu kühle Jahren werden blau dargestellt. Die Straßenbahn fährt jeden Tag 400 Kilometer durch Bremen. Dabei erfahren die Fahrgäste mit Broschüren und über Monitore die neuesten Fakten zum Klimawandel. Zudem wird über Ideen für eine klimaneutrale Welt informiert. Regelmäßig gibt es Sonderfahrten, während derer Vorträge von Experten gehalten werden. Ein einfaches, aber sehr sinnvolles Konzept: Wir alle haben wenig Zeit, aber gerade im öffentlichen Nahverkehr hat man immer wieder ein paar Minuten, die man genau dafür nutzen kann. Zudem erreicht man in der Straßenbahn die Breite der Gesellschaft, und genau das brauchen wir. Andere Städte ziehen nach, auch in Kiel und Berlin wurden ähnliche Projekte mit E-Bussen ins Leben gerufen.

Wissen Sie eigentlich, wer die Scientists for Future sind? Hier haben sich Wissenschaftler zusammengetan, die sich für eine nachhaltige Zukunft engagieren. Sie versuchen aufzuklären, die Politik zu beraten und Brücken zu bauen. Sie wollen möglichst viele Menschen erreichen und Wissen vermitteln. Der Klimawandel ist extrem komplex und umfasst viele verschiedene Disziplinen, die hier mit allen Fähigkeiten, dem Wissen und den Erfahrungen von Wissenschaftlern aus den unterschiedlichsten Forschungsbereichen zusammengeführt werden. Austausch und miteinander reden ist in so vielen Bereichen des Lebens wichtig, auch bei der Klimakrise, und die Werbung kann ihren Beitrag dazu leisten.

Freiwilliges ökologisches oder soziales Jahr

Ich würde an dieser Stelle gern Werbung für ein Pflichtjahr nach der Schule entweder im sozialen oder im ökologischen Bereich machen, so wie es früher den Zivildienst beziehungsweise die Bundeswehr gab. Viele junge Leute wissen nach der Schule oft nicht, welchen Beruf sie ergreifen wollen, oder sie haben Wartesemester für ihr Studium. Als ich in diesem Alter war, war ich völlig überfordert. Zwar hatte ich mich dazu entschieden, Meteorologie zu studieren, aber ob das die richtige Entscheidung ist, da war ich mir gar nicht so sicher. Wie wäre es also, ein freiwilliges ökologisches Jahr im Ausland zu verbringen, vielleicht in der Entwicklungshilfe aktiv zu werden – denn auch das ist Klimaschutz? Ein Jahr lang sich mit der Natur oder mit unseren Mitmenschen zu beschäftigen und seinen Teil für eine gesunde Gesellschaft beizutragen, würde uns allen guttun. Viele junge Leute machen es ja schon, und das ist sehr ehrenwert, aber warum das nicht gesetzlich verankern? Auch in politischen Kreisen wurde das in der Vergangenheit immer wieder diskutiert, bislang aber nicht durchgesetzt.

Wussten Sie schon, dass Til Schweiger ein gutes Öko-Vorbild ist? Er geht mit Stofftaschen einkaufen, weil ihm klar ist, dass die Ökobilanz auch von Papier nicht besonders gut ausfällt.

Wie können Großveranstaltungen nachhaltiger werden?

Ich weiß ja nicht, wie es Ihnen geht, ich gebe zu, dass ich ab und zu mal Fußball schaue, aber keine wirkliche Fussballnärrin bin. Ich liebe es, Sport zu treiben, schaue auch gern verschiedene Sportarten, aber bei manchen Großveranstaltungen blutet mein Klimaherz. Klar, dahinter steckt eine starke Lobby mit dem Motto: Geld regiert die Welt.

Ich denke da an den perfekt geschnittenen Rasen beim Fußball, der Megabeleuchtung auch tagsüber, wenn ein wichtiges Fußballspiel im Fernsehen übertragen wird, an die Formel 1, die sicher wenig Nachhaltiges zu bieten hat, und viele andere Großveranstaltungen, auch Konzerte, bei denen Müll entsteht, der alles andere als klimafreundlich ist.

Und natürlich denke ich auch an die Sportler: Die steigenden Temperaturen haben große Auswirkungen auf viele Sportarten, die draußen stattfinden. Vielleicht erinnern Sie sich: Schon 2014 war es bei den Australian Open so heiß, dass hunderte Menschen einen Hitzekollaps erlitten und medizinische Hilfe benötigten. Einige Marathonveranstaltungen wurden in den letzten Jahren abgesagt, weil die Hitze zu gefährlich wurde. Wegen Dürreperioden, Waldbränden, Wirbelstürmen und dem steigenden Meeresspiegel werden einige Sportarten in Zukunft Probleme bekommen.

Die Fußball-WM in Katar hat dem Ganzen noch die Krone aufgesetzt. Seit Jahren wurde die Idee, eine Fußballweltmeisterschaft in der Wüste zu veranstalten, heftig diskutiert. Immerhin wurde die WM in den Winter gelegt, sodass die Temperaturen für die Sportler nicht ganz unerträglich waren. Aber dennoch: Ökologisch gesehen war diese Weltmeisterschaft verheerend, gerade wenn man bedenkt, dass Katar eines der Länder mit den höchsten Emissionen weltweit ist. Einheimische brauchen fast nichts für Strom und Wasser zu bezahlen, alles wird heruntergekühlt, und gefühlt jeder Einwohner fährt ein riesiges Auto – Energie wird genutzt und vergeudet, als gäbe es eine unversiegbare Quelle.

Katar selbst stellte die WM als klimaneutral hin. Die Stadien sollen energieeffizient gebaut worden und zum Teil sogar zur Wiederverwendung nutzbar sein, und es standen emissionsarme Transportmittel und nachhaltige Abfallentsorgung auf der Agenda. Aber man kann nicht außer Acht lassen, dass es in Katar einfach unfassbar warm ist. Und das bedeutet, dass Klimaanlagen unabdingbar waren, die nun einmal viele Emissionen produzieren. Extrem kritisch wurden zudem die Bedingungen für die Bauarbeiter bewertet. Dem Wüstenemirat werden massive Verletzungen von Menschenrechten vorgeworfen, viele Arbeiter sollen ums Leben gekommen sein, offizielle Zahlen gibt es nicht.

Dass für die Beleuchtung LED-Lichter genutzt wurden, dass man Bäume pflanzte und man aus Meereswasserentsalzungsanlagen recyceltes Wasser nutzte, ist löblich. Aber macht das die vielen anderen Dramen wieder gut? Die Nachhaltigkeitsstrategie von Katar, die der FIFA vorgelegt wurde, ging nicht wirklich auf. Zählen Pendelflüge für Fußballfans aufgrund nicht fertig gewordener Unterkünfte zu unvermeidbaren Emissionen?

Die Idee und die Umsetzung von ökologischen Großveranstaltungen sind nicht immer kongruent, und das ist sehr schade. Gerade im Fußball steckt viel Geld, hier könnte viel Vorbildfunktion wahrgenommen werden.

In der Sportindustrie werden jährlich 500 bis 700 Milliarden Euro umgesetzt. Der Sport wurden in den letzten Jahrzehnten extrem kommerzialisiert, und das geht natürlich nicht ohne Sponsoren. Allerdings sind das hauptsächlich Ölkonzerne, Chemieriesen, Fluggesellschaften und Autobauer, die sicher nicht das größte Interesse an einer nachhaltigen Sportindustrie haben.

Das sind leider die Realitäten, die sicher nicht so leicht verändert werden können. Eigentlich ist in Sportarten wie dem Fußball genug Geld vorhanden, um mit gutem Beispiel voranzugehen. E-Autos nutzen, Plastikmüll aus den Stadien zu verbannen und LED-Licht zu verwenden, aber das Umdenken dauert lange. Immerhin werden mittlerweile fast überall in der Bundesliga Kombitickets für Stadion und Nahverkehr angeboten. Viele Bundesliga-Klubs kennen jedoch nicht mal ihren CO_2-Fußabdruck, sind also gar nicht an einer nachhaltigen Umstellung interessiert. Warum muss von Hamburg nach Köln mit dem Flugzeug geflogen werden? Warum muss es jede Saison neue Trikots geben? Grundsätzlich ist ein Umdenken im Profisport dringend nötig.

Sport hat Vorzeigecharakter und Potenzial, da kann man viel richtig machen, wenn es gewollt ist. Viele Menschen sehnen sich nach Idolen und Vorbildern, denen sie nacheifern können.

Aber ich will hier nicht nur alles schlechtreden. Im Breitensport, wo so viele Menschen ihre Freizeit verbringen, passiert teils schon eine ganze Menge. Es gibt rund 87 000 Sportvereine in Deutschland, die wichtig für unsere Gesellschaft und für unsere Kinder sind. Meist sind hier Ehrenamtliche aktiv, die viel Gutes tun, neben Job und Familie. Dennoch wird sich hier schon um den Klimaschutz gekümmert. Mithilfe von Fördergeldern werden Bäume gepflanzt und Sportanlagen energieeffizient umgebaut, sodass Vereine letztendlich Geld einsparen. Eltern bilden Fahrgemeinschaften, um ihre Kinder zum Training zu bringen, und es werden Spendenläufe für den Klimaschutz angekurbelt.

Sport verbindet, und Sport tut gut. Und mithilfe des Sports ausgeglichen und fit in den Alltag starten, ist eine gute Sache, die auf jeden Fall unterstützt werden sollte. Denn nur, wenn wir zufrieden und glücklich sind, können wir uns neuen Herausforderungen stellen.

Der Wintersport in der Zwickmühle

Vor allem für den Wintersport ist die Klimakrise eine der größten Herausforderungen, die man sich vorstellen kann. Da immer mehr Gletscher schmelzen, sind die einstigen ganzjährigen Skigebiete keine sichere Bank mehr, um sich gut für die neue Saison vorzubereiten. Was heißt das für den alpinen Skisport? Die Aussichten sind nicht rosig, denn Kunstschnee wird auf Dauer keine Lösung sein. Die Produktion von Kunstschnee verbraucht Unmengen an Wasser und Strom: Laut dem WWF braucht man jährlich derzeit etwa eine Million Liter Wasser, damit ein Hektar Pistenfläche künstlich beschneit werden kann. Das sind unglaubliche Zahlen, denn was ist schon ein Hektar Pistenfläche?

Insgesamt müssen wir uns wohl vom alpinen Wintersport verabschieden, sowohl im Profi- wie auch im Breitensport. Obwohl jeder weiß, dass die Winter immer schneeärmer werden, hat der Skitourismus zugenommen. Viele riesige Liftmaschinerien wurden gebaut, sodass man teils durch Tunnel ins nächste Skigebiet gebracht wird. Perfekt klimatisierte Gondeln transportieren in kurzer Zeit hunderte von Menschen hoch auf den Berg. An die Natur, an die Umwelt wird nicht gedacht, sondern es wird gebaut und Landschaft zerstört, was das Zeug hält. Eine traurige Entwicklung, die längst noch nicht beendet ist. Langlauf wird wohl noch länger möglich sein, aber von der alpinen Abfahrt können wir uns in den nächsten 20 Jahren verabschieden, und wir sollten es schon vorher tun.

Im Wintersport sind die Alternativen begrenzt, aber beispielsweise bei Großveranstaltungen wie Musikfestivals und Konzerten sind mit Ökostromnutzung, besser geplanten Tourrouten, nachhaltigem Transport der Technik, LED-Lichtern und Mehrweggeschirr und regionalen Essens- und Getränkeanbietern viele Maßnahmen leicht umsetzbar.

Wussten Sie schon, dass sich Felix Neureuther nach seiner Ski-Karriere für den Schutz der Alpen einsetzt?

Nachhaltiges Weihnachten

Alle Jahre wieder … Ja, alle Jahre wieder steht auf einmal Weihnachten vor der Tür, und das Jahr neigt sich dem Ende zu.

Ich liebe Weihnachten, das Fest der Liebe. Gemeinsam mit der Familie zur Ruhe kommen, ganz viele Kerzen anzünden, Weihnachtslieder klingen durchs Haus, alles ist schön geschmückt – jedes Jahr ist das etwas Besonderes, vor allem wenn man Kinder hat. Die Vorfreude, die Heimlichkeiten, das leckere Essen, ganz viel Zeit gemeinsam verbringen und auf das Jahr zurückschauen. Ich liebe Weihnachten und möchte nicht darauf verzichten. Aber geht das, nachhaltig Weihnachten feiern und es dennoch irgendwie traditionell und klassisch haben? Ja, das funktioniert, und es ist sogar noch ein bisschen traditioneller, weil weniger kommerziell. Man kann nämlich ganz viel selbst machen, ein bisschen kreativ werden und vor allem einfach mal bewusst an unsere Umwelt denken. So kann man Weihnachten mit gutem Gewissen feiern und richtig zur Ruhe kommen.

Es fängt ja schon in der Adventszeit an. Was es da an in Plastik eingepacktem Süßkram in den Läden gibt, wie viele Tonnen von Adventskalendern überall herumstehen! Und je mehr Adventskalender ein Kind hat, desto cooler. In Zeiten der Patchwork-Familien ist es nicht leicht, jeder möchte die Kleinen gern verwöhnen, und viele Erwachsene nutzen Geschenke als Kompensation für zu wenig Zeit – aber es geht auch anders. Seit es die Kinder gibt, bastle ich die Adventskalender selber, und das macht Spaß, und die Kids freuen sich, weil es etwas Individuelles, Besonderes ist und nicht der Kalender aus dem Supermarkt. Viele Jahre habe ich meine alten Wetterkarten, die jeden Tag aus dem Drucker quollen, zum Einpacken von allen Geschenken, samt der 24 Adventspäckchen, genommen.

Mittlerweile fällt dieses Papier weg, aber wiederauffüllbare Stoffkalender oder ein langer, selbstgehäkelter Schlauch, der einfach mit Schleifen in 24 Stücke geteilt wird, ist auch eine gute Idee. Hier besteht der Vorteil darin, dass die kleinen Aufmerksamkeiten unterschiedlich groß sein können. Vergangenes Jahr habe ich die vereinzelt gebliebenen Socken, die es immer wieder gibt, über das Jahr verteilt gesammelt, und wirklich bin ich auf 24 Stück gekommen, die befüllt werden konnten. Gefüllt werden sie nicht nur mit kleinen süßen Überraschungen und selbstgebackenen Plätzchen, sondern auch mit ideellen Dingen wie einmal die Spülmaschine ausräumen oder einem Wanderausflug ins Elbsandsteingebirge. So kann man den ein oder anderen Müll schon mal vermeiden, was bei den Weihnachtsgeschenken genauso funktioniert.

Muss es wirklich das neuste iPhone sein? Ein Gutschein für gemeinsame Zeit ist häufig viel mehr wert und kommt bei den meisten gut an.

An dieser Stelle möchte ich kurz das Streamen von Filmen ansprechen. Gerade in der Weihnachtszeit wird gerne gemeinsam ein Film geschaut, und dagegen ist auch gar nichts zu sagen. 2019 sorgte unter Filmguckern allerdings eine Studie für große Aufregung, die besagte, Netflix sei einer der großen Klimakiller. Eine neue Studie vom Fraunhofer- und Ökoinstitut von 2021 relativiert das Ganze etwas. Klar, es kostet viel Strom, wenn man ununterbrochen fernsieht oder am Rechner ist, aber so schlimm wie 2019 gedacht ist es doch nicht. Allerdings steht fest, dass die Server, die Internetübertragung und unsere Endgeräte jede Menge Strom benötigen, der Energiebedarf also nicht zu unterschätzen ist.

Wer zum Beispiel ein Glasfaserkabel nutzt, produziert beim Streamen etwa zwei Gramm CO_2 pro Stunde. Zum Vergleich: Der direkte CO_2-Ausstoß eines durchschnittlichen Mittelklasseautos liegt bei rund 150 Gramm pro Kilometer. Deutlich schlechter sieht die Klimabilanz allerdings aus, wenn man Videos über das Mobilnetz schaut, da die Daten dann via Funk über weite Strecken transportiert werden müssen. Hier kann der CO_2-Ausstoß auch schon mal bei 90 Gramm pro Stunde liegen. Zudem ist entscheidend, welchen Strom die Rechenzentren nutzen, die die Server betreiben, mit welcher Auflösung wir uns Filme anschauen und welchen Energieverbrauch die Endgeräte haben. Es ist deutlich energiesparender, ein Video auf einem Tablet zu schauen als auf einem hochauflösenden Großbildfernseher. Einen gelegentlichen gemeinsamen Streamingabend kann man guten Gewissens machen, vor allem in der dunklen Jahreszeit, also auch zu Weihnachten.

Dennoch kommt durch die tagtägliche Nutzung unserer Handys bei vielen eine ganze Menge Energieverbrauch zusammen, über den auch die Jugend heutzutage wenig nachdenkt. Sie engagieren sich bei Fridays for Future und wollen nachhaltig sein, schauen aber parallel nebeneinander stehend jeder mit dem eigenen Endgerät teils stundenlang Videos. Gemeinsam einen Film schauen ist nichts Verkehrtes, aber Unmengen medial konsumieren und damit sehr viel Strom verbrauchen sollte überdacht werden. Mal ein Buch lesen, gemeinsam ein Gesellschaftsspiel spielen oder ein Familienspaziergang, das tut unserer Seele gut und bietet sich auch an Weihnachten an.

Natürlich ist der Weihnachtsbaum ein großes Thema. Uns ist er sehr wichtig, aber die Vorstellung, dass jedes Jahr etwa 25 Millionen Weihnachtsbäume in Deutschland geschlagen werden, ist nicht besonders nachhaltig. Ja, es ist eine Industrie. Aber man kann das auch ökologisch angehen.

Beispielsweise den Baum selbst im Wald schlagen, das wird von vielen Forstbezirken angeboten und ist eine gute Sache, denn es entstehen keine Transportkosten, und häufig sind die Weihnachtsbaumplantagen unter Hochspannungsleitungen angesiedelt, wo eh kein hoher Wald entstehen kann. Jeder hat seinen eigenen Geschmack, und somit gehen viele verschieden aussehende Bäume in die Wohnzimmer. Und in den Jahren, bis ein Baum gefällt wird, hat er CO_2 gespeichert und uns etwas Gutes getan. Viele Weihnachtsbaumverkaufsstände bieten Bäume aus Dänemark und Schweden an, hier entstehen unnötige Transportkosten, die vermieden werden könnten.

Eigentlich wäre es am nachhaltigsten, gar keinen Baum zu haben, aber wenn man ihn bewusst auswählt und sich vielleicht in Patchwork- und Großfamilien auch zusammentut und nicht jeder seinen eigenen Baum ins Wohnzimmer und womöglich noch einen Zweitbaum auf die Terrasse stellt, muss ein ökologisches Weihnachten nicht unbedingt ein Fest ohne Baum sein. Als wir unser Haus neu bezogen haben, gab es einige Jahre kleine Bäumchen im Topf, die dann herausgepflanzt wurden. Sie sollten kreativ werden, dann finden Sie für sich und Ihre Familie die richtige Lösung.

Hier noch ein spannender Ansatz: In den USA werden die alten abgeschmückten Weihnachtsbäume zum Teil im Meer oder in Seen versenkt. So verrotten die Bäume langsam im Wasser und bieten dabei kleinen Tieren und Schnecken Schutz.

Den Baum schmücken muss man natürlich auch noch, und auch da kann man in den nächsten Laden gehen und altherkömmliche Weihnachtskugeln kaufen oder diese selber in der Adventszeit mit den Kindern basteln, neue Ideen ausprobieren und einen ganz individuellen Weihnachtsschmuck kreieren.

Muss eigentlich jedes Geschenk unterm Baum nochmal extra komplett in Hochglanzweihnachtspapier (Made in China) eingepackt werden? Auch da kann man versuchen, etwas nachhaltiger zu denken und Alternativen zu schaffen. Es gibt mittlerweile Graspapier oder wiederverwendbare Tüten aus verschiedensten ökologischen Materialien.

Das Gleiche gilt für Kerzen, auch da ist der Griff zum nachhaltigen Produkt möglich. War Ihnen eigentlich klar, woraus Kerzen bestehen? Die meisten Kerzen, die in Deutschland verkauft werden, sind aus Paraffin, ein Nebenprodukt, das bei der Verarbeitung von Rohöl entsteht. Ein fossiler Brennstoff, der viel CO_2 in der Atmosphäre verursacht. Hier findet man also wenig Nachhaltiges, was leider auch für die meisten Teelichte gilt. Aber es geht auch anders: Bienenwachskerzen, Rapswachskerzen und Biokerzen ohne Palmöl sind mittlerweile als nachhaltige Leuchtmittel auf dem Markt, sodass der Zauber des Weihnachtsfests erhalten bleibt.

Wie viel Beleuchtung braucht Weihnachten eigentlich? Ich liebe es, mit den Kindern in der Adventszeit durch die Siedlung zu laufen und die schöne Adventsbeleuchtung zu bestaunen. Das macht den dunklen, kalten Monat Dezember erträglicher, und durch die vielen warmen Lichterketten, wohin das Auge auch schaut, wird es beschaulich. Doch wenn wir an die Nachhaltigkeit und vor allem an die Stromrechnung denken, ist das nicht besonders vernünftig. Aber muss an Weihnachten alles vernünftig sein? Lassen Sie uns versuchen, einen gesunden Mittelweg zu finden. Es gibt auch LED-Lichterketten, die schönes, warmes Licht versprühen, und an einigen Stellen im Haus bewusst Lichter anbringen, die man nur anschaltet, wenn man vor Ort ist, könnte Energie einsparen.

Auch beim klassischen Weihnachtsbraten kann man über Alternativen nachdenken, ohne dass ich Sie jetzt schon wieder zum Veganer machen möchte. Es ist Weihnachten, und da sollte man sich etwas gönnen. Aber dann auch wirklich! Die Lebensmittelpreise sind gestiegen, und das tut vielen Familien im Alltag weh. Doch gerade zu Weihnachten einen guten Braten zaubern, der aus Biofleisch ist und etwas mehr kostet, sollte es wert sein.

Ich liebe Weihnachten und mag es, in Ruhe mit der Familie und Freunden zusammenzusitzen. Aber irgendwie wird da immer viel zu viel gegessen. Vielleicht kann es auch da ein Umdenken geben, etwa dass man sich zum Brunch trifft, jeder etwas mitbringt und dann das klassische Weihnachtsessen nur an einem der Feiertage stattfindet und nicht jeden Tag von morgens bis abends quasi nur gegessen und vor allem auch viel weggeworfen wird.

Gerade zu Weihnachten essen wir im Überfluss, und da fallen natürlich immer Reste ohne Ende an. Wir handhaben das seit Jahren so, dass wir spätestens am zweiten Weihnachtsfeiertag Resteessen veranstalten, was den Kindern am besten schmeckt. Es werden Zutaten zusammengemixt, wie es jedem gefällt, und es kommen wirklich leckere Kreationen dabei heraus.

Vor allem sollten wir zu Weihnachten auf unseren Verpackungsmüll achten. Durchschnittlich fallen an einem Weihnachtsabend bundesweit etwa 8000 Tonnen Müll an – das ist so viel wie etwa 800 Elefantenbullen wiegen. Was denken Sie, macht das den Heiligen Abend wirklich schöner?

Ich freue mich jetzt schon wieder auf das Fest der Liebe, denn auch das können wir nachhaltig feiern, und das Besondere an Weihnachten geht in keiner Weise verloren. Füreinander da sein, Ruhe, Geborgenheit und Frieden genießen und im Kreise seiner Liebsten verweilen bei gutem Essen und Trinken können wir auch im Sinne unseres Planeten.

Wussten Sie schon, dass es bei Maria Furtwängler zu Weihnachten keine klassische Weihnachtsgans gibt, sondern vegetarisch gegessen wird?

Was sind der ökologische Fußabdruck und der Wasserfußabdruck?

Alles, was wir tun, tun wir auf der Grundlage von Mutter Erde. Sie stellt uns fast alles, was wir zum Leben brauchen, zur Verfügung: Lebensmittel, Kleidung, Baumaterial, Energie, die Luft zum Atmen.

Uns allen ist klar, dass wir auf der Erde mehr verbrauchen, als uns unser Planet zur Verfügung stellt. Jedes Jahr gibt es den Earth Overshoot Day, den Weltüberlastungstag, und jedes Jahr ist er früher. Schon 1987 haben Experten errechnet, wann die Ressourcen weltweit aufgebraucht sind: Damals fiel der Earth Overshoot Day noch auf Anfang Dezember. Seither wandert er von Jahr zu Jahr weiter in Richtung Jahresmitte. Das bedeutet, unsere »Vorräte« sind immer schneller aufgebraucht. Mittlerweile fällt der Termin meist schon in den Hochsommer. 2021 waren unsere weltweiten ökologischen Jahresressourcen bereits am 29. Juli aufgebraucht; 2022 war es der 28. Juli. Ab dann leben wir auf Pump. Aber wo pumpen wir uns etwas, wann geben wir es zurück? Keine Bank der Welt würde so wirtschaften, weil es nicht wirtschaftlich ist. Aber wir Menschen machen das einfach so mit unserem Planeten und denken meist nicht mal darüber nach.

Der ökologische Fußabdruck könnte helfen, etwas besser zu wirtschaften. Er wurde in den 1990er Jahren von zwei Wissenschaftlern ins Leben gerufen. Sie wollten eine Art Buchhaltung für die Erde führen. Dabei wird die sogenannte biologische Produktivität eines Stücks Land eingeschätzt. Handelt es sich um einen Wald, einen See, um Wüste, Ozean, Weide, ein Feld, eine Steppe oder um eine Stadt? Nun wird bei uns Verbrauchern nachgefragt, wie wir das Land nutzen, ob als Bau- oder Ackerland, zur Energiegewinnung oder zur Viehzucht. Wie viel Fläche wird dafür gebraucht und welche Abgase entstehen und welcher Müll? Daraus wird der ökologische Fußabdruck errechnet, und der kann verglichen werden. Man kann gut herausarbeiten, wer wie viel Natur nutzt und braucht. Die Einheit in diesem Buchhaltungssystem nennt man gha (globalen Hektar) – sie stellt die biologisch produktive Fläche dar.

Im Internet gibt es einige Seiten, wo man seinen ganz persönlichen ökologischen Fußabdruck berechnen lassen kann, und viele Tipps, wie man ihn reduziert. Ich mache das etwa einmal im Jahr, und es freut mich, dass er von Jahr zu Jahr kleiner wird. Aber es ist immer noch beschämend: Obwohl ich versuche, mit meiner Familie nachhaltig zu leben, habe ich einen ökologischen Fußabdruck von 3,4 gha (globale Hektar), ich verbrauche immer noch 2,1 Planeten. Dabei rechnet man zum persönlich beeinflussbaren Fußabdruck, der bei mir bei 2,5 gha lag, ein Sockelbetrag in Deutschland von 0,9 globalen Hektar (gha) dazu. Dieser sogenannte kollektive Fußabdruck beschreibt die Infrastruktur im jeweiligen Land, beispielsweise wie der Straßenzustand ist, wie viele Schulen und Krankenhäuser es gibt. Diesen Teil des Fußabdrucks können wir nur indirekt beeinflussen, etwa indem wir uns für die Energiewende, öffentliche Verkehrsmittel oder für ein ökologisches Denken und Handeln in öffentlichen Einrichtungen einsetzen. Aber immerhin wird mein ökologischer Fußabdruck von Jahr zu Jahr etwas kleiner. Das Umstellen von Gewohnheiten hat Erfolg und lässt uns im Alltag umweltfreundlicher leben. Natürlich ist das eine Frage der Ehrlichkeit sich selbst gegenüber – man kann seinen Fußabdruck auch beschönigen. Aber versuchen Sie mal, wirklich realistisch und ehrlich zu sein. Wir konsumieren in den Industrieländern viel und produzieren viel zu viel Müll. Das darf auf Dauer nicht so weitergehen, wir haben nur diesen einen Planeten, und der hat nur begrenzte Ressourcen, die er uns zur Verfügung stellen kann.

Wir Deutschen haben einen ökologischen Fußabdruck von im Durchschnitt fünf globalen Hektar, wir würden drei Erden verbrauchen. Der deutsche Overshoot Day lag 2022 schon auf dem 4. Mai. Dabei fällt in Deutschland über ein Drittel des durchschnittlichen Fußabdrucks für Ernährung ins Gewicht. Davon liegen derzeit im Schnitt noch rund 80 Prozent bei tierischen Lebensmitteln wie Fleisch, Milch und Käse. Bei der Mobilität ist die Tatsache, dass quasi jeder Deutsche, der einen Führerschein besitzt, ein Auto fährt, maßgebend. Was das Wohnen betrifft, trägt die Heizenergie die Hauptlast.

Betrachten wir es global: Um den gegenwärtigen Ressourcenverbrauch der ganzen Menschheit zu decken, bräuchten wir mittlerweile 1,75 Erden. Die USA, Australien und Russland haben einen noch höheren Fußabdruck als wir Deutschen. Extrem wenig Ressourcen verbrauchen beispielsweise Bangladesch mit nur 0,8 gha, Äthiopien mit 1,0 gha und Nicaragua bei einem Fußabdruck von 1,7 gha.

Vor allem die Industrienationen nehmen sich also die meisten Ressourcen und könnten das am effektivsten einsparen. Mit einer Energiewende, einem besseren Mobilitäts- und Verkehrsdenken, weniger Konsum und langlebigen und umweltverträglichen Produkten könnten wir einen großen Hebel in Sachen Klimaschutz bewegen. Das ist natürlich nicht auf Deutschland allein bezogen, die anderen Industrieländer müssten mitziehen, und das ist bei der derzeitigen Weltpolitik samt Krisen und dem Wissen darum, dass uns allen die Zeit davonläuft, nicht einfach. Aber schauen wir neben dem ökologischen Fußabdruck auch noch einmal speziell aufs Wasser.

Was ist der Wasserfußabdruck?

Wasser ist unser größtes und wichtigstes Gut auf Erden. Vor allem wir in den Industrieländern verbrauchen davon täglich viel zu viel. Es gibt die direkte Wassernutzung, wenn wir uns waschen, trinken und kochen. Aber natürlich wird Wasser auch bei der Herstellung von Nahrungsmitteln, Textilien und der Technik, die in unserem Haus steht, benötigt. Hier spricht man vom indirekten Wasserverbrauch. Dann gibt es noch die sogenannte virtuelle Wassermenge, die sich in Produkten selbst befindet. Bei Rindfleisch und Kakao ist sie sehr hoch. Wie viel an Wasser wir nun tatsächlich, also direkt, indirekt und virtuell verbrauchen, kann man mit dem Wasserfußabdruck herausbekommen. Den gibt es übrigens nicht nur für uns Menschen, sondern auch für Produkte, Unternehmen und Länder.

Der Wasserfußabdruck ist ein Maß, wie viel Wasser verwendet und verschmutzt wurde. Dabei unterscheidet man »Grünes Wasser«, womit das Regenwasser gemeint ist, das Pflanzen aus dem Boden ziehen und verdunsten. Zudem gibt es das »Blaue Wasser«: Damit beschreibt man alles Wasser, das zur Bewässerung aus Seen, Flüssen und dem Grundwasser entnommen wird. Und dann haben wir noch das »Graue Wasser«. Davon spricht man, wenn Wasser bei Produktionsprozessen verschmutzt wurde oder Pestizide eingesetzt wurden. Hier geht es darum, wie viel Wasser zur Verdünnung nötig ist, um die Grenzwerte für Trinkwasser wieder zu erreichen. Mit diesem Wasserfußabdruck bekommen Forscher einen sehr guten Überblick, wo wie viel Wasser verwendet und verdreckt wird und wo effizienter gearbeitet werden kann. Erst muss der Jetzt-Zustand analysiert werden und dann geht es in die Phase des ganzheitlichen Wassersparens. In der Forschung gibt es dazu schon viele innovative Ideen, die umgesetzt und vor allem in der Wirtschaft etabliert werden sollten – daran hapert es leider manchmal, sodass die vielen tollen Ideen noch nicht in unserem Alltag angekommen sind.

Sie sehen also, man kann viel über seinen Fußabdruck lernen, über den normalen, den ökologischen und sogar über seinen Wasserfußabdruck. Jeder, der sich dem aussetzt, tut schon etwas, denn er ist sich dessen bewusst, dass wir einen Fußabdruck hinterlassen.

Im Vorwort dieses Buches ging es darum, dass wir alle wieder neu laufen lernen sollten, und ich finde, hier und jetzt schließt sich dieser Kreis. Ich hoffe, Sie hatten Spaß beim Lesen und haben eine Menge gelernt und gehen jetzt mit ein bisschen anderen Augen durch Ihr Leben. Mir geht es auf alle Fälle so. Denn auch wenn ich schon viel wusste, ist mir beim Schreiben dieses Buches noch einmal klar geworden, wie zerbrechlich unsere Welt, aber auch, wie schön sie ist. Das Leben ist zu schön, um es kaputtzumachen, wir sollten es tagtäglich genießen und pflegen.

Wussten Sie schon, dass sich der bekannte Wissenschaftler Harald Lesch für Windkraftanlagen einsetzt? »Wir spüren alle, wie intensiv der Klimawandel inzwischen ist, und Windkraft ist ein wesentlicher Eckpfeiler der deutschen, ja der europäischen Energiewende.«

Nachwort

Puh, das war ganz schön viel, was wir hier abgearbeitet haben. Ich glaube, Ihnen allen ist klar geworden, dass der Klimawandel da ist, er ist Realität, und wir befinden uns mittendrin in der Klimakrise. Es gibt fast keinen Lebensbereich mehr, in dem der Klimawandel nicht zu spüren ist. Fast jeder von uns merkt es mittlerweile in seinem Alltag, dass sich unsere Welt geändert hat.

Ich habe von einer Klimaforscherin auf einem Kongress den Satz gehört: »Wir müssen die Menschen zum Träumen bringen, damit sie ihr Handeln ändern.« Eine sehr schöne Assoziation! Und das können wir uns von unseren Kindern abgucken – sie träumen noch viel mehr. Und auch wir Erwachsenen sollten uns darauf einlassen.

Schließen Sie doch einfach mal die Augen und atmen tief durch. Stellen Sie sich vor, Sie lehnen an einem alten Baum, es duftet nach Wald, Sie hören Vögel vorbeifliegen. Eine schöne Vorstellung, oder? Unsere Luft ist sauberer, es gibt weniger Lärm, weniger Stress, wir verbringen unsere freie Zeit auf SUPs und bewundern unzählige Fische, die durch unsere Seen schwimmen. Ein selbstfahrendes Auto holt uns ab und fährt uns zur nächsten Bahnstation. Wir können mit einer sauberen, pünktlichen Bahn zur Arbeit fahren, in der es zuverlässiges Internet gibt. Im Supermarkt kann man durchweg zwischen verschiedenen Bioprodukten wählen, die bezahlbar sind. Wir ernähren uns hauptsächlich von pflanzlichen Lebensmitteln, und das bekommt uns allen extrem gut. Wir werden weniger krank, fühlen uns wohler und sind mit uns und unserer Welt zufrieden. Es gibt weniger Unmut, weniger Ungerechtigkeiten. Was sagen Sie – so schlecht ist dieser Traum gar nicht, oder? Und ich finde, danach zu streben, fällt gar nicht schwer, denn es wäre ein schönes Leben, was wir da hätten. Solche Vorstellungen machen es für uns einfacher, unseren Lebensstil umzustellen, viel mehr ökologisch zu denken und vor allem zu handeln.

Das bedeutet nicht immer Verzicht und teuer – ich mag es überhaupt nicht, wenn Klimaschutz in den Medien häufig damit in Verbindung gebracht wird. Ja, wenn wir unsere Welt, unser Leben klimaneutral gestalten wollen, muss sich viel ändern, und das kostet Geld, aber wenn wir nichts tun, wird es noch teurer. Die Schäden, die entstehen, sind häufig nicht mehr reparabel, zudem kostet es auch Menschenleben und nicht nur Geld.

Ich möchte dieses Buch zusammen mit Dr. Eckart von Hirschhausen beenden. Er ist ein unglaublicher Mensch, der sich seit vielen Jahren für Klimaschutz einsetzt. Im März 2020 hat er die Stiftung »Gesunde Erde – gesunder Mensch« gegründet. Mit ihm habe ich mich getroffen und über unsere Zukunft unterhalten:

Lieber Eckart, schön, dass du dir Zeit genommen hast. Du hast ja schon im Buch gelesen, wie gefällt es dir, und was fällt dir als Erstes dazu ein?

Ja, du hast hier im Buch sehr privat, meteorologisch, aber auch gesellschaftspolitisch das Thema Klimawandel eingeordnet. Auch mein Thema ist unsere gesunde Erde, aber vor allem der gesunde Mensch, so heißt ja auch meine Stiftung. Und diese Verbindung, die du im Buch immer wieder ansprichst, die bewegt mich, die treibt mich an. Sie bringt uns Menschen manchmal näher zusammen und geht teils sogar unter die Haut. Wenn man sieht, wie sehr mittlerweile die Natur aus dem Takt geraten ist, das erschreckt mich sehr. Das Wetter wird immer extremer, aber auch in der Natur passiert so viel Unnatürliches: Es gibt plötzlich viele invasive Arten wie die Ambrosiapflanzen, die wie Pilze überall in Deutschland aus dem Boden schießen. Es gibt im Wald plötzlich viel mehr Zecken als früher, weil die normalen kalten Winter ausbleiben, die die Zeckenpopulation unterbrechen würden. Jetzt überleben sie einfach. Es gibt ganz, ganz viele Zeichen, die zeigen, dass hier etwas extrem aus dem Ruder gerät, was auch uns Menschen schadet. Wir müssen nicht nur das Klima retten, sondern eigentlich uns selbst, oder?

Ja, absolut. Hast du das Gefühl, der Klimawandel, die Dringlichkeit des Themas ist mittlerweile bei jedem angekommen?

Ich glaube, das »Große Ganze« ist für viele schwer fassbar. Fossile Brennstoffe wie Kohle, Öl und Gas sind den meisten Menschen sehr fern. Dass sie dreckig sind, CO_2 produzieren und unsere Welt kaputtmachen, darüber machen sich die wenigsten im Alltag Gedanken. Ich war letztens mit einer jungen Ärztin von Health of Future direkt am Tagebau Garzweiler, ein riesiger Moloch – das hat mich echt verändert. Wenn du dort einmal an der Kante dieses Braunkohle-Abbaugebiets stehst, hast du das Gefühl, du schaust in den Abgrund der Menschheit. Was fossile Energie bedeutet, wird dir genau dort klar – das ist eine echte, offene Wunde in der Haut von Mutter Erde. Es hat mich auch seelisch sehr belastet, dieser Anblick. Und dann muss ich eigentlich nur eine Frage stellen: Wo ist denn jetzt dieses tonnenschwere Material hin, was da im Boden fehlt? Da ist ein Riesenloch. Wo ist das jetzt? Ja, deine Augen gehen nach oben, genau das ist jetzt alles über uns. Daraus wurden tonnenschwere Treibhausgase. Man gibt ja immer Gase in Tonnen an, aber die wenigsten glauben, dass die Luft da über uns irgendetwas wiegt, leider. Das Schlimme ist vor allem, dass das da ja ewig bleibt. Auch wenn wir jetzt sofort aufhören, Treibhausgase in die Atmosphäre zu pusten, haben trotzdem unsere Enkel noch etwas davon. Also ich finde das sehr erschreckend. Die Bremsspur ist lang, und deshalb lohnt es sich, jede Tonne CO_2 einzusparen und um jedes Zehntel Grad Erwärmung zu kämpfen.

Was wird deiner Meinung nach das nächste extreme Klimaereignis sein?

Puh, irgendwie schwer, aber auch leicht zu sagen: Egal, wo man auf der Welt hinschaut, gibt es Waldbrände, Dürren, ausgetrocknete Flüsse. Und das hat mich im Sommer 2022 extrem deprimiert: Ich sitze im Rhein, der eigentlich eine Lebensader ist, wo normalerweise Schiffe fahren, und plötzlich ist da nur noch so ein Rinnsal, in dem ich im Schneidersitz sitzen kann – eigentlich unvorstellbar, oder? Andererseits bringt der Klimawandel zu viel Wasser. Ich habe eine Freundin, die davon betroffen war, ich spreche vom Ahrtal. In einer Nacht ist ein Millionenschaden entstanden, über 180 Menschen verloren ihr Leben, und 30 Milliarden Euro sind für den Wiederaufbau nötig. Das alles macht seelisch etwas mit uns. Das verursacht Traumata, das Vertrauen in diese Welt geht verloren. Die Grundfeste unseres Lebens sind plötzlich erschüttert.

Was glaubst du, wo liegen die großen Hebel, um dagegen etwas zu tun? Wie können wir wirklich etwas bewegen?

Bei dieser Frage, wo die großen Hebel sind, steht bei mir eindeutig: Es braucht gescheite Politik. Wenn innerdeutsche Flüge immer noch günstiger sind als Bahnfahren, dann läuft etwas falsch.

Und das kann ich nicht durch meinen persönlichen Konsumverzicht verändern, sondern da braucht es Regeln und Gesetze. Wir Menschen wollen uns entfalten, aber gleichzeitig brauchen wir das Gefühl, dass das, was wir tun, gerade okay ist. Dabei können sich soziale Normen relativ schnell verändern: Konnte man vielleicht vor fünf Jahren noch auf einer Party angeben, wenn man zum Shoppen zu Weihnachten nach New York geflogen ist, schütteln heute viele darüber schon den Kopf. Da punktet man eher mit selbstgebackenem Brot, und das ist doch ein guter Trend.

Machst du dir als Arzt ernsthaft Sorgen um unsere Gesundheit?

Ja, absolut, vor allem um unsere Psyche mache ich mir gerade große Sorgen. Eine aktuelle Umfrage bestätigt das, denn Klimaangst liegt bei Jugendlichen neben dem Krieg und der Inflation unter den drei zentralen Ängsten. Viele bewegt natürlich: Wie teuer wird das alles? Kann ich mir das alles überhaupt noch leisten? Aber dann kommt sofort die Angst vor der Klimakrise. Und das Besondere an dieser Angst ist – das habe ich als Arzt in der Kinder- und Jugendpsychiatrie selbst erfahren –, dass das extrem schwer zu behandeln ist, die Ängste sind irrational – der therapeutische Ansatz ist sehr schwer.

Ein weiteres großes Thema ist die Feinstaubbelastung, die auf unsere Seele schlagen kann, weil diese kleinen dreckigen Partikeln in unser Gehirn gelangen und dort Störungen verursachen können. Auch Hitze ist Gift für das Hirn. Unser Körper darf nicht heißer als 42 Grad werden, dann funktioniert er nicht mehr, und das können wir nicht mehr rückgängig machen. Jedes Fieberthermometer endet bei 42 Grad. Und ich habe immer so ein Bild dafür, wie man dieses Nicht-mehr-rückgängig-Machen, diese Irreversibilität gut klarmachen kann, nämlich: Wenn man ein rohes

Ei in kochendes Wasser tut, dann wird es hart. Wenn das Wasser wieder abkühlt, bleibt das Ei hart, es kann sich nicht wieder verflüssigen. Das Ei hat also für immer irreversibel, nicht mehr umkehrbar seine Form verändert.

Sowohl der Feinstaub in unserer Luft als auch die Hitze nehmen in den nächsten Jahren deutlich zu, das macht mir Sorge. Aber das ist die positive Botschaft in diesem Kontext: Wir Menschen sind in der Lage dazu, das zu erkennen und unser Verhalten zu ändern. Dabei können wir uns eine Scheibe von unseren Eltern und Großeltern abschneiden. Beispielsweise mein Vater, der nach dem Zweiten Weltkrieg extremst ärmlich aufgewachsen ist, umgesiedelt wurde und geflüchtet ist – er hat einfach alles verloren, und dennoch war er glücklich. Er ging in seinem ganzen Leben extrem achtsam mit Ressourcen um, er hatte ein viel besseres Gespür dafür, was wichtig ist, was man reparieren oder noch einmal anders nutzen kann. Diese Einstellung würde auch uns heutzutage guttun, für unsere Seele Balsam sein.

Was würdest du den Lesern unbedingt noch mit auf den Weg geben wollen?

Mir ist nochmal wichtig zu sagen, dass es hier nicht um Verbote geht, sondern darum, das richtige Maß zu halten. Und da habe ich immer ein kleines Beispiel, wo ich sage: Ja, weniger Fleisch zu essen, ist ein echter Verzicht, aber ein Verzicht auf Herzinfarkt oder Schlaganfall, und darauf verzichte ich gerne. Also wir müssen auch als Klimakommunikatoren viel mehr darauf achten, was für Bilder wir verwenden, was das bei den Menschen auslöst.

Wir könnten es schöner haben, wir könnten es gesünder haben als jetzt. Und trotzdem klammern wir uns menschlich erst mal an den Status quo. Das haben wir jetzt erreicht, und das wollen wir auf keinen Fall hergeben. Und deswegen, glaube ich, ist es psychologisch ganz wichtig zu sagen: Der Status quo geht sowieso verloren. Wir sind jetzt in der Situation: Entweder verändert sich die Welt sozusagen in weiteren Katastrophen oder wir können einen Teil davon noch mit verändern und gestalten. Ich glaube, das soll mein Schlusswort sein.

Weise Ansichten hat Eckart und so anschaulich, dass es jedem einleuchtet, das gefällt mir sehr.

Ich hoffe, Sie haben dieses Buch gern gelesen und geschaut – unsere Filmchen sollten den extrem komplexen Inhalt ein bisschen auflockern und Ihnen auf eine leichtere Art und Weise viele spannende Informationen und Tipps zum Thema geben und Ihnen zeigen, wie schön unser Planet ist.

Ich möchte hier nicht mit dem erhobenen Zeigefinger uns alle daran erinnern, dass wir bisher versagt haben. Nein, ich möchte Ihnen Mut machen. Werden Sie selbst aktiv, reden Sie mit Freunden und Kollegen über die Klimakrise, träumen Sie. Und wir alle sollten versuchen, gemeinsam klimaneutral zu werden. Es hört sich komisch an, aber ich glaube, oft ist weniger mehr. Es muss nicht immer höher, schneller und weiter gehen, wir sollten uns als Menschen wieder etwas zurücknehmen und vor allem der Natur gegenüber demütig zeigen. Das tut unserer Seele gut. Ich neige auch dazu, immer viel zu viel zu machen, und kann schlecht nein sagen. Aber einmal mehr durchatmen, durch den Wald spazieren gehen, seine Familie und Freunde genießen – weniger Konsum tut nicht weh, sondern gut. Und das Glas ist immer halb voll, das möchte ich Ihnen mit auf den Weg geben. Dabei lächeln und positiv denken, das macht unser aller Leben glücklicher.

Danksagung

Viel Zeit, Herzblut und Muße habe ich in dieses Buch gesteckt, und das hat vor allem meine Familie gespürt. Deshalb möchte ich ihnen als Erstes danken, vor allem meinem Mann, der mir immer den Rücken freigehalten hat und mich in allem, was ich tue, unterstützt und mich auch immer wieder einnordet und herunterholt, wenn ich zu viel arbeite und mich über Ungerechtigkeiten aufrege, und der mich dann dennoch wieder zum Lachen bringen kann und einmal mehr in den Arm nimmt. Danke liebe Kinder, ihr habt so oft die besten Ideen – auch beim Klimaschützen. Außerdem möchte ich natürlich Lianne Kolf und ihrem Team danken, die sich mit großer Leidenschaft für dieses Buch eingesetzt haben. Mein großer Dank geht außerdem an den Verlag Herder und dort vor allem an meinen Lektor Herrn Dr. Neundorfer, der mit großer Sorgfalt und Geduld all meine Ideen noch ein bisschen schöner und verständlicher gemacht hat.

Quellen

Außertropische Zyklonen. Deutscher Wetterdienst, Promet 103/2020

Christoph Buchal und Christian-Dietrich Schönwiese, Klima. Die Erde und ihre Atmosphäre im Wandel der Zeiten. Köln 2010

Cumulus-Versammlung. Mitteilungen DMG 03/2021

Die Wunder der Meere. GEOkompakt 66/2021

Ulrich Grober, Die Sprache der Zuversicht. Inspirationen und Impulse für eine bessere Welt. München 2022

Rose Hall, Ich weiß jetzt 100 Dinge mehr! Umweltschutz. London 2021

Paul Hawken, Drawdown – der Plan. Wie wir die Erderwärmung umkehren können. Gütersloh 2019

Eckart von Hirschhausen, Mensch Erde! Wir könnten es so schön haben. München 2021

Klima° vor acht e.V. (Hg.), Medien in der Klima-Krise. München 2022

Mojib Latif, Countdown. Unsere Zeit läuft ab – was wir der Klimakatastrophe noch entgegensetzen können. Freiburg 2022

John Lynch, Das Wetter. Köln 2003

David Nelles und Christian Serrer, Machste dreckig – machste sauber. Die Klimalösung. Friedrichshafen 2021

Sven Plöger, Zieht euch warm an, es wird heiß! Frankfurt am Main 2020

Sven Plöger und Frank Böttcher, Klimafakten. Frankfurt am Main 2015

Bernhard Pötter, 33 Fragen – 33 Antworten – Klimawandel. München 2020

Hans Rosling, Factfulness. Wie wir lernen, die Welt so zu sehen, wie sie wirklich ist. Berlin 2019

Sächsische Hans-Carl-von-Carlowitz-Gesellschaft (Hg.), Bausteine der Nachhaltigkeit. München 2016

Sächsische Hans-Carl-von-Carlowitz-Gesellschaft (Hg.), Nachhaltigkeit als Verantwortungsprinzip. München 2018

Josef Settele, Die Triple-Krise: Artensterben, Klimawandel, Pandemien. Hamburg 2020

Unser Wald. GEOkompakt 72/2022

Wüsteneis. Mitteilungen DMG 04/2021

https://de.statista.com/statistik/daten/studie/12353/umfrage/wasserverbrauch-pro-einwohner-und-tag-seit-1990/

https://www.Umweltbundesamt.de

https://www.stiftung-meeresschutz.org/foerderung/seegraswiesen-seegras-renaturierung/

https://www.deutsches-klima-konsortium.de/de/klimafaq-12-2.html

https://www.klimafakten.de/

https://www.dwd.de/DE/klimaumwelt/klimaumwelt_node.html

https://www.riffreporter.de/de

https://www.scinexx.de/

https://www.oekosystem-erde.de/html/lebensraeume.html

https://www.ble.de/DE/BZL/bzl.html

https://www.landwirtschaft.de/

https://www.bmel.de/DE/themen/ernaehrung/lebensmittelverschwendung/lebensmittelverschwendung_node.html

https://www.unicef.de/

https://www.destatis.de/DE/Themen/Branchen-Unternehmen/Landwirtschaft-Forstwirtschaft-Fischerei/Tiere-Tierische-Erzeugung/_inhalt.html

https://helmholtz-klima.de/aktuelles/zecken-im-klimawandel-steigt-das-risiko-von-infektionen

https://www.rki.de

https://www.forschung-und-lehre.de/forschung/gefahr-der-uebertragung-von-krankheiten-durch-muecken-steigt-3562

https://www.bfs.de/DE/themen/opt/uv/klimawandel-uv/klimawandel-uv_node.html

https://www.klima-mensch-gesundheit.de/

https://www.wwf.de/fileadmin/fm-wwf/Publikationen-PDF/WWF-Hintergrundpapier-Mikroplastik.pdf

https://www.mdr.de/wissen/index.html

https://www.de-ipcc.de/

https://scilogs.spektrum.de/klimalounge/hitze-braende-kachelmann/

https://www.waldwissen.net/de/waldwirtschaft/schadensmanagement/waldbrand/waldbrandarten

https://amp.dw.com/de/d%C3%BCrre-deutschlands-fl%C3%BCsse-verdursten/g-62793534

https://www.bmel-statistik.de/forst-holz/waldbrandstatistik (Grafik)

http://www.duh.de/uploads/tx_duhdownloads/DUH_Hintergrundpapier_Methan.pdf

https://wiki.bildungsserver.de/klimawandel/index.php/Methan

https://www.dw.com/de/methan-der-b%C3%B6se-zwillingsbruder-von-co2/a-49208882 Plus Grafik

https://www.mpg.de/503240/pressemitteilung20050811i

https://www.sueddeutsche.de/wissen/erdgas-die-groessten-methan-lecks-der-welt-1.5521537

https://www.fifa.com/de/social-impact/sustainability

https://wiki.edu.vn/wiki15/2020/11/24/seegras-wikipedia/

https://www.ee-news.ch/de/article/38723/ruanda-forderung-von-methan-aus-dem-kivu-see-fluch-und-oder-segen

https://life.klinikum-nuernberg.de/2021/01/tag-des-herzhaften-lachens-warum-ist.html?m=1

https://www.nabu.de/umwelt-und-ressourcen/abfall-und-recycling/22033.html

https://www.bmwk.de

https://www.fraunhofer.de

https://www.ipp.mpg.de/9809/kraftwerk

https://www.fussabdruck.de/oekologischer-fussabdruck/ueber-den-oekologischen-fussabdruck/

https://gml.noaa.gov/webdata/ccgg/trends/co2/co2_annmean_gl.txt

https://www.rnd.de/promis/schoeneberger-lanz-und-hueftgold-30-prominente-fordern-mehr-klimaschutz-4E7SRC726MJEAFEKURR3TUXERU.html

https://www.global.hokudai.ac.jp/blog/a-warmer-arctic-ocean-leads-to-more-snowfall-further-south/

https://www.rki.de/DE/Content/Infekt/EpidBull/Archiv/2022/42/Art_01.html

https://www.berlinererklaerung.de/

https://ethz.ch/content/dam/ethz/special-interest/baug/ifu/ifu-dam/documents/projects/china-gwm/bachelor-theses/ifu-cwmp-bsc-heuschling+jenny-2014.pdf

https://www.nature.com/articles/s41598-020-79370-3

https://michaelbraungart.com/

https://www.stiftung-meeresschutz.org/foerderung/seegraswiesen-seegras-renaturierung/

https://epo.de/index.php?Itemid=86&id=16200:un-weltwasserbericht-2021-wasser-muss-einen-hoeheren-stellenwert-bekommen&option=com_content&view=article

https://www.umweltbundesamt.de/sites/default/files/medien/479/publikationen/texte_20-2022_repraesentativumfrage_zum_umweltbewusstsein_und_umweltverhalten_im_jahr_2020.pdf

https://www.izm.fraunhofer.de/de/abteilungen/environmental_reliabilityengineering/projekte/green-cloud-computing.html

https://www.co2online.de/klima-schuetzen/mobilitaet/auto-co2-ausstoss/

https://www.wetterprognose-wettervorhersage.de